"十三五"应用型人才培养规划教材

计算机网络

闫薇 杨晨 陈滨 邵雷 / 主编

清华大学出版社

北京

内 容 简 介

计算机网络是计算机科学与技术、软件工程、信息安全、网络工程、信息管理与信息系统等专业的必修课程,也是许多计算机爱好者所希望掌握的应用技能。

本书采用教学做一体化模式,以核心知识、能力目标、任务驱动和实践环节为单元组织本书的体系结构。精选大量的实用案例,循序渐进地介绍了计算机网络的基本原理及其应用技术。注重结合实例讲解一些难点和关键技术,在实例选择上侧重实用性和启发性。通过合理的任务驱动和实践环节帮助读者掌握计算机网络技术的原理,提高对计算机网络的操作技能。全书内容包括:初识计算机网络、组建局域网、交换机与虚拟局域网、网络层的主流协议、路由器与路由选择、网络应用、Internet 接入技术和网络安全技术基础,本书附录提供了数据通信基础知识及 Cisco 常用命令,供读者参考。本书中的例题和多数习题摘自全国计算机技术与软件专业技术资格(水平)考试网络工程师资格考试真题。

本书不仅适合作为高等院校计算机科学与技术、软件工程、信息安全等专业的相关课程教材,而且特别适合作为网络工程师考试的参考用书。

图书在版编目(CIP)数据

计算机网络/闫薇等主编.—北京:清华大学出版社,2018(2023.1重印)

("十三五"应用型人才培养规划教材)

ISBN 978-7-302-49315-0

Ⅰ.①计… Ⅱ.①闫… Ⅲ.①计算机网络-高等学校-教材 Ⅳ.①TP393

中国版本图书馆 CIP 数据核字(2018)第 004256 号

责任编辑:田在儒
封面设计:王跃宇
责任校对:刘 静
责任印制:宋 林

出版发行:清华大学出版社
  网 址:http://www.tup.com.cn,http://www.wqbook.com
  地 址:北京清华大学学研大厦 A 座   邮 编:100084
  社 总 机:010-83470000   邮 购:010-62786544
  投稿与读者服务:010-62776969,c-service@tup.tsinghua.edu.cn
  质量反馈:010-62772015,zhiliang@tup.tsinghua.edu.cn
  课件下载:http://www.tup.com.cn,010-83470410
印 装 者:三河市铭诚印务有限公司
经 销:全国新华书店
开 本:185mm×260mm 印 张:16.75 字 数:382 千字
版 次:2018 年 5 月第 1 版   印 次:2023 年 1 月第 6 次印刷
定 价:46.00 元

产品编号:073625-02

前言
FOREWORD

　　本书是辽宁省教育科学"十三五"规划立项课题"基于工作过程的公安视听技术专业的立体化建设研究"（课题编号为：JG17DB264）的核心成果。本书采用教学做一体化的方式撰写，合理地组织学习单元，并将每个单元分解为核心知识、能力目标、任务驱动、实践环节4个模块，体现教学做一体化过程。书中精选大量的实用案例，循序渐进地介绍了计算机网络的基本原理及其应用技术。注重结合实例讲解一些难点和关键技术，在实例上侧重实用性和启发性。全书分为8章，内容包括：初识计算机网络、组建局域网、交换机与虚拟局域网、网络层的主流协议、路由器与路由选择、网络应用、Internet接入技术和网络安全技术基础。

　　每章的核心知识强调在计算机网络技术中最重要和最实用的知识；能力目标强调使用核心知识来进行计算机网络方面操作的能力；任务驱动模块起着巩固核心知识，帮助读者提高分析问题和解决问题能力的作用。通过任务驱动模块的训练，读者有能力完成后续的实践环节；通过实践环节，帮助读者全面拓展所学知识，提高知识的灵活运用能力。第1章主要介绍计算机网络的基本知识。第2章主要介绍组建局域网的核心知识，包括组建局域网的设备、拓扑结构和传输介质。第3章主要介绍交换机与虚拟局域网的知识，包括交换机的工作原理和配置方法、交换式局域网的核心知识和虚拟局域网的配置方法。第4章主要介绍计算机网络中最重要的基础知识，包括IP地址的作用、表示和分类，IP、ICMP和ARP。第5章主要介绍路由器的基本原理、路由器的配置方法、静态路由的配置、动态路由选择协议RIP和OSPF协议。第6章主要介绍网络应用的核心知识，包括DNS服务、Web服务、FTP服务以及相关服务器的配置，最后介绍电子邮件系统的基本知识。第7章主要介绍Internet的接入技术，主要包括计算机利用ADSL接入Internet技术、局域网接入Internet技术、利用家庭无线路由器接入Internet技术和校园网专线接入Internet技术。第8章主要介绍网络安全技术，主要包括操作系统安全基础知识、Web服务安全知识、计算机经常遇到的浏览器安全方面的相关知识，特别详细地讲解了网络病毒的相关知识，包括网络病毒的定义、特性、分类以及防御措施。本书附录主要提供了数据通信基础知识及Cisco常用命令。

　　本书特别注重引导学生参与课堂教学活动，适合高等院校相关专业作为教学做一体化的教材。结合高职"双证制"人才培养的需求，本书中的例题和习题多数均摘自全国计算机技术与软件专业技术资格(水平)考试网络工程师资格考试试题,可以让教师和学生也在本书中掌握到网络工程师考试的重点内容。

本书第 1、第 2 章由大连外国语大学软件学院教师杨晨负责编写;第 3 章由黑龙江省公安厅人民警察训练中心侦查系教师邵雷编写;第 8 章由合肥科技职业学院信息工程系教师陈滨编写;其他章及附录由辽宁警察学院教师闫薇负责编写并统稿。

本书的示例、任务驱动的源程序、书后习题参考答案以及电子教案可以在清华大学出版社网站上免费下载,以供读者和教学使用。

编　者

2018 年 2 月

目录
CONTENTS

初识计算机网络

- 计算机网络的概念
- 计算机网络的系统组成
- 计算机网络的分类
- 计算机网络的体系结构
- 计算机网络的协议

本章主要学习计算机网络的概念,计算机网络的系统组成、分类和体系结构,以及计算机网络的协议(包括 HTTP、FTP、SMTP 等协议)。

1.1 计算机网络的概念

1.1.1 核心知识

1. 计算机网络的产生与发展

计算机网络是现代通信技术与计算机技术紧密结合的产物。计算机网络的发展过程其实就是通信技术与计算机技术相结合的过程。计算机网络的发展过程大致可分为面向终端的计算机网络、计算机—计算机网络、开放式标准化网络、以局域网及互联网为支撑环境的分布式计算机网络系统 4 个阶段。它的发展促进了计算机技术、多媒体技术和通信技术的飞速发展。

1)面向终端的计算机网络

面向终端的计算机网络又称为远程联机系统,是第一代计算机网络,它产生于 20 世纪 50 年代。第一代计算机网络主要有两种模式:具有通信功能的单机系统和具有通信功能的多机系统,如图 1.1 所示。

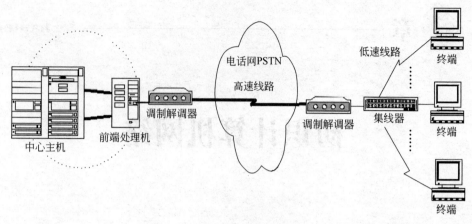

图 1.1　具有通信功能的多机系统

（1）具有通信功能的单机系统。

该系统将一台计算机经通信线路与若干终端直接相连。美国于 20 世纪 50 年代建立的半自动地面防空系统 SAGE 就属于这一类网络。它把远距离的雷达和其他测量控制设备的信息通过通信线路送到一台旋风型计算机上进行处理和控制，它首次实现了计算机技术与通信技术的结合。

（2）具有通信功能的多机系统。

该系统对具有通信功能的单机系统进行了改进。在主机的外围增加了一台计算机，专门用于处理终端的通信信息及控制通信线路，并能对用户的作业进行某些预处理操作，这台计算机称为"前端处理机"或"通信控制处理机"。在终端设备较集中的地方设置了一台集线器，终端通过低速线路先汇集到集线器上，然后再用高速线路将集线器连到主机上。由于前端处理机和集线器在当时一般选用小型担任，因此这种结构称为具有通信功能的多机系统。

在面向终端的计算机网络中除了一台中心主机外，其余的终端都不具备自主处理功能，在系统中主要完成终端和中心主机之间的数据通信。这种网络实际上属于面向终端的计算机通信网，是计算机—计算机网络的雏形。

2）计算机—计算机网络

计算机—计算机网络属于第二代计算机网络，是真正意义上的计算机网络。第二代计算机网络是在 20 世纪 60 年代中期发展起来的。这类网络是多台主机通过通信线路互联，为用户提供服务的系统，以达到资源共享或者联合起来完成某项任务的目的。这就是早期以数据交换为主要目的的计算机网络，即所谓的计算机—计算机网络，如图 1.2 所示。第二代计算机网络和第一代计算机网络的显著区别在于：它的多台主机都具有自主处理能力，它们之间不存在主从关系。

第二代计算机网络的典型代表是 ARPA 网。ARPA 网的形成是计算机网络技术发展史上的重要里程碑，它是 Internet（因特网）[①]的前身，它对推动计算机网络的形成与发

---

① 因特网是目前全球最大的一个电子计算机互联网（internet）。

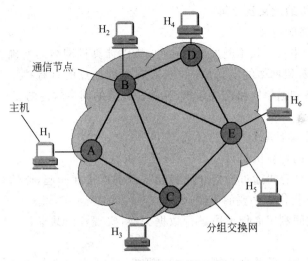

图 1.2 计算机—计算机网络

展具有深远意义。

3) 开放式标准化网络

为了使不同的计算机网络能够方便地互联在一起,一些大的计算机公司纷纷提出了各自的网络体系结构与网络协议。1974 年,美国 IBM 公司首先公布了世界上第一个计算机网络体系结构 SNA(System Network Architecture)。

国际标准化组织(International Standards Organization,ISO)成立专门委员会研究网络体系结构与网络协议国际标准化问题,并于 1984 年制定并正式颁布了开放系统互联参考模型(Open System Interconnection Basic Reference Model,OSI/RM),制定了一系列的协议标准。这里的"开放"是指:只要遵循该标准,一个系统就可与位于世界上任何地方的也遵循同一标准的其他系统进行通信。该模型已成为计算机网络体系结构的基础。

4) 以局域网及因特网为支撑环境的分布式计算机网络系统

局域网(LAN)诞生于 20 世纪 70 年代中期,它继承了远程网的分组交换技术和计算机 I/O 总线结构技术。随着硬件价格的下降,计算机的应用越来越广泛,单位或部门拥有的计算机数量越来越多,因此需要将它们连接起来,以达到资源共享和互相通信的目的。局域网的简易、低成本又安全可靠的网络结构,解决了计算机彼此通信和资源共享的问题,所以局域网技术得到了迅速发展。

局域网与远程网络的互联,使局域网上每个用户都能访问远方的主机,这又反过来提出了如何使不同的计算机、网络广泛互联的新课题,这种广泛互联的需求促使了 Internet 的崛起。1998 年 Web 技术的出现,使 Internet 得到普及。从此,网络开始进入一个飞速发展的时期,最终形成了对当今社会发展起着至关重要作用的计算机网络。

早期计算机网络中传输的主要是数字、文字和程序等数据,随着应用的扩展,提出了越来越多的图形、图像、声音和影像等多媒体信息在网络中传输的需求,这不但要求网络有更高的数据传输速率,或者说带宽,而且对延迟时间(实时性)、时间抖动(等时性)、服务质量等方面都提出了更高的要求。

2. 计算机网络的定义及分类

1) 计算机网络的定义

由于计算机网络技术是不断发展变化的,所以计算机网络的精确定义并未统一。目前,较为公认的计算机网络的定义是:将分布在不同地点的具有独立功能的多个计算机系统通过通信设备和通信线路连接起来,在功能完善的网络软件的支持下,实现数据通信和资源共享的系统。

这个定义涉及以下几个方面的含义。

(1) 构成网络的计算机是自主工作的,且至少有两台。

(2) 网络内的计算机通过通信介质和互联设备连接在一起,通信技术为计算机之间的数据传递和交换提供了必要的手段。

(3) 计算机之间利用通信手段进行数据交换,实现资源共享。指出了计算机网络的两个最主要功能。

(4) 数据通信与资源共享必须在完善的网络协议和软件支持下才能实现。

2) 计算机网络的分类

计算机网络的分类方式很多,按照不同的分类原则,可以得到各种不同类型的计算机网络。

(1) 从网络通信距离上可分为局域网(Local Area Network,LAN)、广域网(Wide Area Network,WAN)和城域网(Metropolitan Area Network,MAN)。

(2) 按交换方式可分为线路交换网络(Circuit Switching)、报文交换网络(Message Switching)和分组交换网络(Packet Switching)。

(3) 按网络拓扑结构可分为总线型网络、环形网络、星形网络、树形网络和网状网络。

(4) 按通信介质可分为双绞线网、同轴电缆网、光纤网和卫星网等。

(5) 按传输带宽可分为基带网和宽带网。

(6) 按使用范围可分为公用网和专用网。

(7) 按速率可分为高速网、中速网和低速网,按通信传播方式可分为广播式和点到点式。

这里主要介绍根据计算机网络的覆盖范围和通信终端之间相隔的距离不同将其分为局域网、城域网、广域网3类的情况,各类网络的特征参数如表1.1所示。

表1.1　各类网络的特征参数

网络分类	分布距离	计算机分布范围	传输速率范围
局域网	10m 左右	房间	4Mbps～1Gbps
	100m 左右	楼寓	
	1000m 左右	校园	
城域网	10km	城市	50Kbps～100Mbps
广域网	100km 以上	国家或全球	9.6Kbps～45Mbps

1.1.2 能力目标

在掌握计算机网络基本概念的基础上,到实验室认识计算机网络及其组成部分,能够区分局域网、城域网及广域网。

1.1.3 任务驱动

任务:观察自己学校的计算机实验室,它应该属于什么网络?

任务解析:学校的计算机实验室共有 46 台机器,且通信的距离在 100m 之内,学校的计算机实验室是局域网。利用双绞线连接的,因此再按照通信介质来分,属于双绞线网络。

1.1.4 实践环节

本节在本书中作为初识计算机网络的一个部分,实践内容相对简单,要求学生能够认识到在一个网络中,其基本组成部件有哪些? 例如,服务器、客户机、网络连接设备、通信介质、网络软件等。

1.2 计算机网络组成与功能应用

1.2.1 核心知识

1. 计算机网络的功能

建立计算机网络的基本目的是实现数据通信和资源共享。其主要功能如下。

1)数据通信

数据通信即数据传输和交换,是计算机网络的最基本功能之一。从通信角度看,计算机网络其实是一种计算机通信系统,其本质上是数据通信的问题。

2)资源共享

资源共享是指上网用户能够部分或全部地使用计算机网络资源,使计算机网络中的资源互通有无、分工协作,从而大大地提高各种资源的利用率。资源共享主要包括硬件、软件和数据资源,它是计算机网络的最基本功能之一。

2. 计算机网络的应用

如今人们已经越来越离不开计算机网络了。从日常生活中的银行存取款、交电话费、信用卡支付、网上购物、微博、QQ 聊天,到高科技领域的 GPS(全球卫星定位系统)、火箭发射等方面。计算机网络已日益渗透到各行各业中,直接影响着人们的工作、学习、生活乃至思维方式。随着计算机网络技术的发展与成熟,Internet 的迅速普及,各种网络应用需求的不断增加,计算机网络的应用范围也在不断扩大,而且越来越深入。例如计算机网络技术已广泛地应用于工业自动控制、辅助决策、管理信息系统、远程教育、远程办公、数字图书馆全球情报检索与信息查询、电子商务、电视会议、视频点播等领域,并且取得了巨大的效益。

1）多媒体信息服务

多媒体信息服务包括 WWW 服务、联机会议、视频点播（Video-On-Demand，VOD）、远程教育、网上娱乐等。即采用多种媒体信号，进行信息交流，是计算机网络技术与多媒体技术的结合。

2）通信服务

通信服务包括 E-mail、在线聊天（QQ、MSN 等）、IP 电话等服务，主要用于信息通信。其中，E-mail 以其快捷方便、功能丰富、价格便宜而迅速成为广大用户最为钟情的服务之一。

3）办公自动化

办公自动化系统可以将一个单位的办公计算机和其他办公设备连接成网络。网络办公可以加快单位内部的信息流动，加强单位内外部的联系与沟通，减少日常开销，提高工作效率。

4）网络管理信息系统

网络管理信息系统是建立在网络基础上的管理信息系统。管理信息系统是基于数据库的应用系统。分布式数据库主要用于网络系统，特别适用于网络管理信息系统。

5）网上交易

网上交易主要是指电子数据交换和电子商务系统，包括金融系统的银行业务、期货证券业务，服务行业的订售票系统、在线交费、网上购物等。

3. 计算机网络组成

计算机系统由硬件系统和软件系统组成，计算机网络系统也是由硬件系统和软件系统组成的。在网络系统中，硬件对网络的选择起着决定性作用，而网络软件则是挖掘网络潜力的工具。

网络硬件是计算机网络系统的物质基础。构成一个计算机网络系统，首先要将计算机及其附属硬件设备与网络中的其他计算机系统连接起来。网络硬件通常由服务器、客户机、网络接口卡、传输介质、网络互联设备等组成。

网络软件是实现网络功能不可缺少的组成部分。网络软件主要包括网络操作系统、网络通信协议和各种网络应用程序。

为了简化计算机网络的分析与设计，有利于网络硬件和软件配置，按照计算机网络系统的逻辑功能（结构），一个网络可划分为通信子网和资源子网，如图 1.3 所示。

1）通信子网

通信子网主要负责全网的数据通信，为网络用户提供数据传输、转接、加工和交换等通信处理工作。它主要包括通信控制处理机（网络连接设备）、通信线路（即传输介质）、通信协议和控制软件等。

（1）通信控制处理机的主要作用。

通信控制处理机（CCP）的主要作用是控制本模块的终端设备之间的信息传送，以及对终端设备之间的通信线路进行控制管理。此外，它还是网络中各个模块之间的接口机，负责模块间的信息传输控制。

通信控制处理机在计算机之间通过高速的并行方式交换信息，一般宜采用小型机或

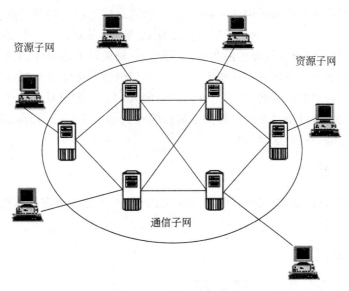

图 1.3　计算机网络组成

高档计算机。需要指出的是,在局域网中通常不再单独专设通信控制处理机,而把这部分任务交给网卡来承担。

（2）通信线路的主要作用。

通信线路用于实现计算机网络中通信控制处理机之间以及通信控制处理机与主机之间的连接,为实际传送比特数据流提供线路基础。计算机网络中使用的通信线路由双绞线、同轴电缆、光纤、无线电、微波等传输介质构成。

计算机网络中的通信线路可分为物理线路和逻辑线路两类。物理线路是一条点到点的、中间没有任何交换节点的物理线路。在物理线路上用于数据传输控制的硬件和软件接口,即构成逻辑线路,逻辑线路是具备数据传输控制能力的物理线路。只有在物理线路的基础上,逻辑线路才能真正实现数据传输。而当采用多路复用技术时,一条物理线路可以形成多条逻辑线路。

2）资源子网

资源子网主要负责全网的信息处理,为网络用户提供网络服务和资源共享。它主要包括网络中的主机、终端、I/O 设备、各种软件资源和数据库等。

（1）主机的主要作用。

主机（主计算机系统,Host）在计算机网络中负责数据处理和网络控制,包括各种类型的计算机,它是资源子网的主要组成单元。在局域网中主机又称为服务器。

（2）终端的主要作用。

终端（Terminal）是用户进行网络操作时使用的设备,它种类繁多,常用的有交互式终端、批处理终端、汉字终端、智能终端以及虚拟终端等。

终端一般与通信控制处理机或集线器相连,与通信控制处理机相连的一般为近程终端,通过集线器再与通信控制处理机相连的一般为远程终端。为了提高处理能力,主机本身应尽量少接终端。在局域网中主机又称为工作站（客户机）。

　　将计算机网络分为资源子网和通信子网,符合网络体系结构的分层思想,便于对网络进行研究和设计。资源子网、通信子网可单独规划、管理,从而使整个网络的设计与运行得以简化。需要指出的是,资源子网和通信子网是一种逻辑上的划分,它们可能使用相同设备或不同的设备。如在广域网环境下,由电信部门组建的网络常被理解为通信子网,仅用于支持用户之间的数据传输,而用户部门之间的入网设备则被认为属于资源子网的范畴;在局域网环境下,网络设备同时提供数据传输和数据处理的能力,因此只能从功能上对其中的软硬件部分进行这种划分。

1.2.2　能力目标

　　掌握计算机网络的基本组成,计算机网络的主要功能,重点掌握计算机网络的3个基本的网络拓扑结构。

1.2.3　任务驱动

　　任务:哪些网络活动能够使资源共享?

　　任务解析:寝室室友之间的文件传输就属于资源共享的典型实例;校园网络中的资源下载站,对于校园网用户提供一个资源数据共享环节。

1.2.4　实践环节

　　实践:用图解的方式来设置资源共享。

　　实践步骤如下。

　　(1) 选择要共享的文件夹右击,在弹出的快捷菜单中选择"属性"命令,在打开的对话框中选择"共享"选项卡,如图1.4所示。

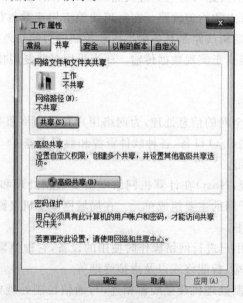

图1.4　设置共享

（2）单击"网络文件和文件夹共享"选项组中的"共享"按钮，弹出"文件共享"对话框，在上面的下拉列表框中选择添加 Guest。其中，选择 Guest 是为了降低权限，以便于所有用户都能访问。设置完成后单击"共享"按钮，具体如图 1.5 所示。

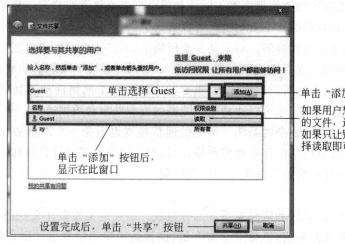

图 1.5 设置文件夹共享(1)

（3）还可以在"高级共享"选项组中单击"高级共享"按钮，在打开的"高级共享"对话框中选中"共享此文件夹"复选框，单击"确定"按钮，即可共享此文件，如图 1.6 所示。

图 1.6 设置文件夹共享(2)

1.3 协议与分层

1.3.1 核心知识

1. 协议的基本概念

协议(Protocol)是通信双方为了实现网络通信活动而设计的约定或对话规则。实际上，约定和规则无处不在。例如，日常所玩的大部分游戏，游戏双方就为了玩这个游戏而要制定一些游戏规则。那么在游戏过程中,游戏双方就要遵守这个游戏规则。例如,大家通常玩的麻将游戏,它的游戏规则就是不固定的,甚至每个地区都有每个地区的玩法。试想一下,从中国东南西北随意抽调 4 个人,坐到麻将桌上,就无法马上玩游戏,因为这 4 个人可能对于麻将这个游戏所知道的规则都不同。如果全世界麻将游戏只有一套标准游戏规则,那么从世界各地任意抽调 4 个人马上就可以玩这个游戏了,因为大游戏规则是唯一的。同样,网络协议也可以这样理解。对于某一个网络活动,某一套网络协议就只是对这一个网络活动而制定的约定或对话规则。那么对于 Internet,对某个网络活动而言,通信双方就只有一套网络协议与之对应。因此,全世界的主机对这个网络活动遵循对应的网络协议就可以随意通信。这样,才可以达到更大范围的资源共享和数据通信。

计算机网络是一个庞大、复杂的系统。网络的通信规则也不是一个网络协议可以描述清楚的。因此,在计算机网络中存在有多种协议,每种协议都有其设计目标和需要解决的问题,同时,每一种协议也有各自的优点和使用限制。

2. 协议的组成

网络协议通常由语义、语法和定时关系 3 部分组成。语义定义要做什么,也就是确定通信双方通信时数据报文的格式;语法定义怎么做,也就是确定通信双方的通信内容;而定时关系则定义何时做,也就是指出通信双方信息交互的顺序。

3. 网络的层次结构

我们在处理复杂问题时,通常采用的方法是将它分成一个一个小的简单的问题,逐一处理。对于网络也是这样,将网络进行层次划分,那么就可以将网络这个庞大而复杂的问题划分成若干较小的问题,从而解决计算机网络这个大问题。

计算机网络层次结构划分依据下面的原则:功能相似或紧密相关的模块应放在同一层;层与层之间应保持松散的耦合,使信息在层与层之间的流动减到最小。除此之外,计算机网络采用这种层次划分的优点包括以下几个方面。

(1)各层之间相互独立。高层不需要知道低层如何实现,而仅需要知道该层通过层间的接口所提供的服务。

(2)灵活性好。当任何一层发生变化时,只要接口保持不变,则在这层以上或以下各层均不受影响。另外,当某层提供的服务不再需要时,甚至可将这层取消。

(3)各层都可以采用适合自己的技术来实现,各层实现技术的改变不影响其他层。

(4)易于实现和维护。整个系统已经被分解为若干个易于处理的部分,这种结构使一个庞大而又复杂系统的实现和维护变得容易控制。

(5)有利于网络标准化。因为每一层的功能和所提供的服务都已经有了精确的说明,所以标准化变得较为容易。

4. OSI 参考模型

1)OSI 参考模型概述

为了充分发挥计算机网络的作用,使不同计算机厂家的网络能够连接,相互通信,这时就需要一个国际标准,遵守国际标准的网络才能互联互通。国际标准化组织(ISO)颁布的开放系统互联参考模型(OSI/RM),自上而下分别是应用层、表示层、会话层、传输层、网络层、数据链路层和物理层,也就是七层网络通信模型,通常简称七层模型。

开放系统互联参考模型的分层思想使复杂的网络体系结构变得层次分明、结构清晰，使整个网络的设计变成了对各层及层间接口的设计，因此容易设计和实现。网络中的每个节点都被划分为7个相同的层次结构；不同节点的相同层次拥有相同的功能；同一节点内各相邻层次间通过接口进行通信；每一个上级层次向下级层次提出服务请求，使用下层提供的服务；下层向上层提供服务；不同节点的对等层之间按对等层协议进行通信。

2）OSI 参考模型各层的功能

（1）物理层：它处于 OSI 参考模型的最底层，利用传输介质为上层提供物理连接，负责处理数据传输率并监控数据出错率，以便透明地传送，这是物理层的主要功能。

（2）数据链路层：在物理层提供比特数据流传输服务的基础上，数据链路层通过在通信的实体之间建立数据链路连接，传送以"帧"为单位的数据，使有差错的物理线路变成无差错的数据链路，保障点到点的可靠的数据传输。

（3）网络层：为处在不同网络系统中的两个节点设备通信提供一条逻辑通道。其基本任务包括路由选择、拥塞控制和网络互联等功能。

（4）传输层：向用户提供可靠的端到端服务，透明地传送报文。它向高层屏蔽了下层数据通信的细节，因而是计算机通信体系结构中最关键的一层，也是承上启下的一层。

（5）会话层：是建立、管理和终止应用进程之间的会话和数据交换，这种会话关系是由两个或多个表示层实体之间的对话构成的。

（6）表示层：保证一个系统应用层发出的信息能被另一个系统的应用层读出。如果有必要，表示层用一种通用的数据表示格式在多种数据表示格式之间进行转换。它包括数据格式变换、数据加密与解密和数据压缩与恢复等功能。

（7）应用层：这是最靠近用户的一层，它为用户的应用程序提供网络服务。包括电子数据表程序、字处理程序和银行终端程序等。

5. TCP/IP 参考模型

尽管 OSI 参考模型得到了全世界的认同，但是因特网历史上和技术上的开发标准都是 TCP/IP 参考模型（传输控制协议/网际协议，Transmission Control Protocol/Internet Protocol）。

TCP/IP 起源于 20 世纪 60 年代末美国政府资助的一个网络分组交换研究项目，TCP/IP 是发展至今最成功的通信协议，它被用于当今所构筑的最大的开放式网络系统 Internet 上。

TCP 和 IP 是两个独立且紧密结合的协议，负责管理和引导数据报文在 Internet 上的传输。二者使用专门的报文头定义每个报文的内容。TCP 负责和远程主机的连接，IP 负责寻址，使报文被送到其该去的地方。TCP/IP 也分为不同的层次，每一层负责不同的通信功能。但 TCP/IP 简化了层次设备（只有 4 层），自上而下分别为应用层、传输层、网络层和网络接口层。表 1.2 是 OSI 参考模型和 TCP/IP 参考模型间的对应关系。

6. 数据的传输过程

数据要在网络中进行传输，必须按照某种固定的格式才可以。就像我们日常生活中写信一样，在写信时，为了使信能够顺利到达对方，会按照"写信""添加信封""写地址""贴邮票""信件投递"的过程进行发送。而收信方在收信的过程中会执行如"信件接收""拆

表 1.2　OSI 参考模型和 TCP/IP 参考模型间的对应关系

OSI 参考模型	TCP/IP 参考模型
应用层	应用层
表示层	
会话层	
传输层	传输层
网络层	网络层
数据链路层	网络接口层
物理层	

信封"和"读信"的过程,这个过程与写信方的执行过程相反。事实上,写信的过程是数据封装的过程,而收信的过程就是数据解封装的过程。下面来做详细阐述。

1) 数据的封装过程

既然是封装过程,那么一定是数据的发送方,就像写信,写好了信,想要寄给朋友,必须写信封,并且把数据封装到信封里。相当于应用层把纯数据封装了一次,将这封信放进了邮筒,邮局拿出信以后还要继续把信分门别类,然后相同城市的打包再封装,向下交给货运公司。类似这个过程,直到开始运输货物,数据封装的过程才结束。

2) 数据的解封装过程

数据封装的过程就像是一个用户到邮局层层打包的过程,而解封装就是一层一层解包的过程。主机会从物理层到应用层依次解封装,提取发送主机发来的数据,完成数据的接收过程。

总结数据传输的过程,如图 1.7 所示,主机 A 发送信息给主机 B。主机 A 先将要发送的数据从应用层一步步封装起来,最后形成二进制比特数据流进入传输介质进行传输。主机 B 从传输介质中接收了二进制比特数据流,一步步解封装形成应用层的数据。因此,原本想象数据传输是横向传输,而事实上数据传输的过程是纵向传输。准确地说,数据传输是类似一个 U 的传输过程。

7. TCP/IP 中的协议栈

计算机网络的层次结构使网络中每层的协议形成了一种从上至下的依赖关系。在计算机网络中,自上而下相互依赖的各个协议形成了网络中的协议栈。TCP/IP 体系结构与 TCP/IP 协议栈之间的对应关系如图 1.8 所示。

从图 1.7 中可以看出应用层是离用户最近的一层,也是拥有最多协议的一层,因此,应用层可以为用户提供多种服务。应用层的主要协议包括以下几种。

(1) HTTP:超文本传输协议,用于目前广泛使用的 Web 服务。

(2) FTP:文件传输协议实际上就是传输文件的协议,它可以应用在任意两台主机之间。用于实现互联网中交互式文件传输功能。

(3) Telnet 协议:远程协议,又被称为网络终端协议,用于实现互联网中远程登录功能。

(4) SMTP:简单邮件传输协议,用于实现互联网中电子邮件的传送。

(5) DNS 协议:域名解析服务,用于实现互联网中网络设备名字到 IP 地址映射的网

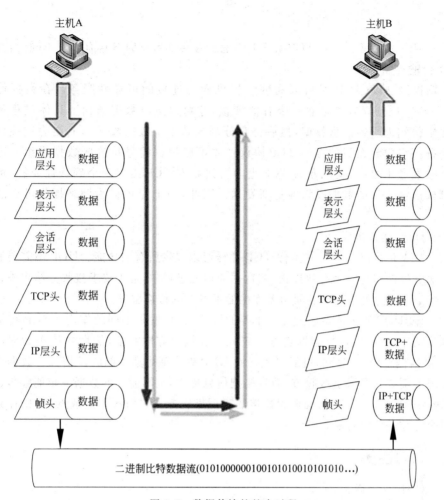

图 1.7 数据传输的整个过程

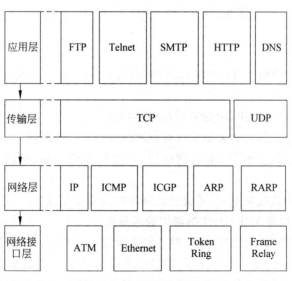

图 1.8 TCP/IP 的协议栈

络服务。

传输层中的协议主要是 TCP 和 UDP,它们在传输数据时各自有以下不同的特点。

1) 传输控制协议

传输控制协议(TCP)是可以为网络提供面向连接的可靠性服务。在数据传输之前,TCP 约定通信双方要建立一个有效连接,才可以进行数据通信。具体过程是从应用程序中得到大段的信息数据,然后将它分割成若干个数据段。TCP 会为这些数据段编号并排序,这样,在目的方的 TCP 协议栈才可以根据编号将这些数据重组。这些数据段在被发送出去后,发送方的 TCP 会等待接收方 TCP 给出一个确认性应答,那些没有收到确认性应答的数据段将被重新发送。因此,TCP 是可以为网络提供可靠的传输服务的。

2) 用户数据包协议

用户数据包协议(UDP)并不像 TCP 那样可以提供所有的功能。UDP 不需要通信双方在发送数据前建立一个有效连接,在数据通信的过程中,也不要求接收方给出确认性应答。因此,UDP 为网络提供了面向无连接的不可靠的传输服务。

TCP 和 UDP 作为传输层的两个重要的协议,各自发挥不同的作用。TCP 传输数据就好像生活中的打电话,数据发送方一定先要和接收方联系上,然后才传送数据,因此,TCP 提供给网络面向连接的可靠服务。而 UDP 就类似生活中的收发信件。数据发送方在发信时不需要先联系上接收方,而直接把信息传送,也不能保证数据一定能够传送到发送方,因此 UDP 提供给网络面向无连接的不可靠服务。它们各有优缺点,互相补充为网络提供全方位的信息传输。

1.3.2　能力目标

- 掌握协议的概念。
- 理解划分网络层次的原因。
- 掌握 TCP/IP 的协议栈。

1.3.3　任务驱动

任务:OSI 体系结构与 TCP/IP 体系结构有什么共同点和不同点?

任务解析:

1. OSI 体系结构与 TCP/IP 体系结构的共同点

(1) 两者都以分层的方式来解决计算机网络这么复杂的问题。

(2) 各层功能大体上相同,都有网络层、传输层和应用层,解决了不同网络的互联问题。

(3) 它们都以协议栈为基础,并且协议栈中的协议相互独立。

2. OSI 体系结构与 TCP/IP 体系结构的不同点

(1) OSI 与 TCP/IP 虽然都分层,但各层定义却不尽相同。OSI 参考模型分为 7 层,TCP/IP 参考模型只有 4 层,除网络层、传输层和应用层外,其他各层都不相同。

(2) OSI 作为国际标准是由多个国家共同努力制定的,为了照顾各个国家的利益,造成标准大而全,难以实现。而 TCP/IP 并不是作为国际标准开发的,它只是对一种已有标准的概念性描述。因为它简单高效,可操作性强,因此,TCP/IP 已经成为事实上的国际标准。

（3）TCP/IP 一开始就对面向连接服务和无连接服务并重,而 OSI 在开始时只强调面向连接这一种服务。

（4）TCP/IP 较早就有较好的网络管理功能,而 OSI 到后来才开始考虑这个问题。

1.3.4　实践环节

实践：参观计算机网络中心,认识并记录服务器、路由器和核心交换机,查看并记录交换机与服务器、路由器的连接,路由器与 Internet 的连接。认识并记录网络的连接图。

小　　结

本章从计算机网络的产生入手,详细介绍了网络发展的几个阶段,从资源共享的观点给出了计算机网络的定义,提出计算机网络由资源子网和通信子网组成,另外还介绍了计算机网络的分类、功能和应用。实践环节安排了很实用的内容,包括共享设置等,易于学生掌握。

习　　题

一、选择题

1. 下列关于 OSI 参考模型的描述(　　)是错误的。

　　A. 定义了将两个层连接在一起的过程,提高了厂商之间的互操作性

　　B. 使一个系统可与位于世界上任何地方的也遵循同一标准的其他系统进行通信

　　C. 将复杂的功能分为多个更简单的组件

　　D. 定义了所有网络协议都适用的 8 个层

　　E. 提供了一种教学工具,可帮助网络管理员了解网络设备间使用的通信过程

2. 将下列各层从高到低排列为正确的顺序：会话层(a),表示层(b),物理层(c),数据链路层(d),网络层(e),应用层(f),传输层(g)。(　　)

　　A. c,d,e,g,a,b,f　　　　　　　　　　B. f,a,b,g,d,e,c

　　C. f,b,g,a,e,d,c　　　　　　　　　　D. f,b,a,g,e,d,c

3. 下面(　　)不是 TCP/IP 协议栈中应用层的网络协议。

　　A. HTTP　　　　　　　　　　　　　B. FTP

　　C. SMTP　　　　　　　　　　　　　D. IP

二、简答题

1. 什么是计算机网络？计算机网络由哪几部分组成？

2. 计算机网络的发展分为哪几个阶段？每个阶段有什么特点？

3. 计算机网络的主要功能是什么？

4. 计算机网络按照传输的距离来划分，可以划分为几类？每个类型有什么特点？

5. 网络协议由哪几部分组成？

6. 网络应用层有哪些协议？——列举并说明它们的主要用途。

7. 计算机网络为什么采用层次化的体系结构？

组建局域网

 主要内容

- 局域网的拓扑结构
- 局域网的传输介质
- 局域网的网络设备
- 组建以太网局域网

本章将学习网络的拓扑结构、传输介质、局域网的网络设备,这些都是组建局域网所必须准备的基本知识。

2.1 局域网的拓扑结构

2.1.1 核心知识

在计算机网络技术的发展过程中,局域网技术一直是最活泼的领域之一。目前,局域网技术已经在企业、机关、学校乃至家庭中得到了广泛的应用。因此,学习局域网的相关知识对学习和工作都很重要。

网络拓扑结构是指网络中通信线路和节点的几何形状,用以表示整个网络的结构外貌,反映各节点之间的结构关系。它影响着整个网络的设计、功能、可靠性和通信费用等重要方面,是计算机网络十分重要的要素。拓扑结构代表了网内节点的通信连接布局。局域网常用的拓扑结构有总线型、星形、环形 3 种。

1. 总线型拓扑结构

总线型拓扑结构采用单根传输线作为传输介质,所有的站点(包括工作站和文件服务器)均通过相应的硬件接口直接连接到传输介质(或称总线)上,各工作站地位平等,无中心节点控制,如图 2.1 所示。

总线型拓扑结构的总线大多数都采用同轴电缆。某个站点发送报文(把要发送的信

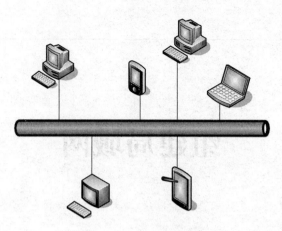

图 2.1　总线型拓扑结构

息叫报文),其传送的方向总是从发送站点开始向两端扩散,如同广播电台发射的信息一样,又称为广播式计算机网络,在总线网络上的所有站点都能接收到这个报文,但并不是所有的都接收,而是每个站点都会把自己的地址与这个报文的目的地址相比较,只有与这个报文目的地址相同的工作站才会接收报文。

在总线型拓扑结构中,由于各站点通过总线来传输信息,并且各站点对于总线的使用权是平等的,因此就产生了如何合理分配信道的问题,这种合理解决信道分配问题的控制方法称为介质访问的控制方式。总线型拓扑结构的介质访问控制方式被称为 CSMA/CD(载波监听多路访问/冲突检测)。

总线型拓扑结构主要有以下优点。

(1)从硬件观点来看总线型拓扑结构可靠性高。因为总线型拓扑结构简单,而且又是无源元件。

(2)易于扩充,增加新的站点容易。如要增加新站点,仅需在总线的相应接入点将工作站接入即可。

(3)使用电缆较少,且安装容易。

(4)使用的设备相对简单,可靠性高。

总线型拓扑结构存在以下缺点。

(1)故障隔离困难:在总线型拓扑结构中,如果某个站点发生故障,则需将该站点从总线上拆除;如传输介质故障,则要切断和变换整个这段总线。

(2)故障诊断困难。由于总线型拓扑结构的网络不是集中控制,故障检测需在网络上各个站点进行,因此,故障诊断困难。

2. 星形拓扑结构

星形拓扑结构是由中心节点和通过点对点链路连接到中心节点的各站点组成,如图 2.2 所示。星形拓扑结构的中心节点是主节点,它接收各分散站点的信息再转发给相应的站点。目前,这种星形拓扑结构几乎是 Ethernet 双绞线网络专用的。这种星形拓扑结构的中心节点是由交换机或路由器来承担的。

由于每个设备都用一根线路和中心节点相连,如果这根线路损坏,或与之相连的工作站出现故障时,在星形拓扑结构中,不会对整个网络造成大的影响,而仅会影响该工作站,星形拓扑结构有以下优点。

(1) 网络的扩展容易。

(2) 控制和诊断方便。

(3) 访问协议简单。

星形拓扑结构存在以下缺点。

(1) 过分依赖中心节点。

(2) 成本高。

3. 环形拓扑结构

环形拓扑结构是由网络中若干中继器通过点到点的链路首尾相连形成一个闭合的环,如图 2.3 所示。

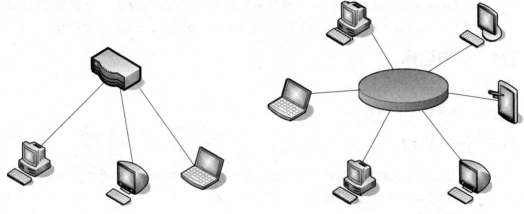

图 2.2　星形拓扑结构　　　　　　　　图 2.3　环形拓扑结构

这种环形拓扑结构使公共使用电缆形成环形连接。每个中继器与两条链路相连,由于环形拓扑的数据在环路上沿着一个方向在各节点间传输,这样中继器能够接收一条链路上的数据,并以同样的速率串行地把数据送到另一条链路上,而不在中继器中缓冲。每个工作站对环的使用权是平等的,所以它也存在着一个对环形线路的"争用"和"冲突"问题。在环路上发送和接收数据的过程大致如下。

发送报文的工作站(以下简称发送站)将报文分成报文分组,每个报文分组包括一段数据再加上某些控制信息,在控制信息中含有目的地址。发送站依次把每个报文分组送到环路上,然后通过其他中继器进行循环,每个中继器都对报文分组的目的地址进行判断,看其是否与本地工作站的地址相同,仅由地址相同的工作站接收该报文分组,并将分组复制出来,当该报文分组在环路上绕行一周重新回到发送站时,由发送站把这些分组从环路上摘除。由此可看出,若环路上某一节点发生故障,网络将整体瘫痪,不能正常地传送信息。

环形拓扑结构有以下优点。

(1) 路由选择控制简单。因为信息流是沿着固定的一个方向流动的,两个站点仅有一条通路。

(2) 电缆长度短。环形拓扑所需电缆长度和总线型拓扑结构相似,但比星形拓扑要短。

（3）适用于光纤。光纤传输速率高,而环形拓扑是单方向传输,十分适用于光纤这种传输介质。

环形拓扑结构有以下缺点。

（1）节点故障引起整个网络瘫痪。在环路上数据传输是通过环上的每一个站点进行转发的,如果环路上的一个站点出现故障,则该站点的中继器不能进行转发,相当于环在故障节点处断掉,造成整个网络都不能进行工作。

（2）诊断故障困难。因为某一节点故障会使整个网络都不能工作,但具体确定是哪一个节点出现故障非常困难,需要对每个节点进行检测。

例 2.1　（　　）拓扑在所有设备之间使用单一线路来连接。

A．总线型　　　　　B．星形　　　　　C．点对点　　　　　D．环形

试题解析：这里选择 A。星形拓扑是指与其他设备之间有点对点连接的中枢设备。点对点是两台设备之间的单一连接,而环形拓扑是指一台设备连接另一台设备,以此类推,直到最后一台设备连接到第一台设备,形成一个环。因此,答案是总线型拓扑。

2.1.2　能力目标

- 掌握拓扑结构的优缺点。
- 掌握网络拓扑结构的设计。

2.1.3　任务驱动

任务：图 2.4 是某高校为某单位建设的高速信息网络,网络主干中心是千兆以太网

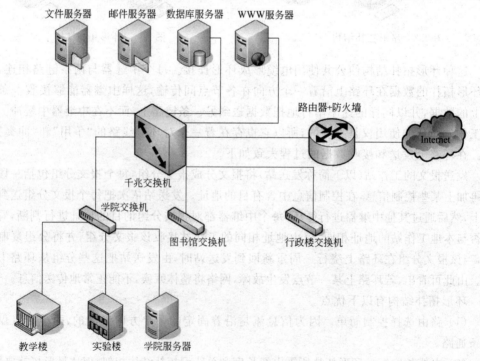

图 2.4　校园网络拓扑结构

的光纤局域网,连接各学院、系、图书馆等信息网,并接入Internet。实现各级各类网络的互联互通,为学校的各级单位、教师、学生提供方便、快捷的信息与教学服务,从而有效地为科研、教学服务,提高学校的整体水平。请识别图2.4中包含有几种拓扑结构?

任务解析:从图2.4中可以看出这是一个复杂的网络拓扑,包含多种拓扑结构。学院交换机作为中枢设备连接了一个星形拓扑结构,而千兆交换机作为一个中枢节点连接了服务器、学院交换机、图书馆交换机以及行政楼交换机,这样构成了一个星形拓扑。这样,多个星形拓扑结构嵌套在一起,称为树形拓扑结构。而路由器和千兆交换机又可以看成总线型拓扑结构。

2.1.4 实践环节

实践:如果家庭中一台台式计算机和一台笔记本电脑需要借助路由器同时上网,请设计这个家庭局域网的拓扑结构。

2.2 局域网的传输介质

2.2.1 核心知识

传输介质是指传输信号经过的各种物理环境。对于相互间传送编码信息的计算机,传输介质就是物理上将计算机相互连接起来的介质。连接计算机网络使用的传输介质不止一种,例如同轴电缆、非屏蔽双绞线(UTP)、屏蔽双绞线(STP)、光缆还有无线传输介质。

1. 同轴电缆

同轴电缆中央是一根比较硬的铜导线或多股导线,外面由一层绝缘材料包裹,这一层绝缘材料又被第二层导体所包住,第二层导体可以是网状的导体,主要用来屏蔽电磁干扰,最外面由坚硬的绝缘塑料包住,如图2.5所示。同轴电缆的连接器如图2.6所示。

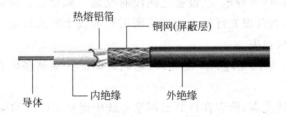

图2.5 同轴电缆内部结构

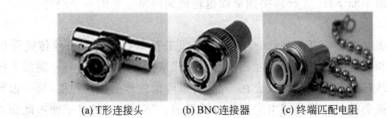

(a) T形连接头   (b) BNC连接器   (c) 终端匹配电阻

图2.6 同轴电缆的连接器

2. 光纤

光纤的完整名称叫作光导纤维,是网络传输介质领域中发展最迅速、性能最好、应用前途最广泛的一种传输介质。

光纤是用纯石英以特别的工艺拉成细丝,其直径比头发丝还要细,是一种细小、柔韧并能传输光信号的介质。在折射率最高的单根光纤外面,用折射率较低的包层包裹起来,就可以构成一条光纤通道。多条光纤组成一束,就构成了一条光缆。图 2.7 所示为光纤的外形图,图 2.8 所示为一条光缆的断面图。

图 2.7　光纤的外形

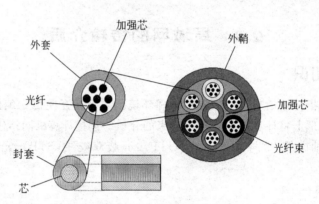

图 2.8　光缆的断面

光纤的优点有:传输速率快,距离远,并且不受电磁干扰,不怕雷击,抗化学腐蚀能力强,很难在外部被窃听,不导电,在设备之间没有接地的麻烦等。但是光纤也存在一些缺点,即光纤的切断和将两根光纤精确地连接所需要的技术要求较高;连接器价格昂贵,分路、耦合麻烦,易造成损失。

光纤分为两种:单模光纤和多模光纤,它们之间的区别是多模光纤比单模光纤的纤芯直径粗。

由于光纤的上述优点,所以在计算机网络布线中得到了广泛的应用。目前,光缆主要是用于交换机之间、集线器之间的连接,但随着千兆位局域网应用的不断普及和光纤产品及其设备价格的不断下降,光纤连接到桌面也将成为网络发展的一个趋势。

3. 双绞线

双绞线的英文名字叫 Twist-Pair,是综合布线工程中最常用的一种传输介质。双绞线采用了一对相互绝缘的金属导线互相绞合的方式来抵御一部分外界电磁波干扰。把两根绝缘的铜导线按一定密度互相绞合在一起,可以降低信号干扰的程度,每一根导线在传输中辐射的电波会被另一根导线上发出的电波抵消。"双绞线"的名字便由此而来。双绞线一般由两根 22~26 号绝缘铜导线相互缠绕而成,实际使用时,双绞线是由多对双绞线一起包在一个绝缘电缆套管里的。典型的双绞线有 4 对的,也有更多对双绞线放在一个电缆套管里的,这些称为双绞线电缆,如图 2.9 所示。

双绞线可分为非屏蔽双绞线(Unshielded Twisted Pair,UTP)和屏蔽双绞线(Shielded Twisted Pair,STP)。由于利用双绞线传输信息时要向周围辐射,信息很容易被窃听,因此要花费额外的代价加以屏蔽。屏蔽双绞线电缆的外层由铝箔包裹,以减小辐射,但并不能完全消除辐射,屏蔽双绞线价格相对较高,安装时要比非屏蔽双绞线电缆困难。所以,目前工程上使用的多为非屏蔽双绞线。非屏蔽双绞线具有以下优点。

图 2.9　双绞线

(1) 无屏蔽外套,直径小,节省所占用的空间;

(2) 重量轻,易弯曲,易安装;

(3) 将串扰减至最小或加以消除;

(4) 具有阻燃性;

(5) 具有独立性和灵活性,适用于结构化综合布线。

4. 无线传输介质

1) 无线电频率电波

无线电频率电波简称为无线电波,其电波频谱在 10kHz~1GHz,它包含的广播频道被称为短波无线频带;甚高频(VHF)电视及调频无线电频带;超高频(UHF)无线电及电视频带。

无线电波可以通过各种传输天线产生全方位广播或有向发射。典型的天线包括方向塔、缠绕天线、半波偶极天线以及杆型天线。

2) 微波通信

无线电数字微波通信系统在长途大容量的数据通信中占有极其重要的地位,其频率范围为 300MHz~300GHz。通常讲的微波通信是指地面微波接力通信。由于微波是直线传播,而地球表面有一定的弧度,在实现远距离微波通信时,要每隔 50km 左右设一微波站。发射台发出信号后,经中间的微波站接收,在进行放大后再转发到下一微波站,就像接力赛跑一样,所以微波通信又称微波接力通信。微波接力通信的通信容量大,建设费用低,抗灾害性强,能满足各种电信业务的传输质量要求,是一种被广泛应用、具有强大生命力的通信方式。

3) 卫星通信

卫星通信就是利用位于 36000km 高空的人造地球同步卫星作为太空无人值守的微波中继站的一种特殊形式的微波接力通信。卫星通信可以克服地面微波通信的距离限制,其最大特点就是通信距离远,且通信费用与通信距离无关。同步卫星发射出的电磁波可以辐射到地球 1/3 以上的表面,只要在地球赤道上空的同步轨道上,等距离地放置 3 颗卫星,就能基本上实现全球通信。卫星通信的频带比微波接力通信更宽,通信容量更大,信号所受到的干扰较小,误码率也较小,通信比较稳定可靠。卫星通信的缺点是传输延时较大,费用较高。

4）红外通信

红外通信和微波通信一样，都是沿直线传播的。红外网络使用红外线通过空气传输数据，比如，电视遥控器切换电视频道。网络可以使用两种类型的红外传输：直接红外传输和间接红外传输。

根据各类传输介质的特点，将它们进行比较总结，如表 2.1 所示。

表 2.1　各类传输介质比较

特性＼种类	双绞线	同轴电缆	光纤	无线传输介质
带宽（速度）	155Mbps	500Mbps	2Gbps	50～150Mbps
成本高低	较低	一般	非常高	较低
安装难易程度	容易	容易	难度大	容易
衰减性	100m	1km	60km	易衰减
抗干扰性和抗窃听性	很差	较好	特别好	差

2.2.2　能力目标

- 掌握局域网传输介质的特点。
- 掌握如何选择传输介质。
- 掌握传输介质的相互比较。

2.2.3　任务驱动

任务 1：如果你是学校的一名网络管理员，现在要在教学楼里建立一个实验室，考虑一下主要应该选择什么样的传输介质？

任务解析：在教学楼里要建立一个实验室，因为实验室安全性要求较低，成本也比较低，而且由于实验室的计算机和实验室的交换机之间距离比较近，基于以上，实验室的传输介质应该使用非屏蔽双绞线。

任务 2：如果你现在是国家安全局的网络维护人员，在考虑选择传输介质的问题上，主要应该考虑什么因素？

任务解析：由于国家安全局要求网络速度快，对于网络的安全性要求非常高，对抗干扰性和抗窃听性要求也非常高，而对于成本等其他因素考虑比较少，因此，传输介质应考虑使用光纤。

2.2.4　实践环节

实践：掌握双绞线的制作方法。

目前，经常制作的双绞线大概有两种：直通线和交叉线。直通线又被叫作正线或标准线，两端采用 568B 做线标准，注意两端都是同样的线序且一一对应。

实践步骤如下。

1. 直通线

直通线意义比较广泛，主要用在不同设备之间的连通。例如，路由器和交换机、PC

和交换机等。具体的线序制作方法：双绞线夹线顺序是两边一致，统一都是：1.橙白、2.橙、3.绿白、4.蓝、5.蓝白、6.绿、7.棕白、8.棕，即568B标准。注意两端都是同样的线序且一一对应。直通线的连接如图2.10所示。

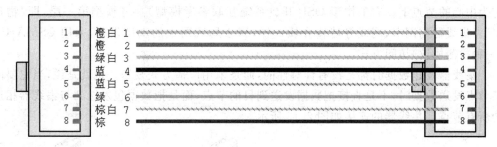

图2.10 直通线的连接

2.交叉线

交叉线多用于双机直联或者集线器之间直联。包括相同设备之间的连接主要是由交叉线来连接。

具体的线序制作方法，一端采用：1.绿白、2.绿、3.橙白、4.蓝、5.蓝白、6.橙、7.棕白、8.棕，即568A标准；另一端在这个基础上将这8根线中的1号和3号线、2号和6号线互换一下位置，这时网线的线序就变成了568B(即橙白、橙、绿白、蓝、蓝白、绿、棕白、棕的顺序)，做线标准不变，这样交叉线就做好了。

1—3、2—6交叉接法。虽然双绞线有4对8条芯线，但实际上在网络中只用到了其中的4条，即水晶头的第1、第2、第3、第6引脚，它们分别起着收发信号的作用。交叉线的连接如图2.11所示。

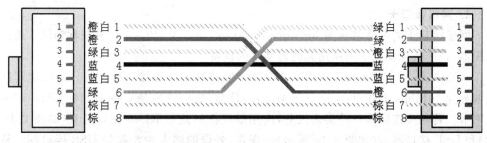

图2.11 交叉线的连接

2.3 局域网的网络设备

2.3.1 核心知识

组装不同类型的局域网需要不同的器件和设备。以10Base-T和100Base-TX为例，组网所需要的器件和设备包括带有RJ-45连接头的UTP电缆，带有RJ-45接口的以太网卡、集线器等。

1. 集线器

集线器的英文名称为 Hub, Hub 是"中心"的意思。集线器(如图 2.12 所示)的主要功能是对接收到的信号进行再生放大,以扩大网络的传输距离,同时把所有节点集中在以它为中心的节点上。它工作于 OSI(开放系统互联参考模型)参考模型第一层,即"物理层"。集线器与网卡、网线等传输介质一样,属于局域网中的基础设备,采用 CSMA/CD(一种检测协议)访问方式。

集线器发送数据时都是没有针对性的,而是采用广播方式发送。也就是说,当它要向某节点发送数据时,不是直接把数据发送到目的节点,而是把数据包发送到与集线器相连的所有节点。集线器的连接如图 2.13 所示。

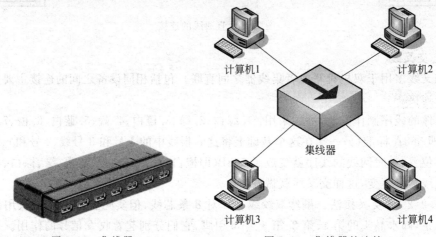

图 2.12　集线器　　　　　　　　　　图 2.13　集线器的连接

2. 网络接口卡

网络接口卡的英文名称为 Network Interface,简写为 NIC,也经常被称为网卡或网络适配器,是个人计算机上网所用到的最基本的设备。

一般来说,网卡可采用 2 种方式来分类:以速度区分和接口种类区分。以速度区分主要分为 10Mbps、100Mbps 和 1000Mbps。目前,最广泛的是支持 10/100Mbps 双速以太网卡。若是要按照接口种类来区分,应用最广泛的就是 RJ-45 接口网卡(如图 2.14 所示)和 USB 接口网卡(如图 2.15 所示)。现在,外设的网卡主要都是 USB 接口的。从用途上来讲,应用最广泛的就是 RJ-45 接口网卡。

图 2.14　PCI 接口网卡　　　　　图 2.15　USB 接口网卡

目前,无线网络发展迅猛,而无线网卡是终端无线网络的设备,是在无线局域网的覆盖下通过无线连接网络进行上网使用的无线终端设备。具体来说,无线网卡就是使用户的计算机可以利用无线来上网的一个装置,但是有了网卡也还需要一个可以连接的无线网络,如果在家里或者所在地有无线路由器,就可以通过无线网卡以无线的方式连接无线网络。无线网卡的作用和功能与普通计算机网卡一样,是用来连接到局域网上的。所有无线网卡只能局限在已布有无线局域网的范围内,且现在无线网卡的接口方式主要以RJ-45 接口和 USB 接口为主。

3. 双绞线

双绞线在前面(详见 2.2.1 小节)已经介绍过,尤其是非屏蔽双绞线,是组建以太网的主要传输介质。

2.3.2　能力目标

- 了解集线器组建局域网的优缺点。
- 掌握 MAC 地址的表示方式和特性。
- 掌握 ipconfig 网络命令。
- 掌握查看计算机的 MAC 地址的方法。

2.3.3　任务驱动

任务 1:网络如何确定计算机的唯一性?

任务解析:网络中确定计算机的唯一性就是要利用网卡的 MAC 地址。

任务 2:MAC 地址如何表示?

任务解析:MAC 地址是由 48 位二进制组成的。由于二进制的表示方法非常麻烦,因此将二进制转换成十六进制表示。所以,通常查看到的 MAC 地址都是由 12 位十六进制表示,且两个十六进制数一组,中间用"-"隔开。例如,00-27-20-AC-1F-4E,这个十六进制中,前 6 位十六进制表示的是网卡的生产商的编号,而后 6 位十六进制是生产厂家对网卡的唯一编号。因此,每个 MAC 地址都对应于唯一一个网卡。

任务 3:ipconfig 命令的意义是什么?

任务解析:ipconfig 命令用来显示主机内 IP 协议执行信息,包括两条信息:IP 配置信息和 IP 配置参数。主要在 Windows 2000/XP/Server 2003/7 平台上使用。

具体格式如下:

```
ipconfig        (显示部分信息)
ipconfig /all   (显示全部信息)
```

2.3.4　实践环节

实践:掌握如何查看一台机器的 MAC 地址。

实践步骤如下。

(1)选择"开始"→"运行"命令,在弹出的"运行"对话框的"打开"下拉列表框中输入

cmd 命令,进入 DOS 模式。

(2) 在 DOS 模式中输入命令 ipconfig /all,查看 MAC 地址,命令的执行如图 2.16 所示。

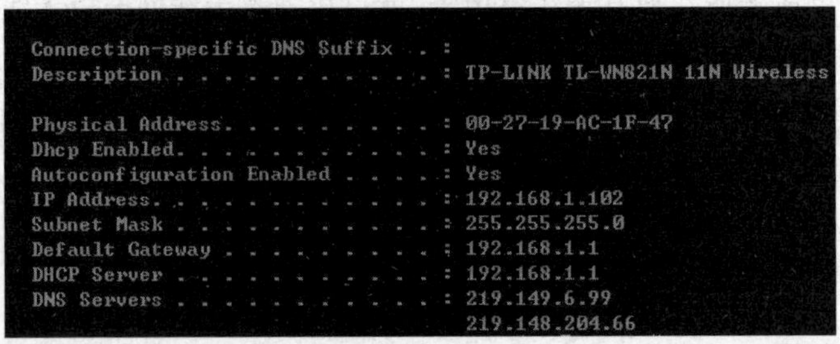

图 2.16　利用 ipconfig 命令显示全部信息

(3) 在图 2.16 中,Physical Address 后面的结果就是 MAC 地址,而且可以看出 00-27-19 是指网卡生产商的编号。所以有些机器在查看 MAC 地址时,有些 MAC 地址的前 6 位是一样的,就是因为出自同一厂商。

2.4　组建以太网局域网

2.4.1　核心知识

在计算机网络技术发展过程中,局域网技术一直是最为活跃的领域之一。目前,局域网技术已经在企业、机关、学校,甚至家庭中得到了广泛的应用。因此,学习掌握组建局域网的基本知识,对人们的学习和工作显得十分重要。

1. 局域网的主要特点

(1) 局域网覆盖有限的地域范围,可以满足机关、公司、学校、工厂等有限范围内的计算机、终端及各类信息处理设备的联网需求。

(2) 局域网具有传输率高、误码率低的特点,因此,利用局域网进行的数据传输快速可靠。

(3) 局域网通常由一个单位或组织建设和拥有,易于维护和管理。

(4) 局域网的主要技术要素包括局域网的拓扑结构、传输介质和介质访问控制方法。

2. 以太网技术

以太网是目前最有影响力的局域网,由于其组网简单、建设费用低廉,因此被广泛应用于办公自动化等各个领域。

以太网可以利用同轴电缆、双绞线、光纤等不同的传输介质进行组网,也可以运行 10Mbps、100Mbps 和 1000Mbps 的网络速度。但只要是以太网,都采用 CSMA/CD 介质访问控制方法。以太网有众多的技术标准,具体参数如表 2.2 所示。

10Base-5 和 10Base-2 的传输速率都是 10Mbps,分别采用 50Ω 的粗同轴电缆和 50Ω 的细同轴电缆。10Base-5 和 10Base-2 在以太网发展初期风靡一时,但以后逐渐被 10Base-T 和 100Base-TX 所取代。

表 2.2　以太网技术参数

标　准	主要使用的传输介质	速率（Mbps）	物理拓扑
10Base-5	50Ω 粗同轴电缆	10	总线
10Base-2	50Ω 细同轴电缆	10	总线
10Base-T	3、4、5 类或超 5 类非屏蔽双绞线	10	星形
100Base-TX	5 类或超 5 类非屏蔽双绞线	100	星形
100Base-FX	光纤	100	星形

10Base-T 的传输速率为 10Mbps，可以使用 3、4、5 类或超 5 类非屏蔽双绞线作为传输介质。这种以太网的每条非屏蔽双绞线的长度不能超过 100m。

100Base-TX 的传输速率为 100Mbps，也使用非屏蔽双绞线作为传输介质，为了保证信号在 100Mbps 速率下的通信质量，这种以太网通常要求使用 5 类或超 5 类非屏蔽双绞线，同时要求 5 类或超 5 类非屏蔽双绞线的最大长度为 100m。

100Base-FX 主要以光纤作为传输介质，但由于光纤的连接设备比较昂贵，同时安装维护也相对双绞线困难得多，因此，100Base-FX 还没有成为主流的以太网组网方式。

3．介质访问控制方法

介质访问控制方法，也就是信道访问控制方法，可以简单地把它理解为如何控制网络节点何时发送数据、如何传输数据以及怎样在介质上接收数据。常用的介质访问控制方式有时分多路复用（TDM）、带冲突检测的载波监听多路访问介质控制（CSMA/CD）和令牌环（Token Ring）。这里重点介绍载波监听多路访问介质控制方法。

在载波监听多路访问介质控制下，网络中的所有用户共享传输介质，信息通过广播传送到所有端口，网络中的工作站对接收到的信息进行确认，若是发给自己的就接收否则丢弃。从发送端情况看，当一个工作站有数据要发送时，它首先监听信道并检测网络上是否有其他的工作站正在发送数据，如果检测到信道忙，已经有数据在传输，则等待。直到监听到信道空闲，再开始发送数据。而在信息发送出去后，发送端还要继续对信道进行监听。直到最后对发送出去的信息进行确认，以了解接收端是否已经正确接收到数据，如果收到则发送结束，否则再次发送。载波监听多路访问介质控制可以总结为 16 个字：先听后发，边听边发，如遇冲突，延迟重发。

2.4.2　能力目标

- 掌握以太网组网技术。
- 掌握网络拓扑结构。
- 掌握网卡的选择方法。
- 掌握集线器的基本设置。

2.4.3　任务驱动

计算机要完成任务，需要硬件和软件的协同合作。那么如果要想让一个计算机网络正常工作，也需要网络硬件和网络软件的共同合作。任务具体如下。

任务 1：集线器和双绞线的硬件连接。

任务解析：集线器和双绞线的硬件连接，主要在于双绞线的接口的安装。主要是制作直通线与集线器进行连接。直通线的制作方法已经在前面实践环节中讲过，这里不再赘述。

任务 2：网卡驱动程序的安装和配置。

任务解析：网卡驱动程序的安装和配置是网络软件安装的第一步。网卡驱动程序因网卡和操作系统的不同而有所不同，所以，不同的操作系统上都配有不同的驱动程序。Windows XP/7/10 操作系统支持"即插即用"，如果使用的网卡也支持"即插即用"，Windows 操作系统会自动安装该网卡的驱动程序，并不需要手动安装。在网卡不支持"即插即用"的情况下，需要进行驱动程序的手动安装和配置工作。手动安装网卡驱动程序可以通过依次选择 Windows 操作系统桌面上的"开始"→"设置"→"控制面板"→"添加硬件"选项来实现。

任务 3：熟悉网络模拟软件 Cisco Packet Tracer 5.3。

任务解析：安装网络模拟软件 Cisco Packet Tracer 5.3，然后选择"开始"→"所有程序"→Cisco Packet Tracer 命令，打开后的界面如图 2.17 所示。将实践中需要的设备直接拖入空白区域即可。

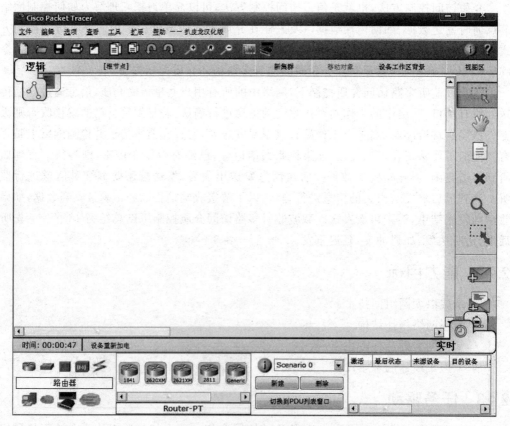

图 2.17　网络模拟软件 Cisco Packet Tracer 主界面

2.4.4 实践环节

实践：组建以太网。

实践步骤如下。

（1）打开 Cisco Packet Tracer 5.3，单击集线器（Hub）的图标■，拖动 Hub-PT 集线器到工作区域。

（2）选择终端图标■，拖动 3 台 PC 到工作区域。

（3）选择线缆图标✔，拖动直通线连接集线器与 PC（注：选择 PC 端口时，一定要选择 FastEthernet 端口）。连接之后，整个网络的拓扑图如图 2.18 所示。

（4）设置 3 台 PC 的 IP 地址和子网掩码。单击选择任意一台 PC，在弹出的对话框中，选择"桌面"选项卡中的"IP 地址配置"选项，设置 IP 地址就可以了，如图 2.19 所示。

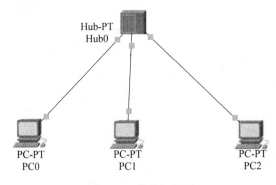

图 2.18　网络拓扑图

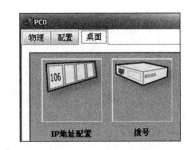

图 2.19　IP 地址配置

（5）对网络进行连通性测试。

小　　结

本章从网络组建入手，讲述了如何设计网络拓扑图，如何根据组建网络的需求来选择适合网络的传输介质，以及根据要组建的网络特点来选择和安装网络需要的设备，最后讲述了如何利用 Cisco Packet Tracer 来组建以太网局域网。

本章的重点包括局域网的拓扑结构和传输介质。网络的拓扑结构的设计对网络非常重要，因此需要掌握各个网络拓扑结构的特点，根据网络需求设计出合理的拓扑结构。同时要求掌握传输介质的优缺点，并可以根据自身网络情况的特点来选择传输介质。在实际网络环境中选择传输介质要从性能、价格和使用环境等各种因素综合考虑。使用环境的主要因素包括拓扑结构、传输距离、传输速率、环境恶劣程度（抗噪性）、信号强度、安全性等。

习　　题

一、选择题

1. 将集线器连接到交换机时会使用（　　）传输介质。

A. 直通 UTP   B. 交叉 UTP   C. 串行电缆   D. 全翻转线缆

2. 需要将 PC 连接到集线器、该集线器需连接到交换机、该交换机需连接到另一台交换机，并且第二台交换机需连接到路由器。该网络需要使用哪类 UTP 电缆，需要多少？（   ）

A. 2 个直通电缆和 2 个交叉电缆   B. 3 个直通电缆和 1 个交叉电缆

C. 1 个直通电缆和 2 个交叉电缆   D. 4 个直通电缆

3. 10Base-T 网络中的 5 类线上使用下列（   ）连接器。

A. AUI   B. DB-15   C. RJ-45   D. SC

二、简答题

1. 简述介质访问控制方法。

2. 简述载波监听多路访问控制方法的介质访问控制过程。

交换机与虚拟局域网

 主要内容

- 交换机的工作原理
- 交换式局域网
- 虚拟局域网的原理
- 配置虚拟局域网

以太网已经变得越来越拥塞,主要是由于网络应用和网络用户的需求迅速增长。现在,处于同一个以太网上的两个站点很容易就会使网络不堪重负。为了提高局域网的效率,交换技术就产生了。本章主要围绕交换技术来介绍交换机、交换式局域网以及虚拟局域网的知识。

3.1　交　换　机

3.1.1　核心知识

1. 交换机简介

交换机是局域网中使用非常广泛的网络设备,它工作在数据链路层,属于数据链路层的交换设备。交换机的分类方法比较多,根据交换机所应用的局域网类型不同,可将交换机分为 10Mbps 以太网交换机、100Mbps 快速交换机、千兆交换机等。交换机如图 3.1 所示。

2. 交换机的工作原理

典型的交换机就是以太网交换机。交换机是可以通过端口与端口之间的多个并发连接,实现多节点之间数据的并发传输。这种数据传输方式与集线器那种共享带宽的方式完全不同。在 2.3.3 小节中,讲过 MAC 地址这部分知识。事实上,在交换机里存在一个"端口 MAC 地址映射表",在这个表中,每个 MAC 地址都对应于交换机的一个唯一的端口。对应于图 3.2,交换机中的"端口 MAC 地址映射表"如表 3.1 所示。

表 3.1 MAC 地址映射表

MAC 地址	端口号	计时
01-13-AF-45-6E-7D(节点 A)	1	…
01-13-AF-AC-1D-83(节点 B)	2	…
12-3E-42-8D-91-28(节点 C)	2	…
12-3E-42-4C-7A-79(节点 D)	3	…
34-56-89-2A-4E-7F(节点 E)	4	…
…	…	…

　　如图 3.2 所示,计算机 B、计算机 C 是通过集线器连接到交换机,而计算机 A、计算机 D 和计算机 E 是直接连在交换机上。根据表 3.1 和图 3.2,可以将计算机和端口的图描绘出来,如图 3.3 所示。

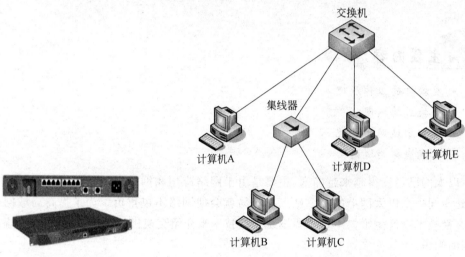

图 3.1 交换机　　　　　　　　图 3.2 交换机连接的网络

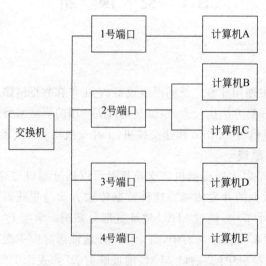

图 3.3 交换机端口和计算机对应图

如果计算机 D 要发送信息给计算机 E,计算机 D 首先将目的 MAC 地址指向计算机 E 的帧发往交换机。交换机接收该帧,并且检测到了目的 MAC 地址后,在交换机的"端口/MAC 地址表"中查找计算机 E 的端口号,即 4 号端口。这样,源主机 D(3 号端口)和目的主机 E(4 号端口)都已经确定,数据包的传送路径也只需从 3 号端口通过交换机直接转发给 4 号端口。

那么,如果同时计算机 A 要给计算机 B 发送信息,则交换机的 1 号端口与 2 号端口也将建立一条连接,并将 1 号端口接收到的信息转发到 2 号端口。

这样,交换机在 1 号端口至 2 号端口和 3 号端口至 4 号端口之间就建立了两条并发的连接。计算机 A 和计算机 D 可以同时发送信息,计算机 B 和计算机 C 因为接在集线器连接的共享式以太网中,所以同时会收到计算机 A(1 号端口)的数据包。同样地,根据共享式以太网的原理,通过对目的 MAC 地址的识别,计算机 C 会抛弃数据包,计算机 B 留下数据包,数据传送完毕。

由此可以看出,交换机是利用这些并发连接,对要求交换机接收到的数据信息进行转发和交换。

3. 交换机的功能

1) 地址学习

以太网交换机利用"端口/MAC 地址映射表"进行信息的交换,因此,"端口/MAC 地址映射表"的建立和维护就变得非常重要。因为,一旦"端口/MAC 地址映射表"出现错误,就可能造成信息转发错误。那么"端口/MAC 地址映射表"是如何建立和维护的呢?

这里需要解决的问题一共有两个,一是交换机如何知道哪台计算机连接到哪个端口;二是当计算机在交换机的端口之间移动时,交换机如何维护地址映射表。如果通过人工建立交换机的"端口/MAC 地址映射表"是非常不现实的,因为端口连接计算机的情况是经常改变的。因此,交换机应该自动建立"端口/MAC 地址映射表"。

换句话来说,交换机应该动态建立和维护"端口/MAC 地址映射表",将这种维护"端口/MAC 地址映射表"的方式称为"地址学习"。

"地址学习"是通过读取两个内容,一个是数据包的源地址;另一个是数据包进入交换机的端口,并将源地址和端口一一记录到交换机的"端口/MAC 地址映射表",这样就建立了端口与 MAC 地址的对应关系。当得到对应关系后,交换机将检查地址映射表中是否已经存在该对应关系。如果不存在,就添加到"端口/MAC 地址映射表";如果存在,就将"端口/MAC 地址映射表"该表项更新。

例如,在图 3.2 中,假设"端口/MAC 地址映射表"中没有计算机 E 的 MAC 地址与交换机的端口对应关系,那么,计算机 A 要向计算机 E 发送数据包,而交换机在接收到 1 号端口的数据包之后,发现目的 MAC 地址(计算机 E)在"端口/MAC 地址映射表"中查询不到。为了保证数据包能够到达正确的目的地,交换机会向除了源端口(1 号端口)之外的所有端口发送这个数据包。当然,大家都知道,网络传输永远是双向的,当计算机 E 给计算机 A 发送回应数据包时,交换机就会捕捉到计算机 E 的 MAC 地址与端口的对应关系,就将这个对应关系存储到"端口/MAC 地址映射表"。

假设计算机 E 的端口发生改变,由 4 号端口换到了 5 号端口,则计算机 D 要给计算机 E 发送信息时,通过"端口/MAC 地址映射表",将数据包发送到了 5 号端口,而却收不到 4 号端口的回应数据包,则证明此次数据传输失败。因此,计算机 D 重新发送数据包给交换机的所有端口,而计算机 D 在收到这个数据包并通过交换机 5 号端口回应数据包时,交换机将计算机 D 的 MAC 地址与 5 号端口的对应关系更新到交换机的"端口/MAC 地址映射表"。

在每次添加或更新地址映射表时,这个过程会增加一个计时器。所以,每个"端口/MAC 地址映射表"的映射表项在计时器的范围内,会存储在交换机中。如果在计时器溢出之前都没有再次学习到这个"端口/MAC 地址映射表"表项,则视为这个映射表项已经过期,交换机将其删除。这样,交换机就能维护一个实时更新的"端口/MAC 地址映射表"。

2)通信过滤

交换机的"端口/MAC 地址映射表"建立之后,它就可以对通过的信息进行过滤了。这个"通信过滤"的过程,可以做以下详细描述。如图 3.4 所示,计算机 A 和计算机 B 以及计算机 D 和计算机 E 都是通过集线器连接,计算机 C 和计算机 F 是直接连接交换机。

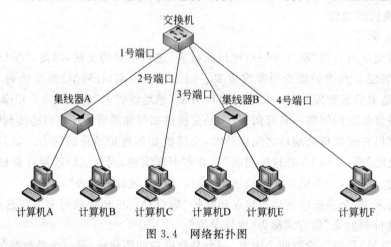

图 3.4　网络拓扑图

从前面讲到的交换机原理可以知道,如果计算机 A 要给计算机 C 发送数据包,通过"端口/MAC 地址映射表",信息只从交换机的 1 号端口传送到 2 号端口,而不再向 3 号、4 号端口转发。

如果计算机 A 要给计算机 B 发送数据包,交换机在 1 号端口收到数据包,而交换机发现目的端口与源端口一致,就不再转发数据包,直接把数据包抛弃,数据包就在集线器连接的局域网中传送。类似这样的过程就被称为交换机的"通信过滤"。交换机的"通信过滤"能够避免网络上不必要的数据传输,减少了网络的通信负荷,为网络提供了更多的带宽,提高了网络的利用率。

4. 交换机的访问方式

交换机的访问一般都支持 4 种方式:连接控制台方式、连接设备 AUX 端口方式、远程登录方式和 Web 配置方式。

1）连接控制台方式

Console 端口是交换机提供的专用管理端口，可以通过相关的连接电缆，一端插入交换机的 Console 端口，另一端接入计算机的串口，以建立计算机与交换机的配置连接。通过 Console 端口连接并配置交换机是管理交换机必须经过的步骤，因为其他的管理和配置方式都需要先通过 Console 端口对交换机实施基本配置后才能进行。

不同品牌交换机的 Console 端口有不同的类型，但绝大多数都采用 RJ-45 端口，也有少数是串行端口。因此，要通过 Console 端口配置交换机就需要专门的 Console 连接线，Console 连接线主要有两种：一种是串行线，采用 DB-9 或 DB-25 的串行插口线；另一种是采用 RJ-45 接头的翻转线。图 3.5 展示了一台计算机终端通过控制台端口与交换机连接的实例，具体连接步骤会在 3.1.4 小节实践环节中具体阐述。

PC-PT
PC

2950-24
交换机

图 3.5　连接控制台方式

2）连接设备 AUX 端口方式

连接设备 AUX 端口方式一般适用于远程移动用户的登录配置，有时网络管理员经常需要对远程的交换机进行操作，那么，采用这种方式，如果管理员需要对网络设备进行远程配置操作，就可以通过 Modem 连接设备的 AUX 端口，通过电话拨号的方式远程配置设备。

3）远程登录方式

远程登录方式（Telnet）是网络管理员经常使用的配置方式之一。在实际网络环境中，网络的规模可能相当庞大，其地域覆盖甚至超过几十千米甚至上千千米。这种情况下，一个网络管理员是无法随时在设备面前对该设备实施配置操作的。通过 Telnet 方式，管理员就可以通过网络登录到远程设备上，像在设备面前一样轻松地完成配置。

4）Web 配置方式

大多数的网络设备都支持 Web 配置方式，像访问 WWW 一样，只需打开 IE 浏览器，直接输入交换机的管理地址（IP 地址），就能进入交换机的管理界面，如一些基于 Web 的管理软件 Cisco Work 或 HP Open View 等。Web 配置方式是基于 HTTP 的，这样网络管理员就能够从远程通过浏览器以图形化的界面方式来配置，因此具有操作直观、简便的优点。但是，由于 Web 配置在安全性方面比前几种方式要差且管理功能有限，所以在大型网络管理中并不常见。

3.1.2　能力目标

- 掌握计算机与交换机的连接。
- Console 端口的配置。
- 掌握查看"端口/MAC 地址映射表"的方法。

- 掌握建立和维护"端口/MAC 地址映射表"的原理。

3.1.3　任务驱动

任务 1：交换机的配置模式共有几种？

任务解析：用表 3.2 来说明交换机的配置模式以及模式的命令。

表 3.2　交换机的配置模式

模 式 名 称		命　　令	提 示 符	说　　明
用户模式		—	Switch＞	普通用户操作级别
进入特权模式		enable	Switch ＃	可以对设备进行配置并进入其他配置模式
全局配置模式		configure terminal	Switch（config）＃	配置交换机的全局参数
子模式	进入接口配置模式	Switch（config）＃ interface Fa0/1	Switch（config-if）＃	对交换机的某个接口进行配置
	进入线路配置模式	Switch（config）＃ line console 0	Switch（config-line）＃	对远程登录会话的配置
	进入路由配置模式	Switch（config）＃ router rip	Switch（config-router）＃	配置路由
	进入 VLAN 配置模式	Switch（config）＃ vlan 3	Switch（config-vlan）＃	配置 VLAN 参数

任务 2：怎样进入特权模式、全局配置模式？

任务解析：计算机连接到交换机，交换机正式启动之后，会直接进入用户模式，提示符是 Switch＞，具体步骤如下：

```
Switch>enable
Switch#config terminal
Switch(config)#
```

任务 3：怎样从全局配置模式退回到用户模式？

任务解析：

```
Switch(config)#exit
Switch#exit
Switch>
```

任务 4：交换机的时间通常对网络管理员来说非常重要，怎样设置交换机的系统时间？

任务解析：假设要将交换机的时间设置为 2012 年 2 月 16 日 13 点 40 分：

```
Switch>enable
Switch#clock set 13:40:00 16 2 2012-2-16
```

设置完成后，在特权模式下通过命令 show clock 来显示交换机当前的时钟。

3.1.4 实践环节

实践：查看交换机的"端口/MAC 地址映射表"。

在这个实践环节中，首先要掌握计算机与交换机是如何连接的。交换机与 PC 不同，没有辅助设备(包括鼠标、键盘、显示器等)。因此，交换机要输入命令或者显示出结果，就要想办法将交换机连接到 PC，通过 PC 对交换机输入命令和输出结果。交换机的 Console 端口和 Console 线如图 3.6 和图 3.7 所示。图 3.7 中的 Console 线一端是 RJ-45 接口，另一端是串口。RJ-45 接口连接到 Console 端口，串口连接到计算机。根据 Console 端口不同，也可以适当调整。

图 3.6　Console 端口　　　　　　图 3.7　Console 线

实践步骤如下。

(1) 将计算机与交换机之间通过 Console 线连接，如图 3.8 所示。

交换机的
Console端口

图 3.8　计算机与交换机通过 Console 端口连接

(2) 在 Windows 7 操作系统中，需要下载 Hyper Terminal 软件，并进行安装，之后选择"开始"→"控制面板"→"电话和调制解调器"命令，如图 3.9 所示。

图 3.9　超级终端配置

（3）打开"位置信息"对话框，选择国别、区号等位置信息，如图 3.10 所示，输入名称，单击"确定"按钮，进入下一步。

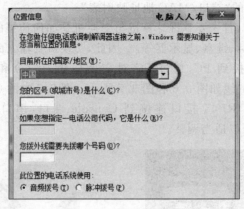

图 3.10　超级终端配置

（4）此时弹出超级终端的界面，需要输入新建连接的名称，如图 3.11 所示。

（5）由于是本地连接交换机，端口选择 COM6 端口，进入端口设置，注意，"位/秒"这里一定要输入 9600，"数据流控制"一定要选择"无"，如图 3.12 所示，单击"确定"按钮，进入下一步。

图 3.11　新建连接

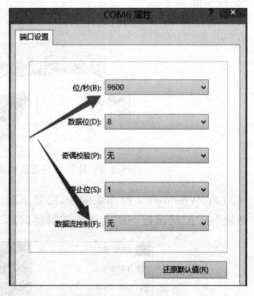

图 3.12　端口设置

（6）弹出一个空白的对话框，按 Enter 键之后，进入交换机的配置界面，如图 3.13 所示。

（7）在图 3.13 的界面中，输入密码，就会看到命令窗口中出现 Switch＞的提示符，输入命令 en，进入交换机的特权模式。

（8）简单利用星形拓扑结构，利用交换机连接 3 台 PC，经过以上设置后，在 Switch♯

Login authentication
Password:_

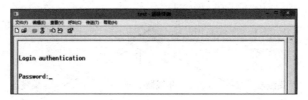

图 3.13　交换机启动

的提示符下，输入命令 show mac-address-table，就会显示出交换机的“端口/MAC 地址映射表”，如图 3.14 所示。

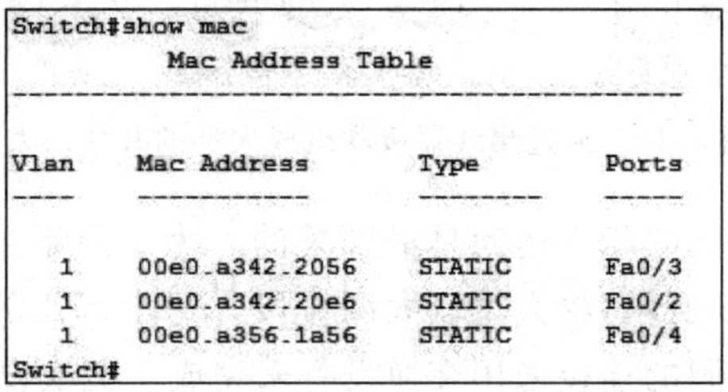

Switch#show mac
Mac Address Table
Vlan　Mac Address　Type　Ports
1　00e0.a342.2056　STATIC　Fa0/3
1　00e0.a342.20e6　STATIC　Fa0/2
1　00e0.a356.1a56　STATIC　Fa0/4
Switch#

图 3.14　“端口/MAC 地址映射表”的执行

3.2　交换式局域网

3.2.1　核心知识

1. 为什么提出“交换式局域网”

第 2 章中组建的局域网是共享式以太网，由集线器作为连接设备形成的以太网。传统的共享式以太网是最简单、最便宜、最常用的一种组网方式。在网络应用和组网过程中，共享式以太网的最突出的缺点就是网络总带宽是固定的，网络上所有节点共享带宽。也就是说，在一个节点使用传输介质时，另一个节点就必须等待，因此，节点越多，速度越慢。例如，对于一个带宽为 100Mbps 的共享式以太网，如果连接 10 个节点，则每个节点平均带宽为 10Mbps。如果连接节点增加到 50 个，则每个节点平均带宽将会降低为 2Mbps。

2. 解决共享式以太网所存在的问题

通常人们解决复杂问题时，经常会采用“分而治之”的方法。为了解决共享式以太网中“共享带宽”的问题，就可以利用“分段”来解决。所谓“分段”，就是将一个大型的以太网分成多个小型的以太网。小型的以太网之间利用“交换”设备进行沟通。这种交换设备可以将在一个小型以太网接收到的信息经过简单的处理转发给另一个小型以太网。

图 3.15 是某企业的网络拓扑图，这是一个共享式以太网的例子。图中所示市场部、财务部和技术部都通过各自的集线器组网。图 3.15 中所示一个共享式集线器连接各部门的集线器，而构成了集线器级联并组成了大型共享式以太网。由于集线器发送信息的方式是广播发送，因此任何计算机之间传送信息都将流通于整个网络。

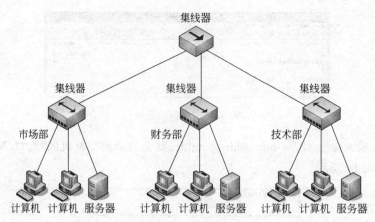

图 3.15　通过集线器级联组成大型的共享以太网

通常,部门与部门之间的相互访问是最频繁的。为了限制部门内部计算机传送的信息在全网流动,如图 3.16 所示,将大型以太网分段。每个部门的计算机都组成了一个小型以太网,部门与部门之间的连接采用交换设备来完成。交换设备有很多类型,包括交换机、路由器等。交换机工作在数据链路层,也是交换式以太网的核心设备。路由器将在第 5 章中介绍。

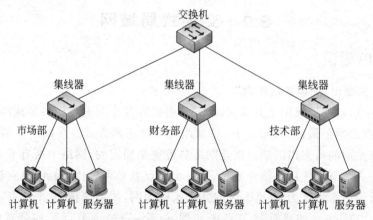

图 3.16　通过交换设备将共享以太网分段

3.2.2　能力目标

- 掌握交换式局域网的特点。
- 选择交换式局域网的网络设备。
- 掌握如何组建交换式局域网。

3.2.3　任务驱动

任务 1:集线器和交换机都是网络连接设备,它们有什么区别?

任务解析:集线器工作在物理层。集线器发送信息的形式是广播传送,即计算机 A、计算机 B、计算机 C 用集线器连接起来,计算机 A 如果想给计算机 B 发送信息,计算机 A 先将信息传送给集线器,而集线器会将这些信息广播发送给计算机 B 和计算机 C。计算机 B 判断数据包的目的地址与自己的地址吻合才会把信息留下来,而计算机 C 将会把数据包丢弃。从而完成计算机 A 到计算机 B 的数据包传送。因此,集线器采用共享带宽的工作方式。

交换机:工作在数据链路层。传送信息的方式是端口与端口之间的传送。因此,交换机是独享带宽的。

任务 2:交换式局域网的交换方式有哪些?

任务解析:交换式局域网的交换方式一共有 3 种,分别是直接交换、存储转发交换和改进的直接交换。

直接交换:在直接交换的方式下,交换机一接收到信息,就直接将数据送到相应的端口,而不管数据是否出错,检测错误的任务也是由终端计算机来完成的。这种交换方式延迟时间短,但缺乏差错检测能力。

存储转发交换:交换机首先要完整地接收计算机发送的数据,之后对数据进行差错检测。如果数据正确,才会根据目的地址将数据传送出去。这种交换方式虽然能提高数据的正确性,但也会导致转发的延迟增长。

改进的直接交换:这种交换方式是将直接交换与存储转发交换结合起来,在接收到的数据前 64 字节之后,就来检测数据是否正确,如果正确就转发出去。这种方式对于短数据来说,交换延迟与直接转发方式比较接近;而对于长数据来说,由于它只对数据前部的主要字段进行差错检测,交换延迟将会减少,数据的正确性也不能完全保证。

3.2.4 实践环节

实践:在小型的企业中,办公自动化与局域网结合的应用非常广泛。现在要实现在企业局域网设置打印机共享,将打印机与一台计算机相连,通过其他的计算机实现打印服务应用。

实践步骤如下。

(1)通过交换机,将办公室的几台计算机连在一起,拓扑结构如图 3.17 所示(可以根据实际情况增加计算机的数量)。

(2)将打印机与其中的一台计算机(PC1)连接,其余的 PC 与 PC1 连接成交换式局域网,从而共享打印服务。

(3)打开控制面板,选择"系统和安全"选项中"Windows 防火墙"下的"允许的程序"选项,在"允许程序通过 Windows 防火墙通信"的列表中选中"文件和打印机共享"复选框,如图 3.18 所示。

(4)打开控制面板,选择"硬件和声音"下的"设备和打印机"选项,如果此时未发现打印机,则需要添加打印机。

(5)在想要共享的打印机图标上右击,从弹出的菜单中选择"打印机属性"命令。在属性对话框中选择"共享"选项卡,选中"共享这台打印机"复选框,并填写打印机的名称等信息,如图 3.19 所示。

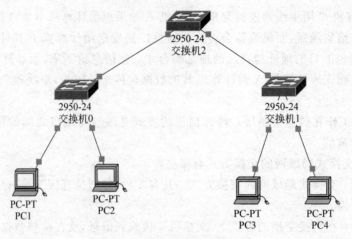

图 3.17　某办公室网络拓扑图

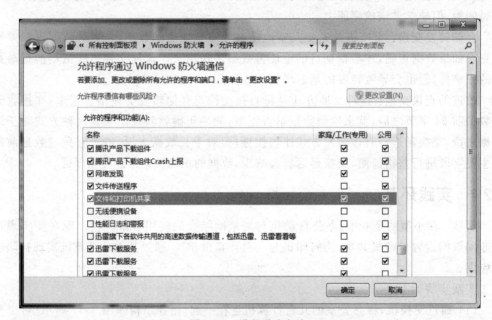

图 3.18　设置共享打印

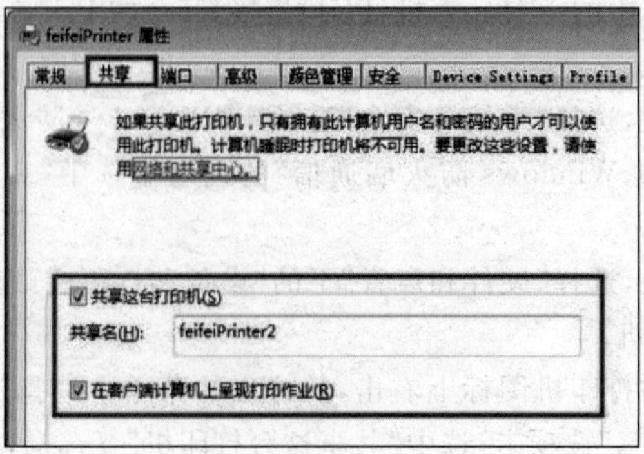

图 3.19　设置共享打印

（6）其他联网的计算机需要查看本地打印机的共享情况。具体操作方法是：打开控制面板,选择网络和 Internet 下的查看计算机和设备选项,再双击"本地计算机（feifei-pc）"选项,查看是否存在共享名为 feifeiPrinter2 的打印机,如果存在,则说明共享打印机成功,其他 PC 可以进行打印测试。

3.3 虚拟局域网

3.3.1 核心知识

所谓的虚拟局域网（Virtual LAN,VLAN）,就是将局域网上的计算机划分成若干个"逻辑组合",这个逻辑组合可以根据功能、部门、职能等因素划分而无须考虑计算机所处的地理位置。

虚拟局域网可以在交换机上完成,以软件形式实现逻辑工作组的划分与管理。所以,局域网如果想划分虚拟局域网,与计算机的物理位置无关。所以,虚拟局域网中的计算机可以不在一个网段中,只要交换机是互联的,逻辑组中的计算机可以连在一台交换机上,也可以连在不同的交换机上;并且计算机如果想从一个虚拟局域网转移到另一个虚拟局域网,只需通过软件设定,而不需要考虑它的物理位置。如果计算机的物理位置有所移动,同时,交换机的接口也有所改变,那么只要通过交换机软件重新进行设置,这台计算机便可以成为原来的虚拟局域网中的一员。

虚拟局域网可以通过交换机的接口来划分,如果按照这种方式划分 VLAN,那么一旦接口改变,VLAN 也随之会发生变化。虚拟局域网也可以通过 MAC 地址、逻辑地址或数据包的协议类型来划分,按照 MAC 地址来划分 VLAN,VLAN 不会因为计算机的接口改变而改变,只要计算机中的网卡不改变,VLAN 就不会发生变化。因此,VLAN 就有静态和动态之分。

1. VLAN 组网方式

VLAN 是可以根据部门、功能或应用来划分,而不需要考虑用户的物理位置。简单地说,可以利用划分端口的方式来分配 VLAN,且 VLAN 的组网方式主要包括静态 VLAN 和动态 VLAN。

1）静态 VLAN

静态 VLAN 是将以太网交换机上的一些端口划分给一个 VLAN。如果不用人工的方式去改变 VLAN,VLAN 就不会改变。图 3.20 中,在配置 VLAN 时,以太网交换机 3、4、5 端口可以组成 VLAN 1,同时以太网交换机 1、2、6、7、8、9 端口可以组成 VLAN 2。

虚拟局域网可以在一台交换机上来实现,也可以多台交换机一起划分 VLAN,这就是跨交换机划分 VLAN。如图 3.21 所示,交换机 A 中的 12、13、16 号端口和交换机 B 中的 3 号和 11 号端口配置形成 VLAN 1;交换机 A 中的 2、8、10 号端口和交换机 B 中的 4、6、16 号端口形成 VLAN 2。如何跨交换机划分 VLAN,将在实践环节中详细阐述。

- 静态 VLAN 的优点：划分方式比较简单,容易实现。
- 静态 VLAN 的缺点：不适应地理位置的变化,灵活性差。如果局域网中的计算机因为要移动位置,同时也会改变交换机的端口,那么原来的 VLAN 就会发生变化。

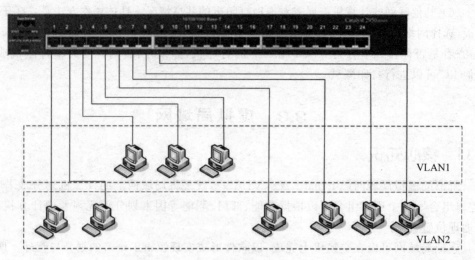

图 3.20　在单台交换机中划分 VLAN

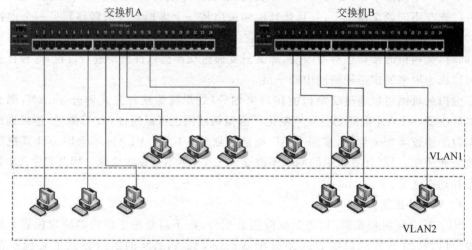

图 3.21　跨交换机划分 VLAN

因此,静态 VLAN 比较适合计算机位置相对稳定的情况。

2) 动态 VLAN

动态 VLAN 是指根据用户的 MAC 地址、逻辑地址和数据包的协议类型来决定计算机属于哪一个 VLAN。也就是说,交换机上 VLAN 端口是动态分配的。若以 MAC 地址来划分 VLAN,可以通过指定哪些 MAC 地址的计算机划分在哪一个 VLAN。

* 动态 VLAN 的优点:灵活性强。
* 动态 VLAN 的缺点:不易配置,复杂性高。

例如,MAC 地址为 01-32-56-4A-6B-9E、53-4C-1A-67-98-32 和 43-77-9D-1E-2F-42 的计算机属于 VLAN1,而不必关心这些计算机连接交换机的哪些端口。所以,无论计算机的地理位置如何改变,只要计算机的 MAC 地址不变,它所属的 VLAN 就不会改变,所以网络管理员不必因为计算机的地理位置改变而重新配置 VLAN。

2. VLAN 的特点

1) 控制广播风暴

广播存在于任何网络中,若广播数据包数量增多,就会形成广播风暴。一旦产生广播风暴,就会造成网络拥堵,大大降低了网络的利用率。因此为了要提高网络效率就要限制网络上的广播,如果将网络划分为多个 VLAN,这样就可以减少参与广播风暴的设备数量。局域网分段可以防止广播风暴波及整个网络。使用 VLAN,可以将某台交换机端口或用户赋予某一个特定的 VLAN,该 VLAN 可以在一个交换网中或跨接多台交换机,在一个 VLAN 中的广播不会送到 VLAN 之外。同样,相邻的端口不会收到其他 VLAN 产生的广播。这样可以减少广播流量,释放带宽给用户应用,减少广播的产生,从而控制广播风暴。

2) 安全

增强局域网的安全性,含有敏感数据的用户组可与网络的其余部分隔离,从而降低泄露机密信息的可能性。不同 VLAN 内的报文在传输时是相互隔离的,即一个 VLAN 内的用户不能和其他 VLAN 内的用户直接通信,如果不同 VLAN 要进行通信,则需要通过路由器或三层交换机等 3 层设备,这就大大提高了局域网的安全性。

3) 成本降低

假设一个小型企业存在技术部、开发部、市场部、财务部、办公室、宣传部等部门,每个部门有 3～4 人。在组建这个企业局域网时,希望每个部门都属于一个小型网络。如果想要物理实现,那么每个部门都需要一台交换机来完成整个企业局域网的配置。这样,就需要 6 台以上的交换机,且每个部门都只有 3～4 台计算机,所以成本会大大增加。如果能够用一台或两台交换机将它们所有机器连接在一起,用 VLAN 的方式使每个部门成为独立的逻辑组合,同样可以达到企业的需求,而且成本还可以大大降低。

4) 应用管理

VLAN 将用户和网络设备聚合到一起,以支持商业需求或地域上的需求。通过职能划分,项目管理或特殊应用的处理都变得十分方便,例如,可以轻松管理教师的电子教学开发平台。此外,也很容易确定升级网络服务的影响范围。

5) 增加网络连接的灵活性

借助 VLAN 技术,能将不同地点、不同网络、不同用户组合在一起,形成一个虚拟的网络环境,就像使用本地局域网一样方便、灵活、有效。VLAN 可以降低移动或变更工作站地理位置的管理费用,特别是一些业务情况经常有变动的公司。但如果使用了 VLAN 之后,这部分管理费用就可以大大降低。

3. VTP

VTP(VLAN Trunk Protocol)是一种消息协议,是由 Cisco 公司开发的私有协议,目前华为等品牌交换机也支持 VTP。VTP 主要用于在 VTP 域内同步 VLAN 信息,而不需要在每台交换机上配置相同的 VLAN 信息,从而实现 VLAN 配置的一致性。在一台交换机(设置为 VTP Server)配置一条新的 VLAN 信息,则该信息将自动传播到本域内的所有交换机上,从而减少在多台设备上配置同一信息的工作量,且方便了管理。

注意:VTP 信息只能在 Trunk 端口中传播。

任何一台运行 VTP 的交换机可以配置成以下 3 种模式。

（1）VTP Server：维护该 VTP 域中所有 VLAN 信息列表，可以增加、删除或修改 VLAN。

（2）VTP Client：可以查看该 VTP 域中的 VLAN 信息，但不能增加、删除或修改 VLAN，任何变化的信息必须从 VTP Server 发送的报文中接收。

（3）VTP Transparent：不参与 VTP 工作，虽然忽略所有接收到的 VTP 信息，但能够将接收到的 VTP 报文转发出去。它只拥有本设备上的 VLAN 信息。

其中，VTP Server 和 VTP Client 必须处于同一个 VTP 域，而且一台交换机只能位于一个 VTP 域中。默认交换机是 VTP Server 模式。

注意：交换机之间或交换机与路由器互联用的端口就称为 Trunk 端口。Trunk 端口是用来在不同的交换机之间进行连接，以保证在跨多台交换机的同一个 VLAN 的成员能够互相通信。

3.3.2　能力目标

- 掌握虚拟局域网的特点。
- 掌握单台交换机的 VLAN 划分。
- 掌握跨交换机的 VLAN 划分。

3.3.3　任务驱动

任务：现有交换机一台，要求 2、3、4、5 号端口属于编号为 13 的 VLAN。下面，详细阐述 VLAN 划分的步骤。

任务解析：划分 VLAN 的步骤如下。

（1）查看目前 VLAN 的划分情况。

（2）新建一个编号为 13 的 VLAN。

（3）将 2、3、4、5 号端口添加到编号为 13 的 VLAN。

注意：在交换机没有划分任何 VLAN 的情况下，交换机有一个默认的 VLAN，编号为 1，且所有的接口都属于 VLAN 1。

3.3.4　实践环节

实践 1：单台交换机的 VLAN 划分

此实践项目将同一台交换机连接的 PC 划分为两个 VLAN，使同一个 VLAN 的两台 PC 能够通信，而不同 VLAN 的任意两台 PC 无法通信。在交换机上创建两个 VLAN，将 PC1 和 PC2 划分到 VLAN 10 中，将 PC3 和 PC4 划分到 VLAN 20 中，在交换机上新建 VLAN 10 和 VLAN 20。按照 3.3.3 小节的任务解析，其实践步骤如下。

（1）查看目前 VLAN 的划分情况。

在交换机输入指令中，在特权模式下输入 show vlan 的命令（不区分大小写），查看目前 VLAN 的划分情况，如图 3.22 所示。默认情况下，24 个端口都在 VLAN 1 中。

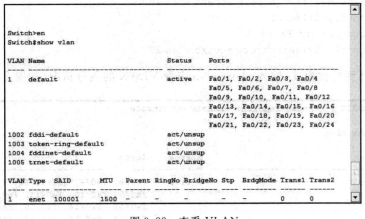

图 3.22 查看 VLAN

```
Switch#config terminal          //进入全局配置模式
Switch(config)#vlan 10          //创建编号为 10 的 VLAN
Switch(config-vlan)#exit        //退回到全局配置模式
Switch(config)#vlan 20          //创建编号为 20 的 VLAN
```

系统自动为 VLAN 10 和 VLAN 20 分别起名字为 VLAN 0010 和 VLAN 0020。网络拓扑及 VLAN 划分情况如图 3.23 所示。

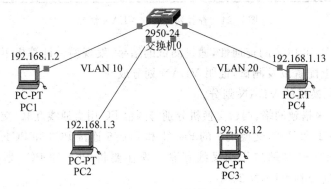

图 3.23 VLAN 划分示意图

（2）在交换机上向相应 VLAN 内添加端口。分别将 PC1 和 PC2 所连接的 Fa0/1 和 Fa0/2 接口添加到 VLAN 10，将 PC3 和 PC4 所连接的 Fa0/3 和 Fa0/4 接口划入 VLAN 20。代码如下：

```
Switch(config)#interface Fa0/1
Switch(config-if)#switchport access vlan 10
```

将 PC1 连接的 Fa0/1 分配给 VLAN 10。

```
Switch(config-if)#exit
Switch(config)#int Fa0/2
Switch(config-if)switchport access vlan 10
Switch(config)#int Fa0/3
```

```
Switch(config-if)switchport access vlan 20
Switch(config-if)#exit
Switch(config)#int Fa0/4
Switch(config-if)switchport access vlan 20
```

再次退回到特权模式,输入 show vlan 查看 VLAN 的划分情况,如图 3.24 所示。

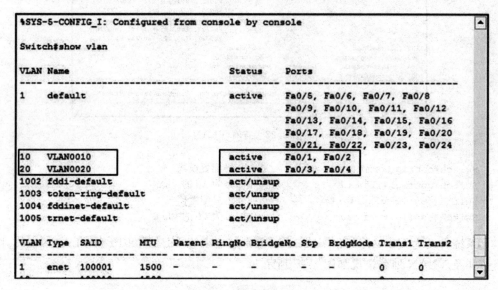

图 3.24　查看划分后的 VLAN 情况

（3）测试 PC1 和 PC3 的连通性,通过测试的结果,发现两台计算机不能通信。

（4）经过以上配置以及测试,证明 VLAN 划分成功。

实践 2：跨交换机的 VLAN 划分。

按照图 3.25 来搭建网络,两台交换机分别与两台 PC 用直通线互联,交换机 1 的 Fa0/1 和 Fa0/6 连接 PC1 和 PC2,交换机 2 的 Fa0/1 和 Fa0/6 连接 PC3 和 PC4。两台交换机分别通过各自的 Fa0/20 号端口用交叉线互联。现在要将 PC1 和 PC3 划分到 VLAN 10 中,PC2 和 PC4 划分到 VLAN 20 中。

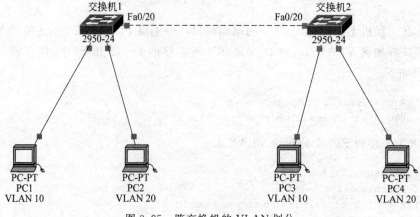

图 3.25　跨交换机的 VLAN 划分

跨交换机实现 VLAN 划分的步骤如下。

（1）交换机 1 上创建 VTP 域，默认设置为 VTP Server，创建 VLAN 10 和 VLAN 20。

（2）交换机 2 上创建相同 VTP 域，并设置为 VTP Client。

（3）分别打开交换机 1 和交换机 2 的 Fa0/20 接口的功能。

（4）在各自的交换机上分配接口，也就是将交换机 1 的 1 号接口分配到 VLAN 10，交换机 1 的 6 号接口分配到 VLAN 20；将交换机 2 的 1 号接口分配到 VLAN 10，交换机 2 的 6 号接口分配到 VLAN 20。

（5）利用连通性来测试 VLAN 的划分情况。

具体实践步骤如下。

（1）打开 Cisco Packet Tracer，按照图 3.25 搭建网络的拓扑结构。

（2）配置 4 台 PC 的 IP 地址。

（3）利用 ping 命令来测试连通性。

（4）打开交换机 1 和交换机 2 各自 Fa0/20 端口的 Trunk 功能，代码如下：

```
Switch1(config)#int Fa0/20
Switch1(config-if)#switchport mode trunk
```

（5）配置交换机 1，创建 VTP 域，名字为 exam，并设置交换机 1 为 VTP 的 Server，代码如下所示：

```
Switch1(config)#vtp domain exam
```

（6）配置交换机 2，创建相同的 VTP 域，并设置为 VTP Client 模式：

```
Switch2(config)#vtp domain exam
Switch2(config)#vtp mode client
```

（7）配置交换机 1，创建 VLAN 10 和 VLAN 20，同时在交换机 2 输入命令 show vlan，查看 VLAN 的划分情况，如图 3.26 所示。

```
Switch2#
Switch2#show vlan

VLAN Name                             Status    Ports
---- -------------------------------- --------- -------------------------------
1    default                          active    Fa0/1, Fa0/2, Fa0/3, Fa0/4
                                                Fa0/5, Fa0/6, Fa0/7, Fa0/8
                                                Fa0/9, Fa0/10, Fa0/11, Fa0/12
                                                Fa0/13, Fa0/14, Fa0/15, Fa0/16
                                                Fa0/17, Fa0/18, Fa0/19, Fa0/21
                                                Fa0/22, Fa0/23, Fa0/24
10   VLAN0010                         active
20   VLAN0020                         active
1002 fddi-default                     act/unsup
1003 token-ring-default               act/unsup
1004 fddinet-default                  act/unsup
1005 trnet-default                    act/unsup

VLAN Type  SAID       MTU   Parent RingNo BridgeNo Stp  BrdgMode Trans1 Trans2
---- ----- ---------- ----- ------ ------ -------- ---- -------- ------ ------
1    enet  100001     1500  -      -      -        -    -        0      0
10   enet  100010     1500  -      -      -        -    -        0      0
20   enet  100020     1500  -      -      -        -    -        0      0
```

图 3.26 查看 VLAN

（8）配置交换机 1，添加 Fa0/1 接口到 VLAN 10，Fa0/6 接口到 VLAN 20。同样配置交换机 2，添加 Fa0/1 接口到 VLAN 10，Fa0/6 接口到 VLAN 20，如图 3.27 和图 3.28 所示。

```
%SYS-5-CONFIG_I: Configured from console by console

Switch1#show vlan

VLAN Name                             Status    Ports
---- -------------------------------- --------- -------------------------------
1    default                          active    Fa0/2, Fa0/3, Fa0/4, Fa0/5
                                                Fa0/7, Fa0/8, Fa0/9, Fa0/10
                                                Fa0/11, Fa0/12, Fa0/13, Fa0/14
                                                Fa0/15, Fa0/16, Fa0/17, Fa0/18
                                                Fa0/19, Fa0/21, Fa0/22, Fa0/23
                                                Fa0/24
10   VLAN0010                         active    Fa0/1
20   VLAN0020                         active    Fa0/6
1002 fddi-default                     act/unsup
1003 token-ring-default               act/unsup
1004 fddinet-default                  act/unsup
1005 trnet-default                    act/unsup

VLAN Type  SAID       MTU   Parent RingNo BridgeNo Stp  BrdgMode Trans1 Trans2
---- ----- ---------- ----- ------ ------ -------- ---- -------- ------ ------
1    enet  100001     1500  -      -      -        -    -        0      0
10   enet  100010     1500  -      -      -        -    -        0      0
20   enet  100020     1500  -      -      -        -    -        0      0
1002 fddi  101002     1500  -      -      -        -    -        0      0
1003 tr    101003     1500  -      -      -        -    -        0      0
 --More--
```

图 3.27　在交换机 1 上查看 VLAN 划分情况

```
Switch2#show vlan

VLAN Name                             Status    Ports
---- -------------------------------- --------- -------------------------------
1    default                          active    Fa0/2, Fa0/3, Fa0/4, Fa0/5
                                                Fa0/7, Fa0/8, Fa0/9, Fa0/10
                                                Fa0/11, Fa0/12, Fa0/13, Fa0/14
                                                Fa0/15, Fa0/16, Fa0/17, Fa0/18
                                                Fa0/19, Fa0/21, Fa0/22, Fa0/23
                                                Fa0/24
10   VLAN0010                         active    Fa0/1
20   VLAN0020                         active    Fa0/6
1002 fddi-default                     act/unsup
1003 token-ring-default               act/unsup
1004 fddinet-default                  act/unsup
1005 trnet-default                    act/unsup

VLAN Type  SAID       MTU   Parent RingNo BridgeNo Stp  BrdgMode Trans1 Trans2
---- ----- ---------- ----- ------ ------ -------- ---- -------- ------ ------
1    enet  100001     1500  -      -      -        -    -        0      0
10   enet  100010     1500  -      -      -        -    -        0      0
20   enet  100020     1500  -      -      -        -    -        0      0
1002 fddi  101002     1500  -      -      -        -    -        0      0
 --More--
```

图 3.28　在交换机 2 上查看 VLAN 划分情况

（9）测试 PC1 和 PC2 的连通性，经过测试，可以得知 PC1 和 PC2 无法连通。

（10）经过以上配置及测试情况证明，跨交换机 VLAN 划分成功。

小　结

本章中,首先讲授了交换机的工作原理和功能,介绍了可以访问交换机的 4 种方式。其次将交换式局域网作为本章重点内容。本章实践内容比较清晰地让读者掌握了组网的基本步骤。虚拟局域网是本章的重点内容,读者应该从单交换机的 VLAN 划分与跨交换机的 VLAN 划分来掌握虚拟局域网的划分方式。

习　题

选择题

1. 能进入 VLAN 配置状态的交换机命令是(　　)。(摘自全国计算机技术与软件专业技术资格(水平)考试网络工程师资格考试真题)

  A. 2950(config)♯ vtp pruning   B. 2950♯ vlan database

  C. 2950(config)♯ vtp server   D. 2950(config)♯ vtp mode

2. 如果要设置交换机的 IP 地址,则命令提示符应该是(　　)。(摘自全国计算机技术与软件专业技术资格(水平)考试网络工程师资格考试真题)

  A. Swich>   B. Switch♯

  C. Switch(config)   D. Switch(config-if)♯

3. 关于交换机的学习过程,下面(　　)是正确的。

  A. 会在"端口/MAC 地址映射表"中更新已知的目的 MAC 地址信息

  B. 交换机智能地转发未知的目的 MAC 地址

  C. 交换机可以学习广播 MAC 地址

  D. 交换机丢弃未知的目的 MAC 地址

4. (　　)设备无法解决冲突问题。

  A. 集线器   B. 交换机

  C. 交换机和集线器   D. 路由器和集线器

5. 关于虚拟局域网(VLAN),下面(　　)是错误的。

  A. VLAN 是一个广播域   B. VLAN 是一个用户逻辑组

  C. VLAN 与位置相关   D. VLAN 是一个子网

6. VLAN 中继协议(VTP)用于在大型交换网络中简化 VLAN 的管理。按照 VTP,交换机的运行模式分为 3 种:服务器、客户机和透明模式。下面关于 VTP 的描述中,错误的是(　　)。(摘自 2009 年网络工程师真题)

  A. 交换机在服务器模式下能创建、添加、删除和修改 VLAN 配置

  B. 一个管理域中只能有一台服务器

  C. 在透明模式下可以进行 VLAN 配置,但不能向其他交换机传输配置信息

  D. 交换机在客户模式下不允许创建、修改或删除 VLAN

7. 新交换机出厂时的默认配置是(　　)。(摘自 2009 年全国计算机技术与软件专

业技术资格(水平)考试网络工程师资格考试真题)

    A. 预配置为 VLAN 1,VTP 模式为服务器

    B. 预配置为 VLAN 1,VTP 模式为客户机

    C. 预配置为 VLAN 0,VTP 模式为服务器

    D. 预配置为 VLAN 0,VTP 模式为客户机

网络层的主流协议

 主要内容

- IP 地址
- 子网掩码
- 子网规划
- ARP
- ICMP

本章将学习计算机网络最重要的知识——IP 地址以及网络层的相关协议。本章中实用的知识也非常多,即使是对非计算机专业的学生来说,本章也非常重要。

TCP/IP 的网络层被称为网络互联层或网际层(Internet Layer),是以数据报形式向传输层提供面向无连接的服务。网络层的主要协议包括 IP、ARP、RARP 和 ICMP 等协议。

4.1 IP 地址

4.1.1 核心知识

众所周知,地球有几十亿人口,如何能在茫茫人海中精确地找到一个人?采用的方法是找到这个人的住址就能确定找到这个人,因为每个人的住址都是唯一的。同样地,在Internet 中的主机也数以亿计,那么如何能够精确地寻找到特定的主机呢?答案就是要通过 IP 地址找到特定主机。也就是说,IP 地址要在本网络中能唯一地表示一台主机。因此,IP 地址和人的住址一样,具有唯一性。

就像生活在地球上的每个人都有一个唯一的住址与其对应一样,那么在 Internet 上的每台主机都有一个唯一的 IP 地址与其对应。IP 协议就是使用这个地址在主机之间传递信息,这也是 Internet 能够运行的基础。

IP 地址是分配给主机的逻辑地址,这种逻辑地址在互联网中表示唯一主机,它独立于任何特定的网络硬件和网络配置。逻辑地址在整个互联网中有效,不管物理网络的类型如何,IP 地址都有相同的结构。那么,IP 地址有什么作用? IP 是如何表示的,又有什么样的层次结构呢?

1. IP 地址的作用

以太网利用 MAC 地址(物理地址)标志网络中的一个节点,两个以太网节点的通信最主要是需要知道对方的 MAC 地址。但是,以太网并不是唯一的网络,世界上存在着各种各样的网络,这些网络使用的技术不同,物理地址的长度、格式和表示方法也不相同。因此,如何统一节点的地址表示方式、保证信息跨网传输是互联网面临的一大难题。

统一物理地址的表示方法是不现实的,因为物理地址表示方法是和每一种物理网络的具体特性联系在一起的。因此,互联网对各种物理网络地址的“统一”必须通过上层软件完成。确切地说,互联网对各种物理网络地址的“统一”就要在 IP 层(网络层)完成,这就形成了 IP 地址,又称为逻辑地址。

2. IP 地址的表示

IP 提供了一种互联网通用的地址格式,IP 地址由 IP 地址管理机构进行统一管理和分配,保证互联网上运行的设备(如主机、路由器等)不会产生地址冲突。IP 地址由 32 位二进制数表示,但是二进制格式对于普通用户来说使用比较麻烦。因此,对于普通用户来讲,仍然是十进制数更容易接受。因此,IP 地址采用了通用的“点分十进制”的方法来表示。具体为:将 32 位二进制数分成 4 组(每组 8 位,即 1 字节),并将每组转换成十进制数(由二进制与十进制的转换知识,可以断定范围是在十进制数 0~255 内),且每组间用圆点来分隔。因此,IP 地址可以简单表示为 W.X.Y.Z 的形式,如图 4.1 所示。

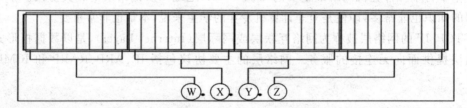

图 4.1 IP 地址的表示方法

具体举例如图 4.2 所示。

二进制格式	10000011	01101011	00000011	00011000
十进制格式	131	107	3	24

图 4.2 IP 地址举例

3. IP 地址的层次结构

一个互联网包括多个网络,而一个网络又包括多台主机,因此,互联网是具有层次结构的,与互联网的层次结构相对应,互联网使用的 IP 地址也采用了层次结构。这种层次结构就具体有网络号(NetID)和主机号(HostID)两个层次。这种层次结构对于初学计算机网络的人来说,可能比较复杂难懂,举出如下例子:IP 地址的这种层次结构可以与日常生活中的电话号码非常类似。电话号码通常由电话区号与电话号码组成,类比之后可以如图 4.3 所示。

图 4.3　IP 地址与电话号码类比

网络号可以类比电话区号,电话区号是用来表示这台电话机所在的地区,主机号可以类比电话号码。例如,图 4.3 中的 0411 是指这台电话机在辽宁省大连地区,而图中 86729742 是指这台电话机占用了大连地区的一个唯一号码。IP 地址中的网络号可以表示这台 IP 地址标识的主机所在的是哪一个网络,而 IP 地址中的主机号就是用来表示这个 IP 地址所对应的主机在这个网络中的位置。因此,IP 地址的这种层次结构明显地携带了位置信息。如果给出一个具体的 IP 地址,马上就能知道这个 IP 地址所对应的主机位于哪个网络,这给互联网的路由选择带来了很大方便。由于 IP 地址不仅包含主机本身的地址信息,而且还包含主机所在网络的地址信息。因此,在将主机从一个网络移动到另一个网络时,主机 IP 地址必须进行修改以正确地反映这个变化。例如,一台主机具有 IP 地址 192.168.1.3,这台主机如果需要移动到另一个网络,就必须分配另一个 IP 地址,否则就不可能与互联网上的其他主机正常通信。这种方式与生活中的住址非常相似,住址标识了一个人的位置信息,而这种住址信息也与 IP 地址一样具有一些层次结构(城市、区、街道号码等),如果一个人从一个地区搬到另一个地区,那么住址就要发生改变,否则就无法正常与别人通信往来。

4. IP 地址的分类

前面已经讲过,IP 地址一共由 32 位二进制数表示,IP 地址由网络号与主机号组成。那么这 32 位二进制数哪些用来标识网络号,哪些用来标识主机号呢? 这个问题比较复杂,但是弄清楚这个问题可以解决很多问题。因为只有当这些问题解决之后,才能够弄清楚下面两个问题。

- 若网络号为 m 位,则一共可以表示出 2^m 个网络;
- 若主机号为 n 位,则能表示每个网络中可以容纳 2^n-2 台主机。

由上面的分析可以得出,根据网络号位数的不同,主机号位数也不同,那么网络的规模也不同。即网络号位数越大,主机号位数越小。主机号位数越大,那么网络中容纳的主机台数越多,网络的规模也就越大;主机号位数越小,则网络规模越小,因此不同种类的网络规模也相差很大。也就是说,有的网络可以容纳上万台主机,有的网络可能只能容纳几台主机。因此,为了适应各种网络规模的不同,将 IP 地址分为 A、B、C、D 和 E 共 5 类,它们分别使用 IP 地址的前几位加以区分,如图 4.4 所示。从图中可以看出,利用 IP 地址的前 4 位不同可以分辨出 IP 地址类型。但事实上,只需利用前两位就能判断出来,因为 D 类和 E 类地址很少使用。

每类地址所包含的网络数与主机台数不同。A 类 IP 地址用 7 位二进制数位来表示

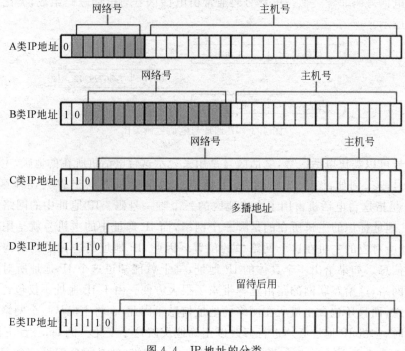

图 4.4   IP 地址的分类

网络号位，其余 24 位标识主机号位，因此，由上面的分析得出，A 类 IP 地址标识的网络能够容纳 $2^{24}-2$ 台主机，所以，A 类的网络规模最大，可以适用于大型网络。B 类 IP 地址用 16 位来表示主机号位，这样的网络共能容纳 $2^{16}-2$ 台主机，因此 B 类 IP 地址用于中型网络。C 类 IP 地址用 8 位表示主机号位，因此这样的网络共能容纳 $2^{8}-2$ 台主机，主要用于小型网络。D 类地址用来广播发送数据包，E 类地址则保留为以后所使用。IP 地址的分类情况如图 4.4 所示。

　　IP 地址的内容非常复杂，IP 地址的分类不同，能够适应的网络规模也不同，因此 IP 地址的灵活性非常强。表 4.1 总结了 A、B、C 3 类地址可以容纳的网络数和主机台数。

表 4.1   各类 IP 地址对比表

网络类别	用 途	IP 地址	网络 ID	主机 ID	网络取值范围	有效主机台数
A	大型网络		W	X.Y.Z	1～126	16777214
B	中型网络	W.X.Y.Z	W.X	Y.Z	128～191	65534
C	小型网络		W.X.Y	Z	192～223	254

5. IP 地址的使用规则

1）主机 ID 的使用规则

主机 ID 使用规则可以简单归纳为一个唯一、3 个禁用，具体如下。

（1）同一网络中，主机 ID 是唯一的。如果主机 ID 不唯一，就引发 IP 地址冲突，地址冲突的两台主机不能利用网络进行通信。

（2）主机 ID 各位不能全为 1。因为这标识了广播地址。例如，202.112.144.255 标识了该网络上的所有主机；当该网络的某台主机需要发送信息给所有该网络的主机时，就使用此地址。

（3）各位不能全为 0。这标识了一个网络。例如，IP 地址 202.112.144.0，意味着标识 202.112.144 这个 C 类网络。

（4）127.0.0.1 不能分配给网络上的任何计算机使用，因为它代表本地主机的 IP 地址。

2）IP 地址的使用规则

在 Internet 中 IP 地址的分配应该由指定的机构进行；但在局域网中 IP 地址的分配可以不受限制。若在局域网中配置 IP 地址，需要遵循以下原则。

（1）同一个网络内的所有主机必须分配相同的网络地址；同一个网络内的所有主机必须分配不同的主机地址。若计算机 A 和计算机 B 都接入了同一个网络，计算机 A 若分得了 IP 地址 202.116.94.4，那么计算机 A 和计算机 B 都应该享有 202.116.94.0 这个网络号，且计算机 B 在被分配 IP 地址时，应该在 202.116.94.1～202.116.94.254 中除了 202.116.94.4 之外都可以选择。

（2）不同网络内的主机必须分配不同的网络地址，但是可以分配相同的主机地址。若计算机 A 分配了 IP 地址 202.116.94.5，那么如果计算机 B 与计算机 A 不在同一个网络中，那么计算机 B 可以使用 202.116.95.5。也就是说，计算机 A 处于 202.116.94.0 的网络，并分配了主机号 5，那么计算机 B 是在 202.116.95.0 的网络，并也分配了主机号 5。也就是说，计算机 A 与计算机 B 处于不同的网络，但是主机号可以相同，这并不影响 IP 地址的唯一性原则。

（3）IP 地址必须结合子网掩码一起使用。

综上所述，不能使用的 IP 地址可以归纳为 0.0.0.0、255.255.255.255、127.x.x.x、A.0.0.0、A.255.255.255、B.B.0.0、B.B.255.255、C.C.C.0、C.C.C.255。

6. 特殊的 IP 地址

IP 地址除了可以表示主机的位置之外，还有几种特殊的 IP 地址，可以表示特殊的意义。

1）网络地址

在很多时候，经常使用网络地址，那么如何用 IP 地址来表示网络呢？IP 地址中规定，IP 地址的 10 组合中可以包括一个非 0 的网络号与全 0 的主机号的组合，例如 57.0.0.0 这个 IP 地址，由前面的表述可以推断出这是一个 A 类 IP 地址，A 类 IP 地址后 24 位来标识主机号，而 57.0.0.0 这个 IP 地址中后 24 位主机号全为 0，这样的 IP 地址就可以标识一个网络。同样地，B 类 IP 地址后 16 位全为 0，也可标识为网络地址（例如 136.64.0.0），C 类 IP 地址后 8 位全为 0，同样可以标识为网络地址（193.59.44.0）。一个具有 IP 地址 192.163.8.56 的主机则可表示为这台主机处在 192.163.8.0 的网络，而它的主机号为 56。A、B、C 3 类 IP 地址的网络规模详述，参见表 4.2。

表 4.2 A、B、C 3 类 IP 地址的网络规模详述

网络类别	网络 ID 的取值范围	网络 ID 的始值和终值	网络个数	主机台数
A	1. X. Y. Z～126. X. Y. Z	1. X. Y. Z～126. X. Y. Z	126	约 1700 万
B	128. X. Y. Z～191. X. Y. Z	128. 0. Y. Z～191. 255. Y. Z	168384	65000
C	192. X. Y. Z～223. X. Y. Z	192. X. Y. Z～223. X. Y. Z	约 200 万 (2097152)	254

2）广播地址

当一台设备想要向网络中的所有主机发送数据包时，就产生了广播。为了使网络上所有设备能够注意到这个广播，必须使用一个可进行识别和侦听的 IP 地址。而这样的广播地址通常以主机号位全 1 结尾。广播有两种形式：一种为直接广播；另一种为有限广播。

（1）直接广播。

如果这个广播地址包含一个有效的网络号和一个全为 1 的主机号，那么就称其为直接广播地址。在 IP 互联网中，任意一台主机都可以向其他网络进行直接广播。

（2）有限广播。

如果 IP 地址中的 32 位全为 1 即 255.255.255.255，那么这样的 IP 地址就称为有限广播地址，既然把它称为有限广播地址，就是指它所产生的广播将限制在最小的范围内。如果采用标准的 IP 编址，那么有限广播将限制在本网络地址中；如果网络中划分了子网，那么有限广播将被限制在本子网中（见 4.2.1 小节）。有限广播不需要知道网络号。因此，在不知道本机所处的是哪一个网络时，只能采用有限广播方式。

3）回送地址

网络地址 127.0.0.0 是一个保留地址，用于网络软件测试以及本地机器进程间通信。这个 IP 地址就被称为回送地址，无论什么程序，一旦使用了回送地址来发送数据，协议软件不进行任何网络传输，立即将之返回。因此，含有网络号 127 的数据包则不可能出现在任何网络上。

4）私有地址

Internet 保留了一部分地址用于用户创建自己的局域网或内部网时使用，不分配给任何主机，它们称为私有地址，也称内部 IP 地址。则：

A 类网络的私有地址范围为 10.0.0.1～10.255.255.254；

B 类网络的私有地址范围为 172.16.0.1～172.31.255.254；

C 类网络的私有地址范围为 192.168.0.1～192.168.255.254。

例 4.1 下列 IP 地址中，属于私网地址的是（   ）。（摘自全国计算机技术与软件专业技术资格（水平）考试网络工程师资格考试真题）

A. 100.1.32.7   B. 192.178.32.2   C. 172.17.32.15   D. 172.35.32.244

试题解析：由上面私有地址的讲解，可以得知正确答案是 C。

7. IPv6 简介

如果说 IPv4 实现的只是人机对话，而 IPv6 则扩展到任意事物之间的对话，它不仅可以为人类服务，还将服务于众多硬件设备，如家用电器、传感器、远程照相机、汽车等，它将是无时不在、无处不在地深入社会每个角落的真正的宽带网。而且它所带来的经济效益

将非常巨大。

1）IPv6 特点

（1）IPv6 具有更大的地址空间。IPv4 中规定 IP 地址长度为 32，即有 $2^{32}-1$ 个地址；而 IPv6 中 IP 地址的长度为 128，即有 $2^{128}-1$ 个地址。

（2）IPv6 使用更小的路由表。IPv6 的地址分配一开始就遵循聚类的原则，这使路由器能在路由表中用一条记录表示一片子网，大大减小了路由器中路由表的长度，提高了路由器转发数据报的速度。

（3）IPv6 增加了增强的组播支持以及对流的支持，这使网络上的多媒体应用有了长足发展的机会，为服务质量控制提供了良好的网络平台。

（4）IPv6 加入了对自动配置的支持。这是对 DHCP 的改进和扩展，使网络（尤其是局域网）的管理更加方便和快捷。

（5）IPv6 具有更高的安全性。在使用 IPv6 网络时，用户可以对网络层的数据进行加密并对 IP 报文进行校验，极大地增强了网络的安全性。

2）IPv6 地址报文格式

IPv6 地址报头格式如图 4.5 所示，报头各个字段含义如下。

图 4.5　IPv6 地址报头格式

（1）版本号：4 位，表示 IP 的版本号，IPv6 版本取值为 6。

（2）优先级：4 位，表示该数据报的优先级。

（3）流标识：24 位，与优先级一起共同表示该数据报的服务质量级。

（4）载荷长度：16 位，以字节为单位表示有效载荷长度。

（5）后续报头：8 位，表示第一个扩展报头的类型，或是上层 PDU 的含义。

（6）步跳限制：8 位，允许数据报跨越路由器的个数，表示该数据报在网间传输的最大存活时间。

（7）源 IP 地址：128 位，发送数据报的源主机 IP 地址。

（8）目的 IP 地址：128 位，接收数据报的目的主机 IP 地址。

3）IPv6 地址格式

在 IPv4 中，32 位的 IP 地址被分成网络号与主机号两部分。根据不同的地址类别，网络地址和主机地址所分配的位数是不同的。这种分配方式缺乏一定的灵活性。IPv6 的 128 位地址对此就没有做过多的类别限制，允许服务提供者根据实际需要进行地址划分。

IPv6 的 128 位地址提供了很大的地址空间，但是使用二进制直接书写和记录必定十分不便。可以用类似于 IPv4 中使用点分十进制表示法来表示 IPv6 的 128 位地址。这种方法就是将 128 位的地址分成 8 个 16 位十六进制数，中间用冒号来分隔。其表示形式就是 A：A：A：A：A：A：A：A,其中每个 A 代表一个 16 位二进制位,并使用十六进制表示,例如 128 位的 IPv6 地址:3eef:1215:3216:4433:a213:b452:c019:ea87。

有些 IPv6 的地址包含一长串的 0,为了进一步简化 IPv6 地址的表示,将每个十六进制数靠左边的多个连续的 0 省略不写,用双冒号来代表这些 0,这称为一种双冒号表示法。

例如:6D3A：0：0：0：34AB：EE：56DC：3B2A,可以简化为 6D3A::34AB：EE：56DC:3B2A。

注意:为避免二义性,":"在地址中只能出现一次。

4) IPv6 地址类型

IPv6 目前定义了 3 种地址:单播地址、多播地址和任播地址,利用地址格式前缀来表示各种类型。

(1) 单播地址。

单播地址指定了一台独立的主机。IPv6 定义了多种单播地址格式,如完整用户单播地址、NSAP(网络层服务访问点)地址、基于地理区域的地址、局部地址、与 IPv4 兼容的地址以及其他保留地址类型。完整单播地址格式如图 4.6 所示。

| 010 | REG ID | PROV ID | SUBSC ID | SUBNET ID | INTERFACE ID |

图 4.6 IPv6 单播地址格式

前 3 位是该地址类型的标识符。

① REG ID 是 Internet 服务提供者的注册标识符。

② PROV ID 是提供者标识符。

③ SUBSC ID 用于标识多个提供者所管理的用户。

④ SUBNET ID 用于标识一个指定的子网。

⑤ INTERFACE ID 用于标识一个单一接口。

如果 INTERFACE ID 是一个接口的全局唯一标识符,则可用它实现地址的自动生成。例如,一个节点通过监听路由器广播消息而发现了子网前缀,则可用 IEEE 802 MAC 地址作为 INTERFACE ID 来构造一个完整的 IPv6 地址。

局部地址用于定义子网中的局部网络,局部网络在未接入 Internet 之前可用局部地址进行访问操作。如果该局部网络要接入 Internet,可加入地址前缀(REG ID＋PROV ID＋SUBSC ID),形成完整的 Internet 地址。

(2) 多播地址。

多播地址标识了一组主机,以该地址类型传送的数据报将交付给地址对应的所有主机。IPv6 未定义广播地址类型,它可利用多播地址来实现。

(3) 任播地址。

任播地址标识了一组接口,即该地址被分配给多个接口,当一个数据报发送给该地址时,只有按照路由协议计算出的最近的接口才能接收该数据报。这种地址方式可用于标注一组服务提供者所对应的路由器,发送者利用路由扩展报头,将任播地址作为一个路由序列的一部分,从多个服务提供者中挑选一个来完成数据报传输。

5) IPv4 到 IPv6 的过渡

若要广泛地使用 IPv6,就必须将网络的基础设施升级以适应使用新协议的软件。IPv4 与 IPv6 的替换过程是漫长的,而不会像电话号码升级那么简单,有一个逐渐过渡的过程。目前,运营商一般为 IPv4 网络,如果打算基于现有的 IPv4 网络来构建下一代互联网络,实现从 IPv4 网络向 IPv6 网络的过渡,就需要考虑各种因素,不能对 IPv4 网络结构、性能和运行产生较大的影响与冲击,其主要原则如下。

(1) 保证现有投资的利益。目前,网络上的主要设备包括:骨干路由器、汇聚路由器、接入路由器、以太网交换机和网络终端等,它们分别分布在不同网络层次中。应该根据网络具体情况,避免对已有用户或者网络有较大的冲击,包含用户现有投资。过渡方案的投资成本应该比较低。

(2) 保证两种网络之间业务的互通。目前,IPv4 网络已经有非常充足的用户群体,在向 IPv6 过渡过程中,将在局部出现大量的纯 IPv6 网络,为了避免"孤岛"效应,使这些独立的"IPv6 孤岛"互通,就需要实现在现有的 IPv4 网络的基础上将"IPv6 孤岛"连接起来,并逐步扩大 IPv6 的实现范围。

(3) 保证现有 IPv4 业务的正常应用。从 IPv4 到 IPv6 的过渡必须是一个循序渐进的过程,在感受到 IPv6 带来的好处的同时,不应该对现有的 IPv4 业务造成影响。

(4) 保证过渡简单、易于操作。整个过渡过程无论是从网络过渡还是业务过渡,应该简单,易于操作。网络升级到 IPv6 后,路由器和主机仍然可以使用 IPv4 地址。

4.1.2 能力目标

- 掌握 IP 地址的作用。
- 掌握 IP 地址的分类。
- 掌握特殊的 IP 地址的使用方法。

4.1.3 任务驱动

任务:设置 IP 地址的方法。

任务解析:

(1) 选择"开始"→"程序"→"控制面板"命令,在打开的控制面板中选择"网络和 Internet"下的"网络连接"选项,找到"本地连接"选项右击,在弹出的快捷菜单中选择"属性"命令,打开如图 4.7 所示的对话框,从中选择"Internet 协议版本 4(TCP/IPv4)"选项,再单击"属性"按钮。

(2) 在弹出的对话框中,选中"使用下面的 IP 地址"单选按钮,在对应的文本框中输入 IP 地址、子网掩码和默认网关,单击"确定"按钮,使 IP 地址生效,如图 4.8 所示。

4.1.4 实践环节

实践:查看 IP 地址。

实践步骤如下。

事实上,查看 IP 地址的方法很多,常用的有如下两种。

(1) 双击任务栏上的网卡图标,弹出如图 4.7 所示的对话框,进行与 IP 地址设置相同的操作，即可查看到 IP 地址。

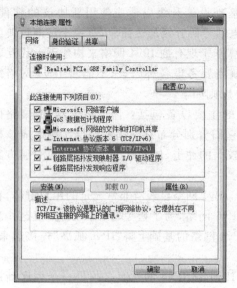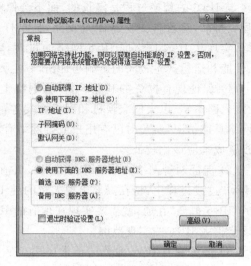

图 4.7　本地连接属性　　　　　　　　　　图 4.8　IP 地址设置

　　（2）利用 ipconfig 命令。单击 图标，在"所有程序"选项下面的搜索文本框中输入 cmd 命令，打开 DOS 操作界面，输入 ipconfig，直接显示出 IP 地址，如图 4.9 所示。

图 4.9　ipconfig 命令查看 IP 地址

4.2　子　网　规　划

4.2.1　核心知识

1. 子网划分的原因

　　目前，不得不面对的问题是 IP 地址资源严重匮乏，而在实际的组网过程中，由于每个网络中所含的主机数量不同,因此由于网络规模不同会造成 IP 地址的严重浪费。例如,有 3 个不同的网络,每个网络的主机数分别为 A 网络容纳 40 台主机,B 网络容纳 120 台主机,C 网络容纳 240 台主机。其网络地址分别为 192.168.1.0、192.168.2.0 和 192.168.3.0,即使对于网络 A 也要至少给它分配一个 C 类地址,但其实一个 C 类网络可以容纳 254 台主机,因此严重浪费了 IP 地址。为了解决这种问题,可以将一个 C 类网络划分为一个个规模较小的网络,而这些小网被称为子网。

2. 子网划分的方法

前面已经讲到,IP 地址是由网络号和主机号组成。而通过划分子网,IP 地址中主机号位将划分为由子网号和主机号组成,因此,在划分子网后,IP 地址经过对主机号的再一次的层次划分,这些网络就能适应不同的网络规模。为了避免 IP 地址的浪费,子网划分之后将主机号的部分进一步划分为子网号和主机号。经过子网划分之后,IP 地址就分为网络号、子网号和主机号 3 部分,如图 4.10 所示。

图 4.10　子网划分的层次结构

从图 4.10 中可以看出,为了创建一个子网,事实上网络管理员是从标准的 IP 地址中的主机号的位数中借出一些二进制位来标识子网的序号,这些二进制位就被称为子网号位。但是借位有以下两个原则。

(1) 要给主机号位至少留下 2 位。从前面的特殊 IP 地址可以看出,主机号全为 0,或者全为 1 的 IP 地址,具有特殊意义。因此标准的网络中,IP 地址的主机号不能全为 0 或者 1。如果借位之后主机号只剩下 1 位二进制位,那么就是非 0 即 1,因此这违背了 IP 地址的使用规则。因此,具体地说,对于 A 类网络,主机号位一共 24 位,也就是说 A 类网络若划分子网,最多只能用 22 位来表示子网号;同样地,B 类网络最多只能用 14 位创建子网;C 类网络最多只能用 6 位创建子网。

(2) 子网号位数也要借出至少 2 位。通常子网号位也不全为 0。

主机号位数借出一些二进制位来创建子网之后,主机号的位数就变少了,因此相应的网络规模也会缩小。例如,一个 C 类网络,它的主机号位数是 8 位,因此,C 类网络应该可以容纳 254 台主机(2^8-2)。但要为一个 C 类网络的主机号位借出 3 位创建子网,主机号位就变为 5 位,因此,每个子网就能够容纳 30 台主机(2^5-2)。那么这个 C 类网络所容纳的主机就明显减少了。下面来看一个实例。

例 4.2　一个网络号为 192.168.1.0 的 C 类网络,从主机号中借出 3 位来表示子网号,如果子网号用 xxx 表示,主机号用 yyyyy 表示,即网络可以标识出:

　　　　11000000　10101000　00000001　xxxyyyyy

试题解析:由于子网号全 0 和全 1 不能使用,因此子网的个数应该是 $2^3-2=6$ 个子网,且这 6 个子网的 IP 地址的范围如下:

(1) 11000000 10101000 00000001 00100001～11000000 10101000 00000001 00111110 (192.168.1.33～192.168.1.62),子网号为 11000000 10101000 00000001 00100000,即 192.168.1.32。

(2) 11000000 10101000 00000001 01000001～11000000 10101000 00000001 01011110

（192.168.1.65～192.168.1.94），子网号为 11000000 10101000 00000001 01000000，即 192.168.1.64。

（3）11000000 10101000 00000001 01100001～11000000 10101000 00000001 01111110（192.168.1.97～192.168.1.126），子网号为 11000000 10101000 00000001 01100000，即 192.168.1.96。

（4）11000000 10101000 00000001 10000001～11000000 10101000 00000001 10011110（192.168.1.129～192.168.1.158），子网号为 11000000 10101000 00000001 10000000，即 192.168.1.128。

（5）11000000 10101000 00000001 10100001～11000000 10101000 00000001 10111110（192.168.1.161～192.168.1.190），子网号为 11000000 10101000 00000001 10100000，即 192.168.1.160。

（6）11000000 10101000 00000001 11000001～11000000 10101000 00000001 11011110（192.168.1.193～192.168.1.222），子网号为 11000000 10101000 00000001 11000000，即 192.168.1.192。

在上面的实例中使用了 $2^n-2=6$（上例中 n 为子网号位数）这样一个等式来计算子网数，实际上在分配 IP 地址或划分子网时经常会使用这个公式来计算可用的子网数以及每个子网内可用的主机数，公式就是 2^n-2，这个公式中 n 表示的是主机号位数或者子网号位数，2 表示的是减去全 0 和全 1 的两个不可用的地址。具体意义如下。

（1）如果 n 为主机号位，公式 2^n-2 即可得出网内主机台数 N。

（2）如果 n 为子网号位，公式 2^n-2 即可得出子网个数 N。

注意：由前面的 192.168.1.0 的网络划分子网的实例，可以得出 192.168.1.32 等 6 个子网地址是不可以分配给任意一台主机作为 IP 地址的，因为它们已经不再表示任意一台主机，而表示的是一个子网，因此一个网络划分子网与不划分子网是有区分的，划分子网之后可能导致有些原本可以使用的 IP 地址无法使用。

根据上面的分析，可以得出子网划分的步骤如下。

（1）确定需要多少个子网，每个子网需要容纳多少台主机，就可以定义每个子网的子网掩码，网络地址（网络号＋子网号）的范围和主机号的范围。

（2）利用公式 $N=2^n-2$，可以确定子网号位数或者主机号位数。

（3）将网络地址中子网号位变换所有可能的二进制位组合方式，在每种组合方式中网络号位与子网号位置 1，而将主机号位置 0，即可得出每个子网地址。

（4）将第（3）步中得到的每一个子网地址中的主机号位除掉全 0 和全 1 的组合，即可得到每个子网的可用 IP 地址范围。

3. 子网掩码

1）子网掩码概述

子网掩码（Subnet Mask）又叫网络掩码，它是一种用来指明一个 IP 地址的哪些位标识的是主机所在的子网，以及哪些位标识的是主机的掩码。子网掩码不能单独存在，它必须结合 IP 地址一起使用。

2）子网掩码表示

子网掩码是一个 32 位二进制表示，是与 IP 地址结合使用的一种技术。它的主要作用有两个，一是用于屏蔽 IP 地址的一部分以区别网络标识和主机标识，并说明该 IP 地址是在局域网上，还是在远程网上；二是用于将一个大的 IP 网络划分为若干个小的子网络。那么这些网络是怎样区分出来的呢？也就是说，IP 地址的网络号和主机号各是多少位呢？如果不指定，就不知道哪些位是网络号、哪些位是主机号，也就无法区分出网络。这时就需要靠子网掩码来实现，具体是用 IP 地址与子网掩码 32 位二进制按位做逻辑与运算，结果就是网络号，也就可以得出是什么样的网络。

3）子网掩码的含义

事实上，子网掩码的内在含义也是指将对应 IP 地址网络号位（包括子网号位）的位数全部置 1，对应 IP 地址主机号位的部分全部置 0。所以只要知道一个 IP 地址，就可以很快得出这个 IP 地址对应的子网掩码。因此，根据前面简述的 IP 地址的分类知识，这 3 类 IP 地址的网络号位和主机号位都不同，因此可以得出 3 类 IP 地址在标准情况下的子网掩码。A 类、B 类和 C 类 IP 地址对应的子网掩码可以如图 4.11 所示。

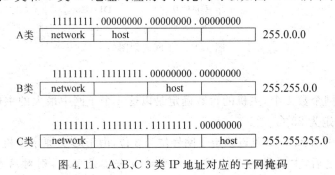

图 4.11 A、B、C 3 类 IP 地址对应的子网掩码

例 4.3 某公司网络的地址是 133.10.128.0/17，被划分成 16 个子网，下面的选项中不属于这 16 个子网的地址是（　　）。（摘自全国计算机技术与软件专业技术资格（水平）考试网络工程师资格考试真题）

A. 133.10.136.0/21　　　　　　　B. 133.10.162.0/21

C. 133.10.208.0/21　　　　　　　D. 133.10.224.0/21

试题解析：133.10.128.0/17 用来表示一个地址块。从 IP 地址的 133 可以得出，该地址属于 B 类地址，网络号为 16 位。因此，从解题的思路上，17 指的是网络号与子网号的和，在这个基础上又划分出 16 个子网，因此，子网号应该是 5 位。因此可以得出子网掩码为 11111111 11111111 11111000 0000000，化简为 255.255.248.0。那么子网地址的求法就是 IP 地址与这个子网掩码来做逻辑与运算，因此得出答案是 B 选项。

4.2.2　能力目标

- 子网掩码。
- 掌握子网规划的目的。
- 子网规划的步骤。

4.2.3 任务驱动

任务:在图 4.12 中,给定一个 C 类 IP 地址 192.168.2.0,要根据以下的需求划分子网:A 网络中有 23 台主机,B 网络中有 21 台主机,C 网络中有 10 台主机,D 网络中有 28 台主机,如何通过划分子网的方式来满足需求?

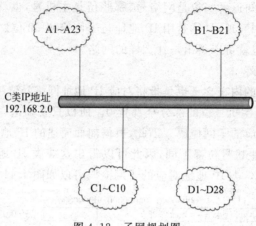

图 4.12 子网规划图

任务解析:

(1) 确定子网个数 4 个,主机的台数确定是以这 4 个子网中最大的主机台数为主,也就是主机台数确定为 28 台。

(2) 利用公式 $N=2^n-2$ 可以确定子网号位为 3 位,由于 C 类原本主机号位为 8 位,被子网号借去 3 位之后,主机号为 5 位(**注:求出的 n 若不是整数,则对结果做"取整+1"运算**)。

(3) 将可能的所有的子网地址都列出来了,具体如下:

```
11000000 10101000 00000010 00100000 --   192.168.2.32
11000000 10101000 00000010 01000000 --   192.168.2.64
11000000 10101000 00000010 01100000 --   192.168.2.96
11000000 10101000 00000010 10000000 --   192.168.2.128
11000000 10101000 00000010 10100000 --   192.168.2.160
11000000 10101000 00000010 11000000 --   192.168.2.192
```

(4) 确定每个子网的可用 IP 地址范围,去掉每个子网号内主机号位全 0 和全 1 的部分,具体如下:

```
192.168.2.33~192.168.2.62
192.168.2.65~192.168.2.94
192.168.2.97~192.168.2.126
192.168.2.129~192.168.2.158
192.168.2.161~192.168.2.190
192.168.2.193~192.168.2.222
```

这样,就将所有子网可用的 IP 地址表示出来,用户可以进行 IP 地址的设置。

注意：前面已经说过，每个 IP 地址都要匹配相应的子网掩码，本例中的子网掩码是将 IP 地址网络号位和子网号位置 1，主机号位置 0，而形成一个 32 位的二进制组合，即在本例中应该是这样的二进制组合：11111111 11111111 11111111 11100000，点分十进制化简后得：255.255.255.224。

将计算机的 IP 设置为相应的 IP 和子网掩码，就可以将这台计算机划分到相应的子网下。那么在同一子网的计算机可以连通，不同子网的计算机不可以连通。

4.2.4　实践环节

实践：有一家小型企业组织机构中包括开发部、市场部、办公室和财务部。由于成本有限，每个部门 2 台计算机，而且只有 1 台交换机将这 8 台计算机连接在一起，但是各个部门需要进行独立网络管理，想采用子网划分的方式来实现需求。

需求分析：采用 192.168.1.0 作为该企业的网络地址，且这个网络需要划分 4 个子网，每个子网需要容纳至少 2 台计算机。

实践步骤如下。

（1）根据子网个数 4，求出子网号位数，列出公式 $2^n - 2 = 4$，所以，在 n 计算出小数之后，进行取整加 1 的操作，所以 n 的值取 3。

（2）网络号位数一共是 24 位，子网号位数是 3 位，所以主机号位数是 5 位。

（3）子网掩码是 11111111 11111111 11111111 11100000，化简为：255.255.255.224。

（4）根据前面的实例，网段如下：

192.168.1.33~192.168.1.62
192.168.1.65~192.168.1.94
192.168.1.97~192.168.1.126
192.168.1.129~192.168.1.158

（5）从网络拓扑图分析，交换机连接的这 8 台计算机应该都能够连通，但是由于 IP 地址和子网掩码按照表 4.3 设置，进行了子网划分。

表 4.3　IP 地址设置

计算机	IP 地址	子网掩码
计算机 1	192.168.1.34	255.255.255.224
计算机 2	192.168.1.35	255.255.255.224
计算机 3	192.168.1.66	255.255.255.224
计算机 4	192.168.1.67	255.255.255.224
计算机 5	192.168.1.98	255.255.255.224
计算机 6	192.168.1.99	255.255.255.224
计算机 7	192.168.1.130	255.255.255.224
计算机 8	192.168.1.131	255.255.255.224

网络拓扑很简单，如图 4.13 所示。

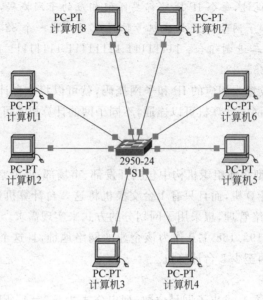

图 4.13　网络拓扑图

计算机 3 和计算机 4 是在同一个子网中,那么测试计算机 3 和计算机 4 的连通性,如图 4.14 所示。

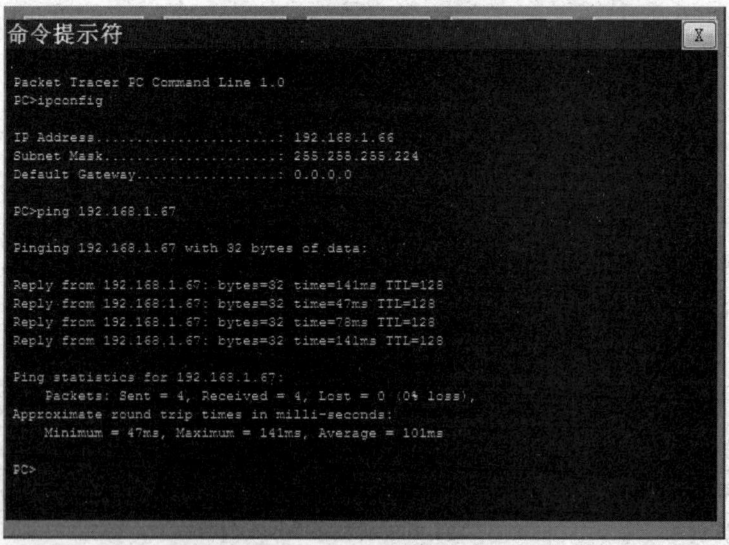

图 4.14　同一子网内的计算机连通性测试

计算机 4 和计算机 5 不在同一个子网下,测试计算机 4 和计算机 5 的连通性,如图 4.15 所示。

从这个实践中的测试图可以得知,在同一子网中的计算机可以连通,不同子网中的计算机之间无法连通。

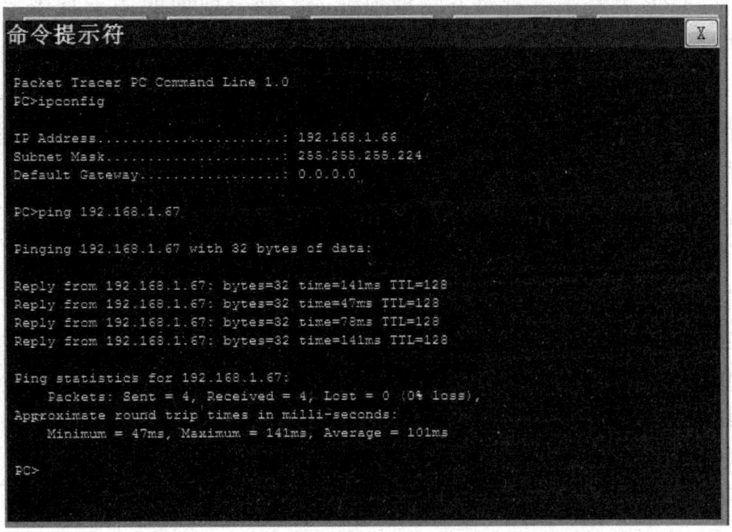

图 4.15 不同子网内的计算机连通性测试

4.3 ARP 和 RARP

4.3.1 核心知识

1. ARP

1) ARP 的含义

IP 数据包常常通过以太网发送。以太网设备并不识别 32 位 IP 地址：它们是以48 位以太网地址传输以太网数据包的。因此，IP 驱动器必须把 IP 目的地址转换成以太网目的地址（MAC）。在这两种地址之间存在着某种静态的或算法的映射，在这个映射过程中，存在一张被称为 ARP 的映射表，在 ARP 映射表中，IP 地址与以太网目的地址（MAC 地址）的映射关系就称为 ARP 表项。地址解析协议（Address Resolution Protocol，ARP）就是用来约束 IP 地址与 MAC 地址映射关系的网络规则。

考虑一个网络上有两台主机 A 和 B，它们的 IP 地址分别是 IP1 和 IP2，物理地址分别为 MAC1 和 MAC2。在主机 A 需要将信息传送到主机 B 时，使用 IP1 和 IP2 做源地址和目的地址。但是信息的传递是按照网络体系结构自顶向下，因此必须利用下层的物理地址 MAC1 和 MAC2 来实现。那么，主机 A 如何将主机 B 的 IP 地址 IP2 映射到它的物理地址 MAC2 上呢？

将 IP 地址映射到物理地址的实现方法有很多种，地址解析协议 ARP 是以太网经常使用的映射方法，它主要是充分利用了以太网的广播能力，将 IP 地址与物理地址进行动态联编。

前面已经讲过，以太网最大的特点是具有强大的广播能力。针对这种具备广播能力、物理地址长并且长度固定的网络，IP 互联网采用动态联编的方法进行 IP 地址到物理地址的映射。

简单地说,ARP 就是来解析对方物理地址的。结合前面的例子具体地说,当主机 A 向网络中广播一个 ARP 请求报文,报文中包含有目的主机 B 的 IP 地址,以请求主机 B 的物理地址。网络上所有的主机都能接收到这个 ARP 请求报文,接收到这个广播信息的所有主机把目标 IP 地址与自己的 IP 地址进行比较,若发现目标 IP 地址不是自己的 IP 地址,则丢弃这个数据包并不予回应。只有主机 B 发现目标 IP 地址与自己的 IP 地址相符,于是发送一个 ARP 响应报文,报告自己的物理地址。这样发送方主机 A 就得到了目的主机 B 的物理地址,并添加到 ARP 表中。

2) ARP 的报文格式

ARP 的报文格式如图 4.16 所示。

(1) 物理网络类型字段为 2 字节,表示源主机的物理网络类型。其中 1 代表以太网。

(2) 协议类型字段为 2 字节,表示发送方使用 ARP 获取物理地址的高层协议类型,其中 0x0800 代表 IP。

(3) 物理地址长度字段为 1 字节,用于规定物理地址字段的长度。通常,物理地址长度字段占 6 字节(48 位地址)。

| 物理网络类型 |
| 协议类型 |
| 物理地址长度 |
| IP地址长度 |
| 操作 |
| 源物理地址 |
| 源IP地址 |
| 目的物理地址 |
| 目的IP地址 |

图 4.16　ARP 的报文格式

(4) IP 地址长度字段为 1 字节,用于规定 IP 地址字段的长度。通常,IP 地址长度字段占 4 字节(IPv4 版本)。

(5) 操作字段为 2 字节,表示报文类型。其中,1 代表 ARP 请求报文;2 代表 ARP 响应报文;3 代表 RARP 请求报文;4 代表 RARP 响应报文。

(6) 源物理地址字段为 6 字节,用于存放发送方的物理地址。

(7) 源 IP 地址字段为 4 字节,用于存放发送方的 IP 地址。

(8) 目的物理地址字段为 6 字节,用于存放目的方的物理地址。对于 ARP 请求报文,该字段为空。

(9) 目的 IP 地址字段为 4 字节,用于存放目的方的 IP 地址。

3) ARP 的改进技术

ARP 请求信息和响应信息的频繁发送与接收会对网络的工作效率产生影响。为了提高网络工作的效率,ARP 是可以采用一些改进技术。具体如下。

(1) 高速缓存技术

在每台使用 ARP 的主机中,都保留了一个专用的高速缓存区(Cache),用于保存已知的 ARP 表项。一旦收到了 ARP 应答,主机将获得的 IP 地址与物理地址的映射关系存入 Cache 的 ARP 表中。当发送信息时,主机首先到高速 Cache 的 ARP 表中查找相应的映射关系,若找不到再利用 ARP 进行地址解析。

这样,可以利用这种高速缓存技术,主机不必为每个发送的 IP 数据报都使用 ARP,这样就可以减少网络流量,提高处理的效率。若想查询自己主机中的 ARP 表项,非常简单,进入 DOS 模式下,输入 arp -a 命令,如图 4.17 所示。

(2) 其他改进技术

① 在发送 ARP 请求时,数据报中包含自己的 ARP 表项。目的主机就可以将这个

图 4.17　利用 arp -a 命令查询主机的 ARP 表项

ARP 表项存储在自己的 ARP 表中，以备以后使用。这样可以防止目的主机为解析源主机的 ARP 表项而再发送一次 ARP 请求。

② 由于 ARP 请求是通过以太网广播出去的，因此，网络中所有主机都会收到这个 ARP 表项，那么这些主机都可以将源主机的 ARP 表项保存至各自的高速缓存区中，以备将来使用。

③ 网络中的主机在启动时，可以主动广播自己的 ARP 表项，以尽量避免主机之间频繁进行 ARP 请求。

例 4.4　某局域网访问 Internet 速度很慢，经检测发现局域网内有大量的广播包，采用（　　）方法不可能有效地解决该网络问题。（摘自 2010 年全国计算机技术与软件专业技术资格（水平）考试网络工程师资格考试真题）

A. 在局域网内查杀 ARP 病毒和蠕虫病毒

B. 检查局域网内交换机端口和主机网卡是否有故障

C. 检查局域网内是否有环路出现

D. 提高出口带宽速度

试题解析：端口或网卡有故障是不会产生大量广播包的，但故障可能降低用户的网络传输速度。局域网会通过生成树协议（STP）阻止环路产生，不至于出现广播风暴。但如果网内没有使用支持 STP 交换机（比如，只使用集线器），则可能会产生广播风暴。提高出口带宽与消除大量广播包无关，但可以让用户访问 Internet 时速度快一些。ARP 欺骗程序会制造大量广播包，造成网络速度下降。因此，答案选择 D 项。

2. RARP

1）RARP 的工作原理

RARP（Reverse Address Resolution Protocol）是反向地址转换协议，主要用于约束物理地址到 IP 地址的网络规则。如果主机初始化之后只有自己的物理地址而没有 IP 地址，则可以通过 RARP 发送广播式请求报文来请求自己的 IP 地址，而 RARP 服务器负责对该请求做出应答。这样，没有 IP 地址的主机就可以通过 RARP 来获取自己的 IP 地址，RARP 的报文格式与 ARP 相同。当发送方以广播方式发送 RARP 请求报文时，在发送方物理地址字段和目的方物理地址字段上都填入本机物理地址。RARP 服务器主机接收到该请求报文后，便给发送方回送一个 RARP 响应报文，从目的方 IP 地址字段中带回发送方的 IP 地址。

2）RARP 的工作过程

RARP 的工作过程可以详细描述如下。

（1）源主机发送一个本地的 RARP 广播，在此广播包中，声明自己的 MAC 地址并且请求任何收到此请求的 RARP 服务器分配一个 IP 地址。

（2）本地网段上的 RARP 服务器收到此请求后，检查其 RARP 列表，查找该 MAC 地址对应的 IP 地址。

（3）如果存在，RARP 服务器就给源主机发送一个响应数据包并将此 IP 地址提供给对方主机使用。

（4）如果不存在，RARP 服务器对此不做任何的响应。

（5）源主机收到来自 RARP 服务器的响应信息，就利用得到的 IP 地址进行通信。

如果一直没有收到 RARP 服务器的响应信息，表示初始化失败。

4.3.2　能力目标

- 掌握 ARP 的工作过程。
- 掌握 ARP 的改进技术。
- 掌握查看 ARP 表项的方法。
- 掌握添加和删除 ARP 表项的方法。

4.3.3　任务驱动

任务：画图并举例说明 ARP 的工作过程。

任务解析：

（1）如图 4.18 所示，主机 A 发送了一个带有目的主机 B 的 IP 地址请求信息包，请求主机 B 的 IP 地址 IP2 和物理地址 MAC2 的映射关系。

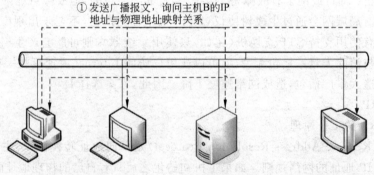

图 4.18　ARP 的工作原理

（2）以太网上所有的主机都会收到这个请求信息。

（3）主机 B 收到这个请求信息包之后，做出响应。向主机 A 发送带有自己 IP 地址 IP2 和物理地址 MAC2 的映射关系。

（4）主机 A 收到 IP2 与 MAC2 的映射关系，并可以在随后的发送过程中使用这个映射关系。

4.3.4 实践环节

实践：使用 ARP 命令查看、添加、删除 ARP 表项。

多数的网络操作系统都内置了 ARP 命令，用于查看、增加和删除高速缓存中的 ARP 表项。在 Windows 平台下，高速缓存中的 ARP 表项包含动态表项和静态表项。动态 ARP 表项随时间自动添加和删除；而静态 ARP 表项会一直存在高速缓存中，直到人工删除或重新启动计算机为止。在 ARP 项中，每个动态表项的潜在生命周期是 10min。新表项加入定时器开始计时，如果某个表项添加后两分钟内还没有被再次使用，则此表项过期并从 ARP 表中删除。如果某个表项始终在使用，则它的最长生命周期为 10min。

ARP 是 TCP/IP 中比较重要的一个协议，用于确定 IP 地址和物理 MAC 地址的对应关系。使用 ARP 命令，能够查看本地计算机或另一台计算机的 ARP 高速缓存中的当前内容。

实践步骤如下。

1. 查看 ARP 表项

查看 Cache 中的 ARP 表项可以使用 arp -a 的命令操作：打开"开始"菜单，在搜索文本框中输入 cmd 命令，进入命令提示符界面，输入 arp -a 命令，如图 4.19 所示。

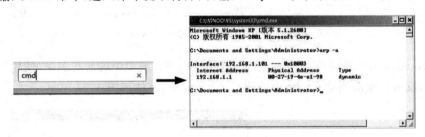

图 4.19 arp -a 命令

2. 添加静态 ARP 表项

存储在 Cache 中的 ARP 表项，既可以有动态表项，也可以有静态表项。添加静态表项的格式是：

arp -s inet_addr eth_addr

其中，inet_addr 表示 IP 地址；eth_addr 表示相应的 MAC 地址。通过 arp -s 命令加入的表项是静态表项，系统不会自动将它从 ARP 表项中删除，直到人工删除或关机。现在，要添加静态表项 arp -s 192.168.1.99 00-d0-09-f1-35-74，具体如图 4.20 所示，后面的 Type 是 static，可以表明是静态 ARP 表项。

3. 添加动态 ARP 表项

利用 ping 命令，可以添加动态 ARP 表项，具体如图 4.21 所示。

4. 删除 ARP 表项

无论是动态 ARP 表项还是静态 ARP 表项，都可以通过 arp -d inet_addr 命令删除，

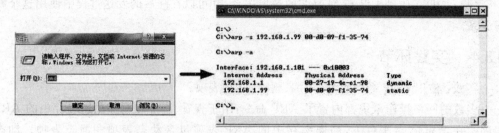

图 4.20　利用 arp -s 命令添加静态 ARP 表项

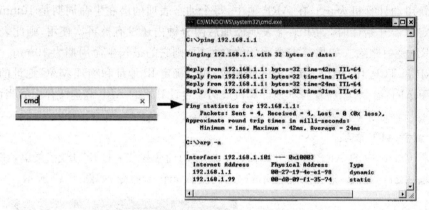

图 4.21　利用 ping 命令添加动态 ARP 表项

其中 inet_addr 为该表项的 IP 地址。如果要删除 ARP 表项中的所有表项,使用"＊"代替 IP 地址,就可以全部删除 Cache 中的所有 ARP 表项,具体如图 4.22 所示。

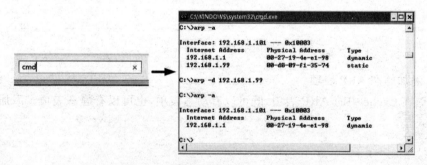

图 4.22　利用 arp -d 删除 ARP 表项

4.4　ICMP

4.4.1　核心知识

Internet 控制报文协议(Internet Control Message Protocol,ICMP),是一个工作在主机和路由器之间的消息控制和差错报告协议。路由器或其他设备一旦发现传输问题,就会分析其错误类型,并向源主机返回一个 ICMP 消息。IP 提供了无连接的数据报传送服务,在传送过程中,如果发生差错或意外情况,例如,数据报目的地址不可达、数据报在网络中的滞留时间超过生存周期、中转节点或目的节点主机因为缓冲区不足而无法处理数据报等问题,就要通过一种通信机制,向源节点报告差错情况,以便源节点对差错进行相应的处理。这就是ICMP的意义所在。

1. ICMP的特点

(1) ICMP可以像一个更高层的协议那样使用。然而,ICMP是网络层的一个组成部分,并且所有IP模块都必须实现它。

(2) ICMP用来报告错误,是一个差错报告机制。它为遇到差错的路由器提供了向最初源站报告差错的办法,源站必须把差错交给一个应用程序或采取其他措施来纠正问题。

(3) ICMP不能用来报告ICMP消息本身的错误,这样就避免了进入死循环。当ICMP查询消息时通过发送ICMP来响应。

(4) 对于被分段的数据报,ICMP消息只发送关于第一个分段中的错误。也就是说,ICMP消息永远不会引用一个具有非0片偏移量字段的IP数据报。

(5) 响应具有一个广播或组播目的地址的数据报时,永远不会发送ICMP消息。

(6) 响应一个没有源主机IP地址的数据报时永远不会发送ICMP消息。

(7) ICMP是两级封装的,每个ICMP报文放在IP数据报的数据部分中通过互联网传递,而IP数据报本身放在帧的数据部分中通过物理网络传递,具体如图4.23所示。

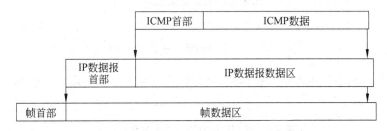

图4.23 ICMP的两级封装

2. ICMP报文

ICMP报文也分为报头区和数据区两部分,其中报头包含3个字段,如图4.24所示。

类型	代码	校验和
ICMP数据 (取决于消息类型)		

图4.24 ICMP报文格式

各字段含义如下。

(1) 类型字段:用来标识报文,长度为8位。

(2) 代码字段:提供有关报文类型的进一步消息,长度为8位。

(3) 校验和字段:ICMP使用与IP相同的相加校验算法,但ICMP校验和只覆盖ICMP报文,长度为16位。

ICMP类型字段定义了报文的格式及意义,其类型如表4.4所示。

表 4.4　ICMP 报文类型

类型字段	ICMP 报文类型	类型字段	ICMP 报文类型
0	回送应答	12	数据报参数错误
3	目的地不可达	13	时间戳请求
4	源站抑制	14	时间戳应答
5	重定向	17	地址掩码请求
8	回送请求	18	地址掩码回答
11	数据报超时		

3. ICMP 差错报文

ICMP 差错报文包括目的地不可达到报文、超时报文、参数出错报文。

1）目的地不可达到报文

当一台路由器检测出一个数据报不能发往目的地时,路由器就会发送一个目的地不可达到报文。目的地不可达到报文格式如图 4.25 所示。

0　　　　　8　　　　　　16　　　　　　　　　31
类型　　　　代码　　　　　　校验和
未用
IP数据报首部+数据的前64b
……

图 4.25　ICMP 目的地不可达到报文格式

ICMP 目的地不可达到报文根据代码值的不同,意义也不相同,大致可以分为几种类型,如表 4.5 所示。

表 4.5　ICMP 目的地不可达到报文类型

码值	意　义	码值	意　义
0	网络不可达	3	端口不可达
1	主机不可达	4	需要段和 DF 设置
2	协议不可用	5	源路由失败

校验和由 16 位数据的反码和再取反而得,未计算校验和,该字段为 0,以后会被校验和取代。数据报报头+64 位源数据报用于主机匹配信息到相应的进程。若高层协议使用端口号,应假定其在源数据的前 64 字节。

2）超时报文

网络的数据传送过程非常复杂,每台路由器都会独立地为 IP 数据报选择路径。一台路由器的路由选择出现问题,IP 数据报的传输就有可能出现死循环的情况,这就造成网络拥堵。但是可以利用 IP 数据报报头的生存周期字段有效地避免 IP 数据报在互联网中无休止地循环传输。超时的情况有以下两种。

（1）当路由器将一个数据报的生存时间字段的值随着时间减少为 0 时,路由器会放弃该数据报并发送一个超时报文。

（2）根据网络使用的技术不同,每种网络都规定了一个帧最多能够携带的数据量,这一限制称为最大传输单元（Maximum Transmission Unit,MTU）。因此,一个 IP 数据报的长度只有小于或等于一个网络的 MTU,才能在这个网络中传输。但如果一个 IP 数据报的长度大于 MTU 时,就需要对此数据报进行分片,在各个分片到达目的地时,再进行重组,以保证 IP 数据报的完整。到一台主机对某一个数据报的重组时间截止,而此时该数据报的分片还没有全部到达,则主机放弃分片并发送一个超时报文。ICMP 超时报文格式如图 4.26 所示。

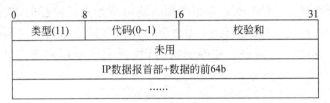

图 4.26 ICMP 超时报文格式

ICMP 超时报文分为两种类型,如表 4.6 所示。

表 4.6 ICMP 超时报文类型

码 值	意 义
0	传送超时
1	分段超时

3）参数出错报文

参数出错报文主要用来报告错误的 IP 数据报报头和错误的 IP 数据报选项参数等情况。一旦参数错误严重到机器不得不抛弃 IP 数据报时,网关或主机便向源主机发送此报文。

4. ICMP 控制报文

ICMP 控制报文主要包括拥塞控制与源抑制报文和路由控制与重定向报文。

1）拥塞控制与源抑制报文

所谓拥塞控制报文,就是指遇到网络"拥塞"情况需要发送的报文。那么什么是"拥塞"呢?"拥塞"就是指 IP 数据报大量涌入路由器的现象。造成"拥塞"的原因有下列两种。

（1）IP 数据报流入路由器的速度大于路由器流出 IP 数据报（转发 IP 数据报）速度时,IP 数据报就会拥堵在路由器内,造成"拥塞"。

（2）路由器的处理速度过慢,使流入路由器的 IP 数据报排队,导致"拥塞"。

无论造成"拥塞"的原因如何,都会影响网络的数据传输,因此,一定要想方设法来控制"拥塞"。目前,主要采用的是"源站抑制"技术,即抑制源主机发送数据报的速率。具体的过程如下。

(1) 当路由器由于缺乏缓冲区空间而无法再接收数据报时，那么就抛弃新接收的 IP 数据报。每抛弃一个 IP 数据报，路由器便向该 IP 数据报的源主机发送一个 ICMP 源抑制报文。

(2) 为路由器的输出设置一个阈值，一旦路由器的数据报累积到一定的数量，超过这个阈值之后，如果再有新的 IP 数据报到来，路由器就主动向数据报的发送方发送 ICMP 源抑制报文。当源主机收到源抑制报文后，就会降低发送 IP 数据报的速度，直到不再收到源抑制报文为止。然后再恢复发送 IP 数据报的速度，直到再一次收到源抑制报文，形成一个良性循环。

2) 路由控制与重定向报文

当路由器检测到源主机发送数据报选择的路由不是最优路径时，就会向该主机发送一个重定向 ICMP 报文，请源主机改变路由重新选择路径并把初始数据报转发给目的主机。重定向功能提供一种路由优化控制机制，使源主机能以动态方式寻找最优路径。ICMP 重定向报文格式如图 4.27 所示。

<table>
<tr><td>0</td><td>8</td><td>16</td><td>31</td></tr>
<tr><td>类型(5)</td><td>代码(0~3)</td><td colspan="2">校验和</td></tr>
<tr><td colspan="4">路由器IP地址</td></tr>
<tr><td colspan="4">IP数据报首部+数据的前64b</td></tr>
<tr><td colspan="4">……</td></tr>
</table>

图 4.27 ICMP 重定向报文格式

路由器的 IP 地址是指发往目的主机的最优路径中的第一个路由器地址，目的地地址由数据报报头中的目的地址字段表示。重定向报文分为 4 种类型，如表 4.7 所示。

表 4.7 ICMP 重定向报文类型

码 值	意 义	码 值	意 义
0	重定向网络	2	重定向服务类型和网络
1	重定向主机	3	重定向服务类型和主机

5. ICMP 请求与应答报文对

为了便于分析和查找网络故障及控制网络，ICMP 还设计了请求与应答报文对，获取网络的一些重要信息，它主要包括回应请求与应答报文、时间戳请求与应答报文和掩码请求与应答报文。

1) 请求与应答报文

请求与应答报文主要为了测试目的主机或者路由器的可达性。某主机向指定的目的 IP 地址主机发送一个回应的请求，其中包含一个任选的数据区，要求具有目的 IP 地址的主机或路由器回应。当目的主机或路由器收到请求后，发出相应的响应应答，其中包含请求报文中任选数据的复制。也就是说，如果主机成功地收到一个应答，说明数据报传输系统的响应部分工作正常。ping 命令就是利用 ICMP 回应请求与应答报文来测试目的主机的可达到性。

2）时间戳请求与应答报文

设计时间戳请求与应答报文是为了努力达到互联网上主机时钟的同步，但是这种时钟同步技术的能力还是有限的。时间戳请求与应答报文格式如图 4.28 所示。

0	8	16	31
类型(13或14)	代码(0)	校验和	
标识符		序列号	
发起时间戳			
接收时间戳			
传送时间戳			

图 4.28 ICMP 时间戳请求与应答报文格式

3）掩码请求与应答报文

掩码请求与应答报文主要用于源节点获取所在网络的 IP 地址掩码信息。源节点在发送请求报文时，将 IP 报头中的源 IP 地址和目的 IP 地址字段的网络号部分设为 0，这样目的网络中的路由器接收到该请求时，将把网络的掩码向源节点回送应答报文。

例 4.5 为了确定一个网络是否可以连通，主机应该发送 ICMP（   ）报文。

A. 回声请求   B. 路由重定向

C. 时间戳请求   D. 地址掩码请求

试题解析：回应请求与应答（Echo Request/Echo Reply）报文（类型 0/8）。回应请求与应答的目的是测试目的主机是否可以到达。在该报文格式中存在标识符和序列号，这两者用于匹配请求和应答报文。请求者向目的主机发送一个回应请求，其中包含一个任选的数据区，目的主机收到后则发回一个回应应答，其中包含一个请求中的任选数据的复制。回应请求与应答报文以 IP 数据报方式在互联网中传输，如果成功接收到应答报文，则说明数据传输系统 IP 与 ICMP 软件工作正常，信宿主机可以到达。在 TCP/IP 实现中，用户的 ping 命令就是利用回应请求与应答报文测试信宿主机是否可以到达，因此答案选择 A 项。

4.4.2 能力目标

- 掌握 ICMP。
- 理解 ICMP 的工作原理。

4.4.3 任务驱动

任务 1：测试目的主机的可到达性的最有效的方法是什么？

任务解析：ping 命令是测试目的主机可到达性的最有效的工具。ping 能够辨别网络功能的某些状态。这些网络功能的状态是日常网络故障诊断的基础。特别是它能够识别连接的二进制状态（也就是是否连通）。ping 命令通过向计算机发送 ICMP 回应报文并且监听回应报文的返回，以校验与远程计算机或本地计算机的连接。默认情况下，发送 4 个回应报文，每个报文包含 64 字节的数据。ping 向目标主机（地址）发送一个回送请求数据包,要求目标主机收到请求后给予答复,从而判断网络的响应时间和本机是否与目标主机(地址)连通。

网络故障的原因是多种多样的,但是查找网络故障最常用、最有效的一个方法就是测试连通性。测试连通性最常用的方法就是使用 ping 命令。例如,如果计算机 A 和计算机 B 已经连接成为一个局域网。假设计算机 A 的 IP 地址是 192.168.1.2,计算机 B 的 IP 地址是 192.168.1.3,那么如果想要测试计算机 A 与计算机 B 的连通性,就可以在计算机 A 上运行 ping 命令进行测试。

任务 2:ping 命令的语法格式是什么?

任务解析:ping 命令的格式是"ping 要测试的主机的 IP 地址"。还有一些其他参数可以扩展 ping 命令的功能,具体如下。

```
ping  ip  [-t] [-a] [-n count] [-l length] [-f] [-i ttl] [-v tos] [-r count] [-s
count] [[-j computer-list] | [-k computer-list]] [-w timeout] destination-list
```

主要参数的含义如表 4.8 所示。

表 4.8　ping 命令的主要参数的含义

主 要 参 数	含　　义
[-t]	不停地校验与指定计算机的连接,直到用户按下 Ctrl+C 组合键中断
[-a]	解析指定计算机的 NETBIOS 主机名
[-n count]	定义用来测试所发出的测试包的个数,默认值为 4
[-l length]	定义所发送数据包的大小,默认值为 32 字节,最大值为 65500 字节
[-f]	一般发送的数据包都会通过路由上的网关分段再发送给对方,此参数禁止分段
[-i ttl]	将"生存时间"字段设置为 ttl 指定的值
[-v tos]	将"服务类型"字段设置为 tos 指定的值
[-r count]	在"记录路由"字段中记录传出和返回数据包的路由,count 值最小为 1,最大为 9
[-s count]	指定跃点数的时间戳,此参数与-r 类似,只是这个参数不记录数据包返回所经过的路由,最多只记录 4 个
[-j computer-list]	[-k computer-list]	利用 computer-list 指定的计算机列表路由数据包,连续计算机可以(-j)/不能(-k)被中间网关分隔 IP 允许的最大值为 9
[-w timeout]	指定超时间隔,单位为 ms(毫秒)
destination-list	指定要测试的主机名或 IP 地址

任务 3:如何使用 ping 命令判断 TCP/IP 故障。

任务解析:可以使用 ping 实用程序测试计算机名和 IP 地址。如果能够成功校验 IP 地址却不能成功校验计算机名,则说明名称解析存在问题。ping 命令大概有 4 种用法,如表 4.9 所示。

任务 4:ping 命令返回的结果和含义。

任务解析:ping 命令一共有 3 种返回结果,分别代表着不同的含义,要熟记这些含义才可以清晰地分析网络的故障,更好地去排除网络故障。具体含义如表 4.10 所示。

表 4.9 ping 命令的使用格式

ping 命令格式	解　释
ping 127.0.0.1	127.0.0.1 是本地循环地址,如果本地址无法 ping 通,则表明本地计算机 TCP/IP 不能正常工作
ping 本机的 IP 地址	用 ipconfig 查看本机 IP,然后 ping 该 IP,通则表明网络适配器(网卡或 Modem)工作正常,不通则是网络适配器出现故障
ping 同网段计算机的 IP	ping 一台同网段计算机的 IP,不通则表明网络线路出现故障
ping 同网段的网关	ping 本网段的网关,可以测试本机与本网络的出口是否连通,通常,网关是路由器的 IP 地址,如果与本网关不通则与外网无法连通。因此,在与外网无法连通的情况下,应该先测试本机与网关的连通性,再排除其他的网络故障
ping 互联网内的主机	若要检测一个带 DNS 服务的网络,在上一步 ping 通了目标计算机的 IP 地址后,仍无法连接到该机,则可 ping 该机的网络名,比如,ping www. sina. com. cn,正常情况下会出现该网址所指向的 IP,这表明本机的 DNS 设置正确而且 DNS 服务器工作正常,反之就可能是其中之一出现了故障;同样也可通过 ping 计算机名检测 WINS 解析的故障(WINS 是将计算机名解析到 IP 地址的服务)

表 4.10 ping 命令返回结果及含义

ping 命令返回的结果	含　义
Reply from X. X. X. X :bytes=32 time<1ms TTL=255	表示收到从目标主机 X. X. X. X 返回的响应数据包,数据包大小为 32Bytes,响应时间小于 1ms TTL 为 255,这个结果表示用户的计算机到目标主机之间连接正常
Destination host unreachable	表示目标主机无法到达
Request timed out	表示没有在规定的时间内收到目标主机返回的响应数据包,也就是网络不通或网络状态恶劣;通常也称为超时

4.4.4　实践环节

实践 1:ping 命令的基本使用。

实践步骤如下。

1) ping 127.0.0.1

如果想测试自己的计算机 TCP/IP 有没有安装成功,就可以使用这个命令格式来做测试,具体的操作是:打开"开始"菜单,在弹出的搜索文本框中输入 cmd,进入命令行,如图 4.29 所示。

2) ping 本机的 IP 地址

在 4.1 节中讲过 IP 地址的唯一性,即在网络中,计算机所设置的 IP 地址要在本网络中独一无二。可是经常会出现如下的情况:在计算机 IP 地址设置时,并没有提示这个 IP 地址已经被其他的计算机占用,但是使用一段时间以后,网络就会不通。出现类似的情况,是因为原本设置这个 IP 地址的计算机没有开机,因此,在设置 IP 地址时并没有提示任何错误。那么遇到这种情况,就可以用这个 ping 命令的格式做测试,具体操作是:打开"开始"菜单,在搜索文本框中输入 cmd,在命令提示符中输入 ping＋本机 IP 地址,如图 4.30 所示。

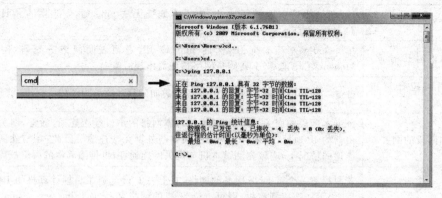

图 4.29　测试 TCP/IP 安装情况

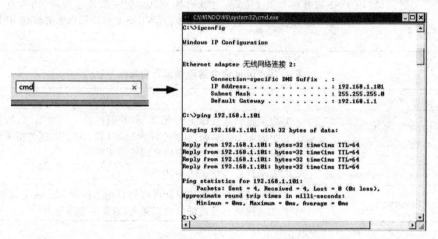

图 4.30　ping 本机的 IP 地址

3) ping 本网内其他主机的 IP 地址

ping 本网内其他主机的 IP 地址,是比较实用的。例如,某企业共享打印机,但是企业中有台计算机不能进行网络打印。为了排除网络故障,而不是其他原因,就可以用这个很实用的方法。具体如图 4.31 所示。

4) ping 本网络的网关

如果本机与网络中的网关无法连通,则网关无法为本机与外网取得联系,因此,测试与网关的连通性是排除与外网连接故障的第一步。具体如图 4.32 所示。

5) ping 互联网内主机

ping 命令格式也非常实用。例如,互联网内其他网址均可打开,只有百度网站不能打开。要想排除是哪些因素造成的,就可以启用这个命令。如果测试之后得到的结果是连通的,则证明网络没有问题,是本机出现问题。具体操作是:打开"开始"菜单,在搜索文本框中输入 cmd,输入 ping ＋百度网的网址,如图 4.33 所示。

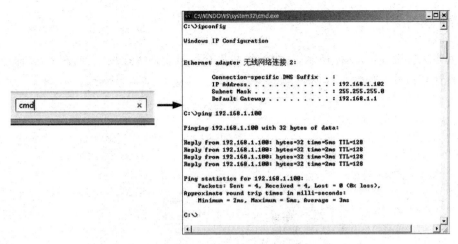

图 4.31　ping 本网内其他主机的 IP 地址

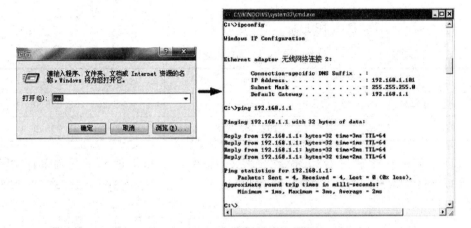

图 4.32　测试与本网网关的连通性

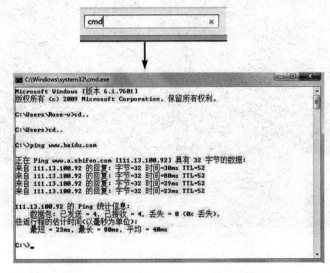

图 4.33　测试与互联网主机的连通性

实践 2：ping 命令实践。

实践步骤如下。

网络拓扑图如图 4.34 所示，两台计算机用交换机直通线连接，尝试用 ping 命令来测试两台计算机的连通性。

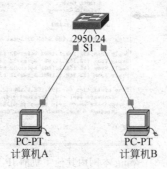

图 4.34　网络拓扑图

（1）设置两台计算机的 IP 地址，如表 4.11 所示。

表 4.11　IP 地址设置

计算机	IP 地址	子网掩码
计算机 A	192.168.1.2	255.255.255.0
计算机 B	192.168.1.3	255.255.255.0

（2）计算机 B 打开"开始"菜单，在搜索文本框中输入 cmd，进入"命令提示符"界面。

（3）利用 ipconfig 命令，查看计算机的 IP 地址，并执行 ping 192.168.1.2，如图 4.35 所示。

图 4.35　ping 命令执行图

（4）从图 4.35 中可以看出，计算机 A 与计算机 B 可以完全连通。

小　　结

本章中，重要的内容是 IP 地址、子网规划和 ICMP 等，尤其是 IP 地址的含义、作用和表示方法。本章的知识是能够学好网络知识的基础。在任务驱动环节和实践环节中，重点掌握 ping 命令的所有格式和含义并能够通过 ping 命令处理网络故障。

习　　题

一、选择题

1. ARP 的作用是利用 IP 地址寻找 MAC 地址，则 ARP 响应应该（　　）发送数据包。

    A. 单播　　　　　　　B. 组播　　　　　　　C. 广播　　　　　　　D. 多播

2. 以下地址中不属于网络 100.10.96.0/20 的主机地址是（　　）。

    A. 100.10.111.17　　　　　　　　　　B. 100.10.104.16

    C. 100.10.101.15　　　　　　　　　　D. 100.10.112.18

3. 一个网络的地址为 172.16.7.128/26，则该网络的广播地址是（　　）。

    A. 172.16.7.255　　　　　　　　　　B. 172.16.7.129

    C. 172.16.7.191　　　　　　　　　　D. 172.16.7.252

4. 某用户分配的网络地址为 192.24.0.0～192.24.7.0，这个地址块可以用（a）（　　）表示，其中可以分配（b）（　　）个主机地址。

    (a) A. 192.24.0.0/20　　　　　　　　B. 192.24.0.0/21

       C. 192.24.0.0/16　　　　　　　　D. 192.24.0.0/24

    (b) A. 2032　　　　　　　　　　　　B. 2048

       C. 2000　　　　　　　　　　　　D. 2056

5. 网络 172.21.136.0/24 和 172.21.143.0/24 汇聚后的地址是（　　）。

    A. 172.21.136.0/21　　　　　　　　B. 172.21.136.0/20

    C. 172.21.136.0/22　　　　　　　　D. 172.21.128.0/21

6. 如果子网 172.6.32.0/20 再划分为 172.6.32.0/26，则下面的结论中正确的是（　　）。

    A. 划分为 1024 个子网　　　　　　　B. 每个子网有 64 台主机

    C. 每个子网有 62 台主机　　　　　　D. 划分为 2044 个子网

7. 下面给出的网络地址中，属于私网地址的是（　　）。

    A. 119.12.73.214　　　　　　　　　B. 192.32.146.23

    C. 172.34.221.18　　　　　　　　　D. 10.215.34.124

8. IP 地址 172.17.16.255/23 是一个（　　）地址。

    A. 网络　　　　　　　　　　　　　　B. 主机

C. 定向广播　　　　　　　　　　　D. 不定向广播

9. 给定一个 C 类网络 192.168.1.0/24，要在其中划分出 3 个 60 台主机的网段和 2 个 30 台主机的网段，则采用的子网掩码应该分别为（　　　）。

　A. 255.255.255.128 和 255.255.255.224

　B. 255.255.255.128 和 255.255.255.240

　C. 255.255.255.192 和 255.255.255.224

　D. 255.255.255.192 和 255.255.255.240

10. 如果一个公司有 2000 台主机，则必须给它分配(a)（　　　）个 C 类网络。为了使该公司网络在路由表中只占一行，指定给它的子网掩码应该是(b)（　　　）。

　(a) A. 2　　　　　B. 8　　　　　C. 16　　　　　D. 24

　(b) A. 255.192.0.0　　　　　　　B. 255.240.0.0

　　　C. 255.255.240.0　　　　　　D. 255.255.248.0

11. 由 16 个 C 类网络组成一个超网(Supernet)，其网络掩码(Mask)应为（　　　）。

　A. 255.255.240.16　　　　　　　B. 255.255.16.0

　C. 255.255.255.248.0　　　　　　D. 255.255.240.0

12. 设 IP 地址为 18.250.31.14，子网掩码为 255.240.0.0，则子网地址是（　　　）。

　A. 18.0.0.14　　B. 18.31.0.14　　C. 18.240.0.0　　D. 18.9.0.14

13. 32 位的 IP 地址可以划分为网络号和主机号两部分。以下地址中，(a)（　　　）不能作为目标地址，(b)（　　　）不能作为源地址。

　(a) A. 0.0.0.0　　　　　　　　　B. 127.0.0.1

　　　C. 10.0.0.1　　　　　　　　　D. 192.168.0.255/24

　(b) A. 0.0.0.0　　　　　　　　　B. 127.0.0.1

　　　C. 10.0.0.1　　　　　　　　　D. 192.168.0.255/24

二、填空题

1. ICMP 在网络中起到了差错控制和交通控制的作用。如果在 IP 数据报的传送过程中，出现网络"拥塞"，则路由器发出＿＿＿＿＿＿＿报文。

2. ARP 数据单元封装在＿＿＿＿＿＿＿中发送，ICMP 数据单元封装在＿＿＿＿＿＿＿中发送。

三、网络设计题

有 A、B、C 3 个网络，每个网络的主机数分别是 20 台、25 台和 10 台，并用两台路由器 R1 和 R2 把它们互联起来，该网络的 IP 地址设定为 194.65.78.0。请为该互联网设计一个 IP 地址编址方案。

注：本章习题中的选择题和填空题均摘自(全国计算机技术与软件专业技术资格(水平)考试网络工程师资格考试真题)。

第

第5章

Chapter 5

路由器与路由选择

主要内容

- 路由器
- 静态路由
- 动态路由选择协议 RIP
- 动态路由选择协议 OSPF

很多人在初学路由器时都不明白"路由"的含义。所谓路由,就是指通过相互连接的网络把信息从源地址移动到目的地址的活动。在 IP 互联网中,数据报从源地址到目的地址的传输过程中,路由器扮演着非常重要的角色。路由器的重要作用之一就是进行路由选择。路由选择是指选择一条路径发送 IP 数据报的过程,而进行这种路由选择的过程的核心设备就是路由器。

5.1 路 由 器

5.1.1 核心知识

从广泛的意义上来说,互联网就是若干个物理网络的集合,包括 LAN、MAN 和 WAN 等。路由器(Router)就是连接因特网中各局域网、广域网的设备,它会根据信道的情况自动选择和设定路由,按前后顺序以最佳路径发送信号。路由技术和交换技术之间的主要区别就是交换发生在 OSI 参考模型第二层(数据链路层),而路由发生在第三层,即网络层。这一区别决定了路由和交换在移动信息的过程中需使用不同的控制信息,所以两者实现各自功能的方式是不同的。路由器就像是互联网的枢纽,就像是道路中的"交通警察"。

1. 路由器的基本组成

路由器由硬件和软件两部分组成。从物理结构上来讲,它其实就是一种具有多个输入端口和多个输出端口的专用计算机,与一台普通计算机中主机的硬件结构大致相同,主要由处理器、内存、接口、控制端口等物理硬件和电路组成,如图 5.1 所示。

图 5.1 路由器

1) 处理器

路由器的处理器(CPU)负责处理数据报文所需的工作,例如,协议转换、维护路由表、选择最佳路由和转发数据报文。不同产品的路由器,处理器也各不相同,处理数据报文的速度也不同,但是很大程度上路由器的速度取决于处理器的性能。

2) 内存

路由器主要采用 4 种类型的内存:ROM、Flash RAM、NVRAM 和 RAM。

(1) ROM:保持着路由器 IOS(Internet Operating System)操作系统的引导部分,负责路由器的引导和诊断。它保存着路由器的启动软件,负责使路由器进入正常的工作状态。ROM 通常放置在一个或多个芯片上,或插接在路由器的主板上。

(2) Flash RAM:保持 IOS 软件的扩展部分(相当于硬盘),维持路由器的正常工作。当路由器中安装了闪存,它就成为引导路由器 IOS 软件的默认装置。闪存要么安装在主机的 SIMM 槽上,要么做成一块计算机 MICA 卡安装在路由器上。

(3) NVRAM:它保存 IOS 在路由器启动时读入的启动配置数据。当路由器启动时,首先寻找并执行该配置。路由器启动后,该配置就成了“运行配置”,修改运行配置并保存后,运行配置就被复制到 NVRAM 中。下次路由器启动将调入修改后的新配置。

(4) RAM:在路由器重启或断电时会丢失数据。RAM 主要用于存放 IOS 操作系统路由表和缓冲(运行配置),IOS 通过 RAM 满足其所有的常规存储的需要。

3) 路由器的端口

路由器能够进行网络互联是通过端口完成的,它可以与各种各样的网络进行连接。路由器的端口技术很复杂,端口类型也很多。路由器的端口类型主要分局域网端口、广域网端口和配置端口 3 类。每个端口都有自己的名字和编号。路由器产品不同,端口数目和类型也不相同。

2. 路由器的工作原理

路由器用来连接不同的网段或网络,在一个局域网中,如果不需要与外界网络进行通信,内部网络的各工作站就能识别其他各节点,完全可以通过交换机实现数据发送,根本用不上路由器来记忆局域网的各节点的 MAC 地址。

路由选择是发生在网络层的,这项工作主要由路由器完成。路由器可以将 LAN 连接到 WAN 上,或将两个使用不同介质访问控制子层的 LAN 连接起来。

当 IP 网段中的一台主机发送 IP 分组给同一 IP 网段的另一台主机时,它直接把 IP 分组送到网络上,对方就能收到。而要送给不同 IP 网段的主机时,要选择一台能到达目的网段的路由器,把 IP 分组送给该路由器,由路由器负责把 IP 分组送到目的地。一般的主机都配置了默认网关。默认网关是每台主机上的一个配置参数,它是接在同一个网络上的某台路由器端口的 IP 地址,主机把所有未知网络的 IP 分组都发送给默认网关,也就是出口路由器。

路由器转发 IP 分组时,只根据目的 IP 地址的网络号选择合适的端口,把 IP 分组发送出去。同主机一样,路由器也要判断端口所连接的是否是目的子网,如果是,就直接把 IP 分组通过端口发送到网络上;否则,也要选择下一个路由器来传送 IP 分组。路由器也有它的默认网关,被称为"默认路由",用来传送不知道往哪里送的 IP 分组。因此,通过路由器把知道如何传送的 IP 分组正确转发出去,把不知道的 IP 分组送给"默认路由"指引的路由器,这样一级一级地传送,IP 分组最终被送到目的地,送不到目的地的 IP 分组则被网络丢弃。

3. 路由器的简单配置

1) 命令行工作模式

路由器的命令行工作模式共有 3 种,分别是用户模式、特权模式和配置模式,其中配置模式又分为全局配置模式、接口配置模式、线程配置模式和路由配置模式等,具体如表 5.1 所示。

表 5.1　Cisco 路由器的命令行工作模式

模式名称		提　示　符	说　　明
用户模式		Router＞	普通用户操作级别
特权模式		Router＃	可以对设备进行配置并进入其他配置模式
配置模式	全局配置模式	Router(config)＃	配置路由器的全局参数
	接口配置模式	Router(config-if)＃	对路由器的某个接口进行配置
	线路配置模式	Router(config-line)＃	对远程登录(Telnet)等会话进行配置
	路由配置模式	Router(config-router)＃	配置静态路由或动态路由参数

2) 用户模式

当登录到路由器后,就进入了用户(User)模式,系统提示符为＞。如果用户先前已经为路由器命名,则该名字将会位于＞之前;否则,默认的 Router 将会显示在＞之前。

3) 特权模式

在提示符＞之后输入 enable 命令,进入特权(Privileged)模式,CLI(Command Line Interface,命令行接口)提示符变成＃;在特权模式使用 disable 命令返回到用户模式。在特权模式下可以执行所有的命令,包括配置、调试和查看设备的配置状态,特权模式也是进入其他配置模式的起点。

例 5.1 由用户模式进入特权模式。

```
Router>enable
Router#
```

例 5.2 由特权模式退回用户模式。

```
Router#disable
Router>
```

4）全局配置模式

在特权模式下，输入命令 configure terminal，进入全局配置模式，路由器的提示符变为 Router(config)♯；在全局配置模式下输入 exit 命令，返回到特权模式。在全局配置模式下，可以对 Cisco 的网络进行配置，并且在全局配置模式下所做的配置，是对整个设备都有效的配置。如果需要对某一接口或某一功能进行单独的配置，可以从全局配置模式再进入这些其他的个别模式，在这些模式里的配置只能对设备的一部分有效。从个别模式返回到全局配置模式，均要输入 exit 命令；从个别模式返回到特权模式，使用 end 命令或按 Ctrl+Z 组合键。

例 5.3 由特权模式进入全局配置模式。

```
Router#configure terminal
Router(config)#
```

例 5.4 由全局配置模式退回特权模式。

```
Router(config)#exit
Router#
```

例 5.5 由全局配置模式进入接口配置模式。

```
Router(config)#interface fastethernet 0/0
Router(config-if)#
```

例 5.6 由全局配置模式进入线路配置模式。

```
Router(config)#line con 0
Router(config-line)#
```

例 5.7 由全局配置模式进入路由配置模式。

```
Router(config)#router rip
Router(config-router)#
```

5.1.2 能力目标

- 了解路由器的基本组成。
- 掌握路由器的工作原理。
- 能根据组网的要求来选择路由器。

5.1.3　任务驱动

任务 1：如何选购路由器？

任务解析：在本节中，路由器的工作原理和基本组成大家已经了解了，但是对于一些实际的问题，或许还没有比较确定的答案。如果你是一家企业的网络管理员，经理让你去买路由器，你应该怎样选择呢？路由器买回来之后，怎样对路由器进行最初的配置呢？下面来详细阐述这两个问题。

基于网络环境的特点，基于不同原因路由器的选择会有不同的情况，归纳如下。

1. 节省成本

如果公司为了省钱，节约成本就变成了选择路由器时最需要考虑的因素。当前的普通宽带路由器由于价格竞争激烈，典型的设备都在千元左右，低端一点的路由器也需要一两千元，中高端的数万元不等。性价比比较高的路由器是最佳选择。

2. 稳定可靠

路由器的稳定性和可靠性是整个网络稳定可靠的关键。企业宽带路由器需要在各个方面对企业进行专门设计，包括软件结构设计、电源设计、通风散热设计、结构坚固度等方面来保证路由器的稳定性和可靠性。

3. 高速高效

路由器是企业网连接 Internet 的唯一途径，如果性能不足，就会成为整个网络性能的数据传输瓶颈，造成网络的堵塞或者延迟。

4. 安全防护

信息的安全性是企业网络不得不考虑的另一个重要问题。信息的安全性体现在病毒和黑客入侵破坏、内部员工泄露公司机密、员工在工作时间不务正业而沉迷于网络等，这些都需要防火墙的控制。企业宽带路由器的防火墙功能还比较完善，往往对内网中员工的上网权限、内容和时间都加以限制，满足企业需求。

5. 操作简便

操作简便，功能还要很强，这是目前路由器产品发展的主要趋势。特别是对于缺少专业网络技术人员的中小企业，网络设备的可操作性和简单性就更受关注。宽带路由器的选择需要安装简单，容易配置，容易管理和使用，用户界面还要友好易懂，不需要专业人员也能够使用。

6. 扩展方便

除了应用性能、安全性和操控性以外，扩展性也很重要。因为一个中小企业要着眼于未来的发展，也许由于成本方面的考虑，当前的设备可以作为扩展网络的硬件继续使用，不至于被闲置或丢弃。

任务 2：路由器的配置。

任务解析：对于可管理的路由器，一般都提供一个 Console 端口（或称配置端口），该端口采用 RJ-45 接口，通过该控制端口可实现对路由器的本地配置。这样的路由器通常都会配送一根 Console 线，线的一端是 RJ-45 接口，用于连接路由器的 Console 端口；另一端提供了一个串行接口,用于连接计算机的串行接口(类似连接计算机显示器的串口)。

以 Cisco 路由器为例,搭建路由器的基本配置环境。这个过程与交换机的配置非常类似,也是通过 Console 端口连接路由器(详见第 3 章 3.1.4 小节)。首次配置路由器时应该采用这种方式。对路由器设置管理 IP 地址后,就可采用 Telnet 的登录方式来配置路由器。

有些低端路由器没有 Console 端口,例如,在家庭中使用的路由器没有 Console 端口。那么,这样的路由器该如何配置呢?

这样的路由器在路由器的后面有一个标签,标签上标明用户名(默认 admin),密码(默认 admin)和 IP 地址(默认 192.168.1.1)。利用双绞线将路由器和计算机连接(如果使用无线路由器可以将此步骤省略),在联网的计算机中任选一台,打开浏览器,输入默认的 IP 地址,这样就可以进入路由器的配置界面,如图 5.2 所示。

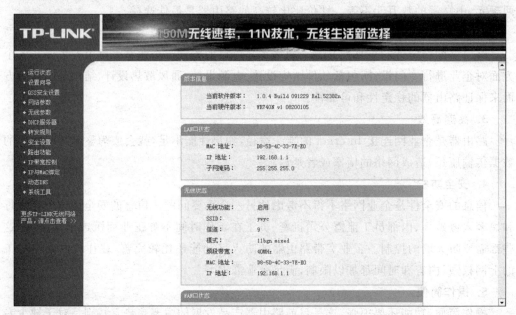

图 5.2　用浏览器的方式配置路由器

5.1.4　实践环节

实践:设置路由器的基本参数。

实践步骤如下。

作为网络管理员,有些路由器的参数设置是要在路由器购买回来之后马上设置的,例如,路由器的主机名、登录密码、路由器的时间。

1. 设置路由器的主机名

如果想把路由器的名字改为 Campus。进入路由器的命令行界面,会看到路由器的提示符 Router>,进入下面的操作:

```
Router>enable
```

```
Router#configure terminal
Router(config)#hostname campus
Campus(config)#
```

具体如图 5.3 所示。

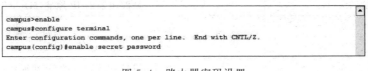

图 5.3 配置路由器的主机名

2. 配置路由器的时间

配置路由器的时间对于网络管理员非常重要,因为网络一旦出现故障,路由器可以精确地记录故障时间,所以路由器的运行时间一定要保持非常精准。配置路由器的时间为 2012 年 3 月 14 日 12:30:30 的操作如下:

```
Router>enable
Router#configure terminal
Router(config)#clock set 12:30:30 march 14 2012
```

3. 配置路由器的密码

路由器的密码对于网络安全来说非常重要,设置路由器的密码为 password,操作如图 5.4 所示。再次登录路由器时,就会出现提示输入密码的指令,如图 5.5 所示。

图 5.4 路由器密码设置

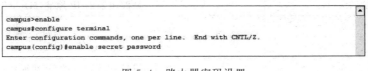

图 5.5 路由器密码设置

5.2 路由选择——静态路由

5.2.1 核心知识

1. 路由表

前面已经讲过,路由器的主要功能是选择最优路径使数据报可以到达目的地。那么路由器是如何完成路由选择的功能的呢?因为在路由器中存在一张路由表,也叫 IP 选路表,这张表格里存储着一些有可能的目的地址信息以及怎样到达目的地址的信息。在需要传送 IP 数据报时,就查询这个路由表,决定把数据报发往何处。大家可能还在考虑这个问题,即使路由器中存在着路由表,显示出目的地址,那么路由器怎么选择路径呢? 这就需要通过路由器内部的一些路径选择算法,决定路径的选择。

1) 标准路由选择

标准路由选择表包含有很多表项,如果用 I 来代表目的网络地址,N 来代表数据报在路径中下一站路由器的 IP 地址,路由选择表中就是包含有(I,N)的表项。这样,利用路由选择表仅仅指定了数据报从路由器出发之后下一步要去哪里,因此路由器也不知道数据报传送的完整路径是什么,这就是标准路由选择的基本思想。

图 5.6 是利用 3 台路由器互联的 4 个网络,R2 直接连接网络 10.0.0.0 和网络 40.0.0.0,R1 直接连接网络 30.0.0.0 和网络 40.0.0.0,R3 则直接连接网络 20.0.0.0 和网络 30.0.0.0。路由器 R1 的路由表如表 5.2 所示。

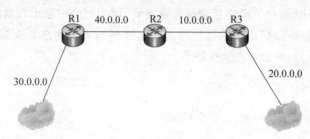

图 5.6　网络连接图

表 5.2　路由器 R1 的路由表

目的网络(I)	下一站路由器的 IP 地址(N)
30.0.0.0	直连
40.0.0.0	直连
10.0.0.0	40.0.0.1(路由器 R3 的 IP 地址)
20.0.0.0	30.0.0.1(路由器 R1 的 IP 地址)

在图 5.6 中,网络 30.0.0.0 和网络 40.0.0.0 都与路由器 R1 直连,因此不需要下一站路由器的 IP 地址继续投递数据报。但是如果 R1 收到要发往目的网络 10.0.0.0 的数据报,就需要将数据报发到下一站路由器 R2,再由路由器 R2 再次投递。同样地,如果收到目的地址为网络 20.0.0.0 的数据报,那么 R1 就将报文传送给路由器 R3。

2) 子网路由选择

对于众多网络,没有采用标准的网络编址。换句话说,就是有些网络是划分子网的。引入子网编址之后,就要满足子网选择路径的需要。首先要修改和扩充的就是路由表。标准路由选择包含很多(I,N)表项,由于不携带子网信息,因此不可能用于子网路径的选择。

标准路由选择从 IP 地址前几位可以判断出地址类别,从而获得网络号对应的是哪几位,由此可以确定是哪个网络。在子网编址下,仅凭地址类别无法判断是哪一个网络。如果要判定子网号位,必须引入子网掩码。因此,原来的表项就由原来的(I,N)扩展成了(S,I,N)的三元组,其中,S 代表子网掩码,I 代表目的网络地址,N 代表网络路径中下一站路由器的 IP 地址。

有了这样的三元组,数据报在选择路径时,首先将 IP 数据报中的目的 IP 地址取出,与路由表中的子网掩码按位来做逻辑与运算,结果就可以得出子网号并与路由表中的"目的网络地址"(也就是三元组中的 I)比较,如果相同就说明路由选择成功,IP 数据报就沿着路径"下一站地址"(就是三元组中的 N)传送出去,这就达到了子网路由选择的功能。

例如,图 5.7 所示的网络,路由表如表 5.3 所示。如果路由器 R1 收到一个目的网络地址为 20.4.5.3 的 IP 数据报,R1 在选择路径时,就将目的地址 20.4.5.3 与路由表中的子网掩码 255.255.0.0 来做逻辑与运算,得到目的子网号地址 20.4.0.0。这个子网号地址与路由表中的 I 做比对,发现与路由表中的目的地址不匹配。这说明此次路由选择不成功,需要对下一个路由表项做相同操作。发现与路由表中的第 4 个表项中的目的地址 20.4.0.0 匹配,说明这次路由选择成功,并找到下一站要投递的路由器的 IP 地址为 20.3.0.2(即路由器 R2)并且将此数据报转发给路由器 R2。

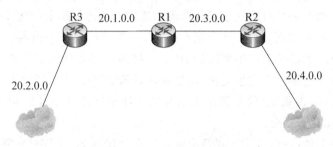

图 5.7 通过路由器连接的 4 个子网

表 5.3 R1 的路由表

子网掩码(S)	要到达的网络(I)	下一站路由器(N)
255.255.0.0	20.1.0.0	直连
255.255.0.0	20.2.0.0	20.1.0.2
255.255.0.0	20.3.0.0	直连
255.255.0.0	20.4.0.0	20.3.0.2

3) 特殊路由

(1) 默认路由。

路由表是路由器选择路由的一个重要途径,因此路由表的规模对路由器来说也非常重要。路由表的规模如果很庞大,对于选择路径来说应该有更多的选择,但是这样又影响了路由器的处理速度。为了缩小路由表的长度,经常用到一种被称为"默认路由"技术。

在路由选择过程中,如果路由表没有明确指出一条到达目的网络的路由信息,就可以把数据报转发到默认路由指定的路由器。在图 5.7 中,如果路由器 R2 建立一个指向路由器 R1 的默认路由,就不必建立到网络 20.3.0.0 和 20.4.0.0 的路由了。只要数据报的目的 IP 地址不属于 R2 的直连网络,路由器 R2 就会按照默认路由,将这些数据报都发送到路由器 R1。

(2)指定主机路由。

在前面的路由表中,路由表的表项都是基于网络地址的。但是 IP 也允许为一个特定的主机建立路由表项。对单台主机指定一条特别的路径就是所谓的特定主机路由。这种指定主机路由可以给网络管理员一些权限,可用于安全维护、网络连通性调试及路由表正确性判断等目的。

2. 静态路由

IP 数据报传送的整个过程就类似青蛙过河的例子。青蛙过河是通过每次跳荷叶最后跳到对岸。IP 数据报传送的过程也是每次都经过路由器,每次都按照路由器所指的下一站路由器一步一步将 IP 数据报传送到目的地。那么路由器所指定的下一站路由器的地址是人工配置还是路由器互相传递信息而形成,这就是静态路由和动态路由的差别。

准确地说,静态路由就是由网络管理员根据网络拓扑结构图来手动配置的,也是最简单的路由形式。由管理员负责完成发现路由和通过网络传播路由的任务。在已经配置了静态路由的路由器上把报文直接转发至预订的端口。由于静态路由在正常工作中不会自动发送变化,因此,到达某个目的网络的 IP 数据报的路径也就固定下来。如果互联网的拓扑结构或者网络连接方式发生变化,网络管理员就必须手动进行更新。静态路由的优点是安全可靠、简单直观,避免了路由器的开销。如果网络的拓扑结构和网络环境不复杂,使用静态路由比较适合。

对于比较复杂的网络,人工配置路由就会变得比较麻烦,工作量比较大,而且很容易出现死循环,会使 IP 数据报在网络中兜圈子。如图 5.8 所示,由于路由器 R 和 S 的静态配置不合理,会出现路由死循环的状况。在路由器 R 上配置静态路由,要到达网络 3,下一站路由设置为路由器 S;而在路由器 S 配置静态路由,要到达网络 3,下一站路由器设置为路由 R。如果真的有 IP 数据报传送到路由器 R 或者路由器 S,而目的网络又恰好是网络 3,这个数据报将会在路由器 R 和 S 之间来回传送,而且永远无法到达网络 3。

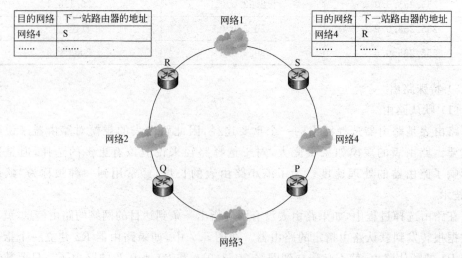

图 5.8　配置静态路由错误导致死循环

5.2.2 能力目标

- 掌握路由选择的基本原理。
- 掌握静态路由的原理。
- 掌握静态路由的配置。

5.2.3 任务驱动

前面已经讲过,IP 数据报从源地址到目的地址的传送过程中,就是经过一个一个的路由器,下面通过实例来看这个传送过程。

任务:现在,某一用户想要通过互联网的浏览器查看搜狐网页,可以来查看这一过程中,从用户机到搜狐服务器都经过哪些路由器?

任务解析:这个过程可以通过 tracert 命令来实现,tracert 命令的具体格式是:tracert 目的地址。那么,要查看传送过程,步骤如下。

(1) 在"开始"菜单中打开"运行"对话框,输入 cmd,进入命令提示符操作界面。

(2) 在命令提示符中输入 tracert www.sohu.com。

(3) 具体结果如图 5.9 所示。

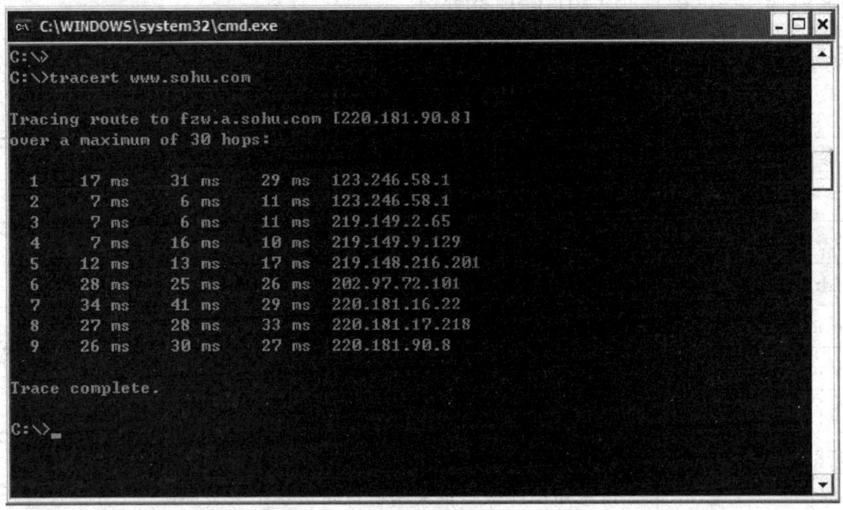

```
C:\WINDOWS\system32\cmd.exe

C:\>
C:\>tracert www.sohu.com

Tracing route to fzw.a.sohu.com [220.181.90.8]
over a maximum of 30 hops:

  1    17 ms    31 ms    29 ms  123.246.58.1
  2     7 ms     6 ms    11 ms  123.246.58.1
  3     7 ms     6 ms    11 ms  219.149.2.65
  4     7 ms    16 ms    10 ms  219.149.9.129
  5    12 ms    13 ms    17 ms  219.148.216.201
  6    28 ms    25 ms    26 ms  202.97.72.101
  7    34 ms    41 ms    29 ms  220.181.16.22
  8    27 ms    28 ms    33 ms  220.181.17.218
  9    26 ms    30 ms    27 ms  220.181.90.8

Trace complete.

C:\>
```

图 5.9 tracert 命令运行界面

通过前面的实例,就可以查看到 IP 数据报从用户机到搜狐服务器会经过 8 台路由器,最终到达搜狐服务器。

5.2.4 实践环节

实践:配置静态路由,使 PC1、PC2 和 PC3 之间相互通信。

本节的实践要求是要熟练地掌握静态路由的相关配置,也希望通过这一实践环节进一步认识路由器并理解路由器的基本配置。

实践设备包括双绞线、交叉线、计算机 2 台、路由器 3 台、串行电缆 1 根、装有 Cisco Packet Tracer 模拟软件的计算机 1 台。网络的拓扑如图 5.10 所示。

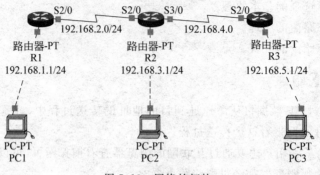

图 5.10　网络的拓扑

1. 理论知识准备

以 Cisco 路由器为例,配置静态路由的命令是一个全局配置命令,正确的语法格式如下:

```
Router(config)#ip route prefix mask { ip-address | interface-type interface-
number}[distance][tag tag][permanent]
```

表 5.4 具体阐述了命令中参数的用法和含义。

表 5.4　静态路由命令中参数的用法和含义

参　　数	描　　述
prefix	目标网络的 IP 路由前缀
mask	目标网络的前缀掩码
ip-address	可用于到达目标网络的下一跳的 IP 地址
interface-type	网络接口类型
interface-number	网络接口号
distance	(可选)管理距离
tag tag	(可选)可用作 match 值的标记值,用于通过路由映射表控制重分发
permanent	指定知识在接口被关闭后该路由也不会被删除

2. 实践步骤

(1) 启动 Cisco Packet Tracer,按照表 5.5 来配置 PC 的 IP 地址,进行实践的基础配置。

表 5.5　IP 地址配置

设　　备	IP 地址	子网掩码
PC1	192.168.1.2	255.255.255.0
PC2	192.168.3.2	255.255.255.0
PC3	192.168.5.2	255.255.255.0

续表

设 备		IP 地址	子网掩码
路由器 R1	F0/0	192.168.1.1	255.255.255.0
	S2/0	192.168.2.1	255.255.255.0
路由器 R2	F0/0	192.168.3.1	255.255.255.0
	S2/0	192.168.2.2	255.255.255.0
	S3/0	192.168.4.1	255.255.255.0
路由器 R3	F0/0	192.168.5.1	255.255.255.0
	S2/0	192.168.4.2	255.255.255.0

① 主机 PC1 的 IP 地址设置如图 5.11 所示。

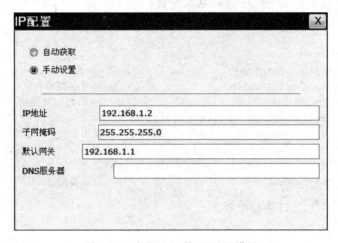

图 5.11　主机 PC1 的 IP 地址设置

② 主机 PC2 的 IP 地址设置如图 5.12 所示。

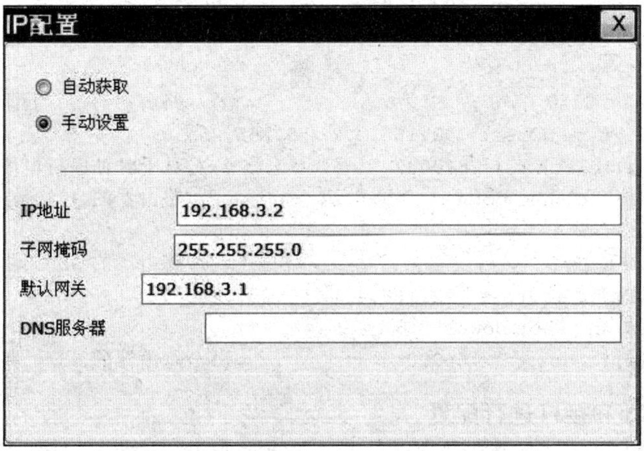

图 5.12　主机 PC2 的 IP 地址设置

③ 主机 PC3 的 IP 地址设置如图 5.13 所示。

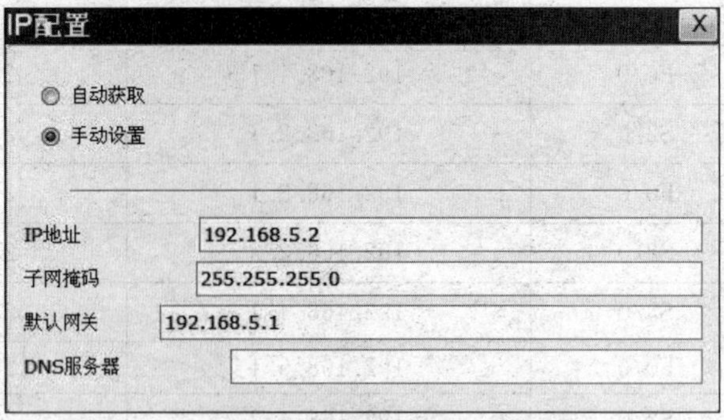

图 5.13 主机 PC3 的 IP 地址设置

(2) 对路由器 R1、R2 和 R3 进行基本配置。

① 路由器 R1 和接口进行配置。

```
Router>enable
Router#configure terminal
Router(config)#hostname R1                    //将路由器的名字改为 R1
R1(config)#int F0/0                            //F0/0 端口将路由器与主机 PC1 连接
R1(config-if)#ip address 192.168.1.1 255.255.255.0
R1(config-if)#no shut down                     //路由器的 F0/0 端口地址
R1(config)#int S2/0                            //路由器的 S2/0 端口与路由器 R2 相连
R1(config-if)#ip address 192.168.2.1 255.255.255.0
R1(config-if)#no shut down                     //路由器的 S2/0 端口地址
```

② 路由器 R2 和接口进行配置。

```
Router>enable
Router#configure terminal
Router(config)#hostname R2                     //将路由器的名字改为 R2
R2(config)#int F0/0                            //路由器的 F0/0 端口与主机 PC2 相连
R2(config-if)#ip address 192.168.3.1 255.255.255.0
R2(config-if)#no shut down                     //路由器的 F0/0 的 IP 地址设置
R2(config-if)#ex
R2(config)#int S2/0                            //路由器的 S2/0 端口与路由器 R1 相连
R2(config-if)#ip address 192.168.2.2 255.255.255.0
R2(config-if)#clock rate 64000                 //对于时钟串行电缆,需要设置时钟频率
R2(config-if)#no shut down                     //路由器的 S2/0 端口的 IP 地址设置
R2(config-if)#ex
R2(config)#int S3/0                            //路由器的 S2/0 端口与路由器 R3 相连
R2(config-if)#ip address 192.168.4.1 255.255.255.0
R2(config-if)#no shut down
R2(config-if)#clock rate 64000                 //路由器的 S3/0 端口的 IP 地址设置
```

③ 路由器 R3 和接口进行配置。

```
Router>en
Router#confit
```

```
Router(config)#hostname R3                          //将路由器的名字改为 R3
R3(config)#int F0/0                                  //路由器的 F0/0 端口与主机 PC3 相连
R3(config-if)#ip address 192.168.5.1   255.255.255.0
R3(config-if)#no shut down                           //路由器的 F0/0 的 IP 地址设置
R3(config-if)#ex
R3(config)#int S2/0                                  //路由器的 S2/0 端口与路由器 R2 相连
R3(config-if)#ip address 192.168.4.2 255.255.255.0
R3(config-if)#no shut down                           //路由器的 S2/0 端口的 IP 地址设置
```

（3）配置路由器 R1 的静态路由。

根据网络拓扑图，路由器 R1 的路由表如表 5.6 所示。

表 5.6　路由器 R1 的路由表

要到达的网络	下一站路由器	要到达的网络	下一站路由器
192.168.1.0	直连	192.168.4.0	R2
192.168.2.0	直连	192.168.5.0	R2
192.168.3.0	R2		

与路由器 R1 直接相连的网络是 192.168.1.0 和 192.168.2.0，那么 IP 数据报要到达 192.168.3.0、192.168.4.0 和 192.168.5.0 这 3 个网络，就需要通过路由器 R2 中转，那么对路由器 R1 配置静态路由如下：

```
R1(config)#ip route 192.168.3.0 255.255.255.0 192.168.2.2
R1(config)#ip route 192.168.4.0 255.255.255.0 192.168.2.2
R1(config)#ip route 192.168.5.0 255.255.255.0 192.168.2.2
```

（4）配置路由器 R2 的静态路由。

根据网络拓扑图，路由器 R2 的路由表如表 5.7 所示。

表 5.7　路由器 R2 的路由表

要到达的网络	下一站路由器	要到达的网络	下一站路由器
192.168.2.0	直连	192.168.1.0	R1
192.168.3.0	直连	192.168.5.0	R3
192.168.4.0	直连		

与路由器 R2 直连的网络是 192.168.2.0、192.168.3.0 和 192.168.4.0，如果路由器 R2 收到目的地是 192.168.1.0 的 IP 数据报，要通过路由器 R1 中转；同理，如果路由器 R2 收到目的地是 192.168.5.0 的 IP 数据报，要通过路由器 R3 中转。路由器 R2 配置静态路由如下：

```
R2(config)#ip route 192.168.1.0 255.255.255.0 192.168.2.1
R2(config)#ip route 192.168.5.0 255.255.255.0 192.168.4.2
```

（5）配置路由器 R3 的静态路由。

根据网络拓扑图，路由器 R3 的路由表如表 5.8 所示。

表 5.8 路由器 R3 的路由表

要到达的网络	下一站路由器	要到达的网络	下一站路由器
192.168.4.0	直连	192.168.2.0	R2
192.168.5.0	直连	192.168.3.0	R2
192.168.1.0	R2		

对路由器 R1 而言，直接相连的网络是 192.168.4.0 和 192.168.5.0，那么 IP 数据报要到达 192.168.1.0、192.168.2.0 和 192.168.3.0 这 3 个网络，就需要通过路由器 R2 中转，那么对路由器 R3 配置静态路由如下：

```
R3(config)#ip route 192.168.1.0 255.255.255.0 192.168.4.1
R3(config)#ip route 192.168.2.0 255.255.255.0 192.168.4.1
R3(config)#ip route 192.168.3.0 255.255.255.0 192.168.4.1
```

（6）利用 ip route 命令来查看路由器 R3 的静态路由，如图 5.14 所示。

```
R3#sh ip route
Codes: C - connected, S - static, I - IGRP, R - RIP, M - mobile, B - BGP
       D - EIGRP, EX - EIGRP external, O - OSPF, IA - OSPF inter area
       N1 - OSPF NSSA external type 1, N2 - OSPF NSSA external type 2
       E1 - OSPF external type 1, E2 - OSPF external type 2, E - EGP
       i - IS-IS, L1 - IS-IS level-1, L2 - IS-IS level-2, ia - IS-IS inter area
       * - candidate default, U - per-user static route, o - ODR
       P - periodic downloaded static route

Gateway of last resort is not set

S    192.168.1.0/24 [1/0] via 192.168.4.1
S    192.168.2.0/24 [1/0] via 192.168.4.1
S    192.168.3.0/24 [1/0] via 192.168.4.1
C    192.168.4.0/24 is directly connected, Serial2/0
C    192.168.5.0/24 is directly connected, FastEthernet0/0
R3#
```

图 5.14 查看路由器 R3 的静态路由

（7）连通性测试。

① 测试 PC1 和 PC2 的连通性，如图 5.15 所示。

图 5.15 测试 PC1 和 PC2 的连通性

② 测试 PC2 和 PC3 的连通性,如图 5.16 所示。

图 5.16　测试 PC2 和 PC3 的连通性

通过图 5.15 和图 5.16 得知,PC1、PC2 和 PC3 之间是相互连通的。那么,也就是说通过静态路由的配置,能够使 IP 数据报找到路径,达到网络互联的目的。

5.3　动态路由选择协议——RIP

5.3.1　核心知识

1. 动态路由

与静态路由不同,动态路由是通过路由器之间的学习和信息的交换,自动修改和刷新自己的路由表。这个过程主要通过网络命令来启动动态路由,之后无论网络发生什么样的变化,路由器都会根据新的路由信息自动更新自己的路由表。

动态路由有一定的灵活性,相对于静态路由而言,更适合于拓扑结构比较复杂、网络规模庞大的网络环境。而且,一旦使用动态路由选择 IP 数据报传送的路径,从源地址出发到目的地址,可以有很多条路径。就像地图一样,从一个地方到另外一个地方,路径不止一个。那么,动态路由的首要目标是要保证路由表中包含有最佳的路径信息。那么,什么才是最佳路径呢?用叫作“度量值”来衡量路径是否最优。这个度量值是个综合指标,包括速度的快慢、带宽的宽窄、延迟时间的长短,修改和刷新路由时都需要给每条路径生成这个“度量值”。度量值越小,说明这条路径越好。度量值作为路径的重要信息,通常也保存在路由表中。下面,将度量值的计算过程中经常使用的特征归纳如下。

（1）跳数:是指 IP 数据报到达目的地必须经过的路由器的台数。跳数越少,路由越好。RIP 就是使用“跳数”作为度量值。

（2）延迟:是指 IP 数据报从源地址到目的地址所需要的时间,延迟越短,路由越好。

（3）负载:是指路由器或链路中信息流的活动数量,负载越少,路由越好。

（4）差错率:是指数据传输过程中的差错率,差错率越低越好。

（5）为了使用动态路由,同一个网络的路由器必须运行相同的路由选择协议,执行相同的路由选择算法。

2. RIP

目前,应用最广泛的动态路由选择协议有两种:一种叫作路由信息协议(Routing Information Protocol,RIP);另一种叫作开放式最短路径优先协议(Open Shortest Path First,OSPF)。RIP 利用向量-距离路由选择算法,而 OSPF 则使用链路-状态算法。本节首先讲解 RIP。

RIP 是互联网中使用比较早的一种动态路由选择协议,它的算法比较简单,因此,RIP 应用比较广泛。

1) RIP 的基本思想

RIP 的基本思想是路由器每隔 30s 向相邻路由器广播自己所知道的路由信息(这里的路由信息主要是指路由表),用于通知相邻路由器自己可以到达的网络以及到达该网络需要的距离(也就是 IP 数据报从源地址到目的地址所经过的路由器的台数)。相邻路由器就是这样更新自己的路由表信息。因此,RIP 下,路由表信息是一个三元组(目的网络 N,下一站路由器,距离)。

2) 向量—距离路由选择算法

如图 5.17 所示,根据路由器 R3 的路由表,网络 N3 和 N4 是直接连接的,通过路由器 R2 可以到达网络 N2,通过路由器 R4 也能够到达网络 N5。按照 RIP 的基本思想,R3 会向相邻路由器(R2)广播自己的路由信息,通知其他相邻的路由器自己能够到达网络 N4 和 N5。于是,路由器 R2 就更新自己的路由表,如果自己收到要到达网络 N4 和 N5 的路由信息,就将下一站路由器指定为 R3,距离分别为 1 和 2。如果路由器 R2 收到目的地为网络 N4 和 N5 的数据报,将转发给路由器 R3 继续传递。其他路由器同理。

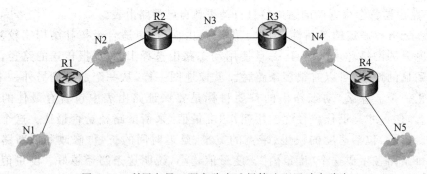

图 5.17 利用向量—距离路由选择算法配置动态路由

那么,就可以将路由器启动时利用 RIP 动态选择路径的过程总结如下。

（1）路由器启动时,网络中的所有路由器建立自己的初始路由表,也就是各自将自己直接连接的网络列入路由表中,在图 5.18 中,路由器 R1、R2、R3 的初始路由表如表 5.9～表 5.11 所示。直接连接的网络不需要经过任何路由器,因此距离为 0。

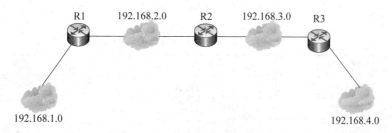

图 5.18　路由器启动时生成路由表

表 5.9　路由器 R1 的初始路由表

目 的 网 络	下一站路由器	距离
192.168.1.0(N1)	直连	0
192.168.2.0(N2)	直连	0

表 5.10　路由器 R2 的初始路由表

目 的 网 络	下一站路由器	距离
192.168.2.0(N2)	直连	0
192.168.3.0(N3)	直连	0

表 5.11　路由器 R3 的初始路由表

目 的 网 络	下一站路由器	距离
192.168.3.0(N3)	直连	0
192.168.4.0(N4)	直连	0

（2）在网络中的每台路由器建立了初始路由表之后，就会在网络中周期性（通常为30s）广播自己的路由表信息。每台路由器在收到相邻路由器发送过来的路由表信息之后，逐项检查来自相邻路由器的信息，只要遇到下列情况，就会更新自己的路由表（假设网络中的路由器 R_i 收到路由器 R_j 的路由信息报文）。

① R_j 列出的某个信息 R_i 路由表中不存在，则 R_i 路由表中增加这条路由信息，也就是增加这样的三元组：R_i 的路由表中的"目的网络"作为路由器 R_j 的"目的网络"，"距离"则是 R_j 的"距离"加1，而"下一站路由器"就是 R_j。

② 如果 R_j 到目的网络的距离比 R_i 到这个目的网络的距离减1还小。这种情况下说明 R_j 去往该目的网络的距离更近，那么就修改 R_i 的路由表，"目的网络"不变，"距离"为 R_j 路由表中的"距离"加1，"下一站路由器"为 R_j。

（3）路由器 R_i 去往目的网络时经过 R_j，那么 R_j 去往该目的地也会发生一些变化，主要有以下两种情况。

① 如果 R_j 不再包含去往该目的网络的路径，则 R_i 中这条路由表项要删除。

② 如果 R_j 去往目的网络的"距离"发生变化，则 R_i 表中相应的"距离"也会被修改，修改为 R_j 的"距离"加1。

（4）按照前面的规则，路由器 R1、R2 和 R3 的路由表更新之后，如表 5.12～表 5.14

所示。

表 5.12　路由器 R1 更新后的路由表

目 的 网 络	下一站路由器	距离
192.168.1.0	直连	0
192.168.2.0	直连	0
192.168.3.0	R2	1
192.168.4.0	R2	2

表 5.13　路由器 R2 更新后的路由表

目 的 网 络	下一站路由器	距离
192.168.1.0	R1	1
192.168.2.0	直连	0
192.168.3.0	直连	0
192.168.4.0	R3	1

表 5.14　路由器 R3 更新后的路由表

目 的 网 络	下一站路由器	距离
192.168.1.0	R2	2
192.168.2.0	R2	1
192.168.3.0	直连	0
192.168.4.0	直连	0

　　向量—距离路由选择算法的最大优点是算法简单,易于实现。且 RIP 仅为每一个目的网络保留一条最佳路由。如果收到相邻路由器发过来的路由信息之后,就根据不同情况增加或修改自己的路由表。由于路由器的路径变化需要大量从相邻路由器传播出去,过程比较缓慢,所以这种方式不适合应用于频繁路由变化的网络环境,也不适用于大型网络。

　　3) 慢收敛问题

　　RIP 可以通过路由器之间的信息传递来完成数据报路径的选择,但是 RIP 有一个严重的缺陷,那就是慢收敛问题。那么,什么才是慢收敛问题呢?

　　从图 5.19 可以看出,是由 2 台路由器连接了 3 个网络。路由器 R1 连接了网络 N1

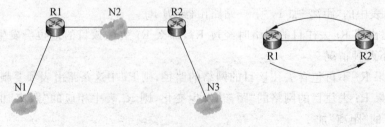

图 5.19　正常情况与慢收敛问题的比较

和 N2,R2 连接了网络 N2 和 N3。到达路由器 R2 的数据报可以通过 R1 到达网络 N1;同样,到达路由器 R1 的数据报也可以通过 R2 到达网络 N3。路由器 R1 和 R2 启动后通过 RIP 的向量-距离路由选择算法,可以得到下面的路由表,如表 5.15 和表 5.16 所示。

表 5.15　R1 的路由表

目的网络	下一站路由器	距离
N1	直连	0
N2	直连	0
N3	R2	1

表 5.16　R2 的路由表

目的网络	下一站路由器	距离
N2	直连	0
N3	直连	0
N1	R1	1

如果因为网络故障,路由器 R1 到 N1 的路径无效,但是路由器 R1 还可以正常工作。但是这条路径会在路由器 R1 的路由表中删除。根据 RIP 的基本思想,R1 和 R2 会每隔 30s 互相广播自己的路由信息,那么很有可能产生以下两种情况。

(1) 在收到路由器 R2 的路由更新消息之前,R1 将更新后的路由信息广播给路由器 R2,于是 R2 来得及修改自己的路由信息,将到达网络 N1 的路由表项删除,这样不会产生问题。

(2) 如果 R2 在 R1 发送更新后的路由信息之前,就广播自己的路由信息,告诉路由器 R1,自己可以通过 R1 到达网络 N1。但是这时路由器 R1 已经把到达网络 N1 的路由信息删除了,按照向量-距离路由选择算法,会在路由器 R1 的路由表中增加一条新的路由表项(N1,R2,2)。然后路由器 R1 还会把自己增加的这条路由信息广播给路由器 R2,这样,路由器 R1 和 R2 之间就形成了一个循环,也就是说 R1 和 R2 都认为自己可以通过对方到达网络 N1,而且距离还越来越大,而且这条路由信息不会从 R1 和 R2 的路由表中消失,这就是慢收敛问题。

对于慢收敛问题,RIP 采取了一些对策来进行解决,包括以下措施。

(1) 限制路径最大距离:产生路由循环之后,很明显路由距离会越来越大。RIP 规定"距离"的最大值为 16,一旦任何路由表项中的"距离"达到或超过 16 即被定义为"不可到达路由"。当然,可以解决路由无限死循环问题,同样也限制了 RIP 应用的网络规模。

(2) 水平分割:RIP 规定路由器从某一个网络接口发送路由信息,不能包含该接口获取的路由信息,这就是水平分割对策的基本原理。在图 5.19 中,如果路由器 R2 不把从 R1 获得的路由信息再广播给 R1,这样就不能够出现路由循环,就可以避免慢收敛问题。

(3) 保持对策:在实际应用中,一旦慢收敛情况发生,崩溃路由的信息传播的速度慢了很多。RIP 的保持对策是指得知某一网络不可到达之后的一定时间内(RIP 规定 60s),路由器不接收关于这个网络的任何可到达信息。在图 5.19 中,就可以给路由器 R1 充分的时间,尽可能赶在路由循环形成之前传送出去,可以在一定程度上防止慢收敛问题的出现。

(4)带触发刷新的毒性逆转对策:这种对策主要是指当某一路径失效后,最早广播此路由的路由器将原来的路由继续保留在若干路由刷新报文中,但将距离修改为无限长(距离为16)。这样,一旦检测到路由信息无效的情况,立即广播路由刷新报文,不必等待下一刷新周期。

3. RIP 的版本

目前,RIP 有两个版本:RIPv1 和 RIPv2。RIPv1 版本是以标准的 IP 互联网为基础的,使用标准的 IP 地址,并不支持子网路由;而 RIPv2 版本是支持子网路由的。因此,对于 RIP,大多数使用的版本是 RIPv2。

例5.8 网络配置如图 5.20 所示,其中某设备路由表信息如下:

```
C  192.168.1.0/24 is directly connected, F0/0
R  192.168.3.0/24 [120/1] via 192.168.65.2, 00:00:04, S2/0
R  192.168.5.0/24 [120/2] via 192.168.65.2, 00:00:04, S2/0
C  192.168.65.0/24 is directly connected, S2/0
C  192.168.67.0/24 is directly connected, S3/0
R  192.168.69.0/24 [120/1] via 192.168.65.2, 00:00:04, S2/0
```

则该设备为(a)( ),从该设备到 PC1 经历的路径为(b)( )。路由器 R2 接口 S2 可能的 IP 地址为(c)( )。

(a) A. 路由器 R0　　　　　　　　B. 路由器 R1

C. 路由器 R2　　　　　　　　D. 计算机 PC1

(b) A. R0→R2→PC1　　　　　　B. R0→R1→R2→PC1

C. R1→R0→PC1　　　　　　D. R2→PC1

(c) A. 192.168.69.2　　　　　　B. 192.168.65.2

C. 192.168.67.2　　　　　　D. 192.168.5.2

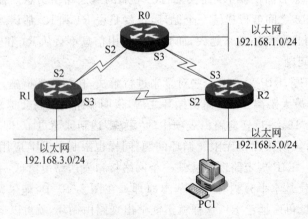

图 5.20　网络连接图

试题解析:(a)从给出的路由表信息可以知道,192.168.1.0/24,192.168.65.0/24,

192.168.67.0/24 这三个网络是以 C 开头,代表它们三个网络是这个设备的直连网络,通过对图 5.20 的分析,即可知道直连 192.168.1.0/24 的网络,只有 R0,因此,该设备为 R0。(b)由于路由表给出的路由信息:192.168.5.0/24[120/1] via 192.168.65.2,00:00:04,可以分析出要想到达 PC1 所在的 192.168.5.0 的网络,必须要经过路由器 R2,则从该设备到 PC1 的路径为从 R0 到 PC1 所在网络 192.168.5.0/24,必须要经串口 S2/0 可达;串口 S2/0 连接的是路由器 R1,故从 R0 到 PC1 经历的路径为 R0→R1→R2→PC1,所以选择 B。(c)从路由表中可以看出,192.168.1.0/24 为 R0 直连;192.168.3.0/24 为 R1 直连;192.168.5.0/24 为 R1 直连;192.168.65.0/24 直连 R0 2/0 口;192.168.67.0/24 直连 R0 3/0 口;S2 接口只可能属于 192.168.69.0/24 网络,因此,只剩下 192.168.69.2 这个 IP 地址,因此选 A。

4. RIP 的语法

RIP 的语法如下:

```
Router(config)#router rip
Router(config-router)#version 2(如果采用的是 RIPv1 的版本,此条命令可以省略)
Router(config-router)#network network-number//network-number 指路由器直连的网络号
```

例 5.9　若路由器的路由信息如下,则最后一行路由信息是怎样得到的?(　　)

A. 串行口直接连接的

B. 由路由协议发现的

C. 操作员手动配置的

D. 以太网端口直连的

```
R3#show ip route
Gateway of last resort is not set
192.168.0.0/24 is subnetted, 6 subnets
C  192.168.1.0 is directly connected, E0
C  192.168.65.0 is directly connected, S0
C  192.168.67.0 is directly connected, S1
R  192.168.69.0 [120/1] via 192.168.67.2, 00:00:15, S1
              [120/1] via 192.168.65.2, 00:00:24, S0
R  192.168.69.0 [120/1] via 192.168.67.2, 00:00:15, S1
R  192.168.69.0 [120/1] via 192.168.65.2, 00:00:24, S0
```

试题解析:在路由表项前都有一个字母表示连接的情况。C 是 connected 的第一个字母,代表直连;R 表示 RIP,意思是该条目由 RIP 计算产生。因此答案是 B 项。

5.3.2　能力目标

- 掌握 RIP 的基本思想。
- 掌握向量—距离路由选择算法。
- 理解 RIP 的慢收敛问题。
- 了解 RIP 对于慢收敛问题的解决对策。

- 利用 RIP 实现动态路由。
- 掌握 Cisco 路由器实现 RIP 的方法。

5.3.3 任务驱动

任务：给出如图 5.21 所示的网络拓扑图，要求做适当配置并利用 RIP 动态路由选择协议实现校园网内部主机与校园网外部主机的相互通信。

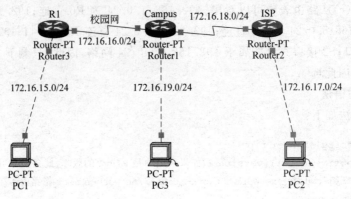

图 5.21 网络拓扑图

任务解析：

(1) 网络中各接口的 IP 地址如表 5.17 所示。

表 5.17 设备各接口的 IP 地址设置

设　　备		IP 地址	子 网 掩 码
路由器 R1	S2/0	172.16.16.1	255.255.255.0
	F0/0	172.16.15.1	255.255.255.0
路由器 Campus	S3/0	172.16.16.2	255.255.255.0
	S2/0	172.16.18.1	255.255.255.0
	F1/0	172.16.19.1	255.255.255.0
路由器 ISP	S2/0	172.16.18.2	255.255.255.0
	F0/0	172.16.17.1	255.255.255.0
PC1		172.16.15.2	255.255.255.0
PC2		172.16.17.2	255.255.255.0
PC3		172.16.19.2	255.255.255.0

(2) 对路由器 R1 进行设置。

```
Router>en
Router#config t
Router(config)#hostname R1                        //配置路由器 R1 的主机名
R1(config)#int S2/0
R1(config-if)#ip address 172.16.16.1 255.255.255.0
R1(config-if)#clock rate 64000
```

```
R1(config-if)#no shut down
//配置路由器 R1 的 S2/0 接口
R1(config-if)#ex
R1(config)#int F0/0
R1(config-if)#ip address 172.16.15.1 255.255.255.0
R1(config-if)#no shut down
//配置路由器 R1 的 F0/0 接口
```

（3）对路由器 Campus 和路由器 ISP 进行设置。

① 对路由器 Campus 进行配置。

```
Router>en
Router#conf t
Router(config)#hostname campus
campus(config)#
//配置主机名
```

② 对路由器 Campus 的接口进行 IP 地址配置。

```
campus(config)#int F1/0
campus(config-if)#ip address 172.16.19.1 255.255.255.0
campus(config-if)#no shut down
//对 F0/0 配置 IP 地址
campus(config)#int S2/0
campus(config-if)#ip address 172.16.18.1 255.255.255.0
campus(config-if)#clock rate 64000
campus(config-if)#no shut down
//对 S2/0 配置 IP 地址
campus(config)#int S3/0
campus(config-if)#ip address 172.16.16.2 255.255.255.0
campus(config-if)#no shut down
//对 S3/0 配置 IP 地址
```

③ 对路由器 ISP 进行配置。

```
Router>en
Router#conf t
Router(config)#hostname ISP
//对路由器的主机名进行配置
ISP(config)#int S2/0
ISP(config-if)#ip address 172.16.18.2 255.255.255.0
ISP(config-if)#no shut down
//对 S2/0 配置 IP 地址
ISP(config-if)#ex
ISP(config)#int F0/0
ISP(config-if)#ip address 172.16.17.1 255.255.255.0
ISP(config-if)#no shut down
//对 F0/0 配置 IP 地址
```

（4）对主机 PC1、PC2 和 PC3 配置 IP 地址。

（5）对路由器 Campus 和 ISP 进行 RIP 配置。

```
ISP#config t
ISP(config)#router rip
ISP(config-router)#version 2
ISP(config-router)#network 172.16.18.0
ISP(config-router)#network 172.16.17.0
//ISP 路由器配置 RIP
campus(config)#router rip
campus(config-router)#version 2
campus(config-router)#network 172.16.19.0
campus(config-router)#network 172.16.18.0
campus(config-router)#network 172.16.16.0
//Campus 路由器配置 RIP
R1(config)#router rip
R1(config-router)#version 2
R1(config-router)#network 172.16.16.0
R1(config-router)#network 172.16.15.0
//配置路由器的 RIP
```

（6）主机 PC1 和 PC2 的连通性测试。

打开 PC2 的命令提示符窗口，用 ping 命令来测试与 PC1 的连通性，测试如图 5.22 所示。从图 5.22 中可以看出 PC1 和 PC2 是连通的，RIP 配置成功。

图 5.22　主机 PC1 和 PC2 的连通性测试

5.3.4　实践环节

实践：按照图 5.23 所示的网络拓扑图来搭建网络，利用 RIP 并做相应的配置使整个网络互联。

（1）按照表 5.18 对图中的设备进行 IP 配置。

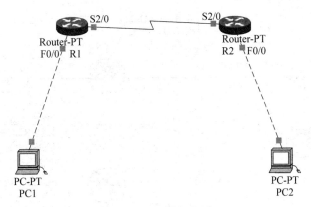

图 5.23　网络拓扑图

表 5.18　IP 地址设置

设　　备		IP 地址	子 网 掩 码
路由器 R1	F0/0	192.168.1.1	255.255.255.0
	S2/0	192.168.2.1	255.255.255.0
路由器 R2	F0/0	192.168.3.1	255.255.255.0
	S2/0	192.168.2.2	255.255.255.0
PC1		192.168.1.2	255.255.255.0
PC2		192.168.3.2	255.255.255.0

（2）利用 RIP 进行动态路由配置，并测试 PC1 和 PC2 的连通性。

5.4　动态路由选择协议——OSPF

在类似互联网这样大型的网络中，要动态选择路由，RIP 已经远远不能满足需要。OSPF 也是一种经常被使用的动态路由选择协议。由于网络环境不同，因此 OSPF 要比 RIP 复杂得多，这里仅对 OSPF 做简单介绍。

5.4.1　核心知识

1. OSPF 的链路—状态路由选择算法

OSPF 使用的是链路—状态路由选择算法，也被叫作最短路径优先算法。它的基本思想是互联网上的每台路由器周期性地向其他路由器广播自己与相邻路由器的连接关系，这样每台路由器都可以绘制出一张大型网络的网络拓扑图。利用这个拓扑图和最短路径优先算法，路由器就可以算出自己到达各个网络的最短路径。这样就使 OSPF 可以在大规模网络环境下使用。

图 5.24 所示为一个相对复杂的网络拓扑图，路由器 R1、R2、R3 和 R4 向相邻的路由器广播报文，通知其他路由器自己与相邻路由器的关系（例如，R1 向 R2 和 R3 广播自己的网络信息，R1 连接 N1、N2 和 N3）。

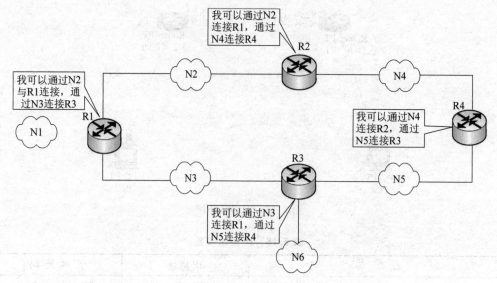

图 5.24　网络拓扑图

从图 5.24 分析得知,R1 通过 N2 和 R2 相连,通过 N3 和 R3 相连;R2 通过 N2 和 R1 相连,通过 N4 和 R4 相连;R3 通过 N3 和 R1 相连,通过 N5 和 R4 相连。

每台路由器都如此广播自己的路由信息,每台路由器都能形成一个网络拓扑图(例如图 5.24)。一旦路由器得到了网络拓扑图,路由器就可以使用最短路径优先算法算出以某台路由器为根的 SPF 树(图 5.25 显示了以路由器 R1 为根的 SPF 树)。

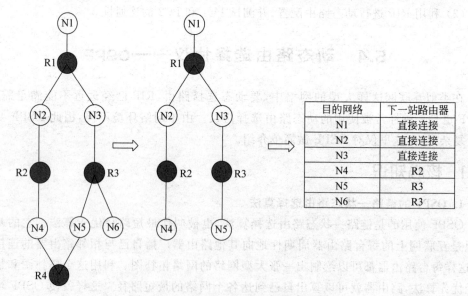

目的网络	下一站路由器
N1	直接连接
N2	直接连接
N3	直接连接
N4	R2
N5	R3
N6	R3

图 5.25　路由器 R1 利用网络拓扑图计算路由

2. 通配符掩码

通配符掩码是一个 32b 的数字字符串,和子网掩码一样,也用"点分十进制"进行表示。这 32 位二进制中,0 表示"检查",1 表示"不检查"。通配符掩码与 IP 地址必须成对出现。通配符掩码与子网掩码的工作原理是截然不同的,所表示的位数与子网掩码正好相反。

例如,192.168.1.0 这个网段,使用的通配符掩码应该是 0.0.0.255。

在通配符掩码中,可以用 255.255.255.255 来表示所有 IP 地址,即所有二进制位均不检查。而 0.0.0.0 的通配符掩码则表示所有 32 位都要进行匹配,这样就只能表示一个 IP 地址。

3. 配置 OSPF

在 Cisco 路由器的 IOS 中启动路由选择 OSPF,可使用如下命令:

```
Router(config)#router ospf process-number
```

其中,process-number 是路由器本地的进程号,可以在路由器上运行多个进程,但启用了过多的进程会占用大量的路由资源,同一区域中不同路由器的进程号可以不同。

指定参与交换 OSPF 更新的网络以及这些网络所属的区域,可以使用如下命令:

```
Router(config)#network network-number wildcard-mask area area-number
```

注意:wildcard-mask 代表通配符掩码,用通配符掩码对其中的地址进行过滤,将 IP 地址同过滤结果进行比较,确定哪些接口参与 OSPF;area-number 是指定接口所属的区域。

5.4.2 能力目标

- 理解 OSPF 的基本概念。
- 理解 OSPF 的链路—状态路由选择算法。
- 掌握 OSPF 的配置。

5.4.3 任务驱动

任务 1:RIP 的向量—距离路由选择算法与 OSPF 的链路-状态路由选择算法有何区别?

任务解析:

(1) RIP 的向量—距离路由选择算法比较适合中小型网络,而 OSPF 的链路-状态路由选择算法适合大型网络。

(2) 向量—距离路由选择算法只需按照距离的长短选择下一站路由器,用这种方式通过相邻的路由器了解到达每个网络的可能路径,并不需要每台路由器勾勒出整个互联网的拓扑结构;而 OSPF 需要每台路由器都要了解整个网络的拓扑图,利用这个拓扑图得到 SPF 树,再由 SPF 树生成路由表,达到为 IP 数据报选择路径的目的。

任务 2:按照图 5.26 所示的拓扑图,利用 OSPF 使网络连通。

任务解析:

1. IP 地址配置

IP 地址配置如表 5.19 所示。

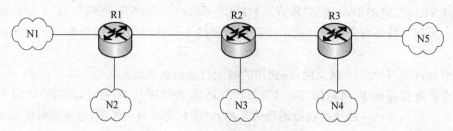

图 5.26　OSPF 配置网络拓扑图

表 5.19　IP 地址配置

设 备		IP 地址	子 网 掩 码
R1	F0/0	192.168.1.1	255.255.255.0
	F1/0	192.168.2.1	255.255.255.0
	S2/0	192.168.3.1	255.255.255.0
R2	S2/0	192.168.3.2	255.255.255.0
	S3/0	192.168.5.1	255.255.255.0
	F0/0	192.168.4.1	255.255.255.0
R3	S2/0	192.168.5.2	255.255.255.0
	F0/0	192.168.6.1	255.255.255.0
	F1/0	192.168.7.1	255.255.255.0

2. 实践配置

1）路由器 R1 的配置

（1）配置命令。

```
Router>en
Router#config t
Router(config)#hostname R1
//修改主机名为 R1
R1(config)#int F0/0
R1(config-if)#ip address 192.168.1.1 255.255.255.0
R1(config-if)#no shut down
//配置 F0/0 接口
R1(config)#int F1/0
R1(config-if)#ip address 192.168.2.1 255.255.255.0
R1(config-if)#no shut down
//配置 F1/0 接口
R1(config)#int S2/0
R1(config-if)#ip address 192.168.3.1 255.255.255.0
R1(config-if)#clock rate 64000
R1(config-if)#no shut down
//配置 S2/0 接口
R1(config)#router ospf 10
R1(config-router)#network 192.168.1.0 0.0.0.255 area 0
R1(config-router)#network 192.168.2.0 0.0.0.255 area 0
```

```
R1(config-router)#network 192.168.3.0 0.0.0.255 area 0
R1(config-router)#
//在 R1 上配置 OSPF
```

（2）在 R1 上查看 OSPF 配置情况。

在路由器的特权模式下，输入 show ip route 可以查看动态路由的配置情况：

```
R1#sh ip route
C    192.168.1.0/24 is directly connected, F0/0
C    192.168.2.0/24 is directly connected, F1/0
C    192.168.3.0/24 is directly connected, S2/0
O    192.168.4.0/24 [110/782] via 192.168.3.2, 00:07:01, S2/0
O    192.168.5.0/24 [110/1562] via 192.168.3.2, 00:07:01, S2/0
O    192.168.6.0/24 [110/1563] via 192.168.3.2, 00:05:36, S2/0
```

2）路由器 R2 的配置

（1）配置命令。

```
Router>en
Router#config t
Router(config)#hostname R2
//配置 R2 的主机名
R2(config)#int S2/0
R2(config-if)#ip address 192.168.3.2 255.255.255.0
R2(config-if)#no shut down
//配置 S2/0 接口
R2(config)#int S3/0
R2(config-if)#ip address 192.168.5.1 255.255.255.0
R2(config-if)#clock rate 64000
R2(config-if)#no shut down
//配置 S3/0 接口
R2(config)#int F0/0
R2(config-if)#ip address 192.168.4.1 255.255.255.0
R2(config-if)#no shut down
//配置 F0/0 接口
R2(config)#router ospf 10
R2(config-router)#network 192.168.3.0 0.0.0.255 area 0
R2(config-router)#network 192.168.4.0 0.0.0.255 area 0
R2(config-router)#network 192.168.5.0 0.0.0.255 area 0
//配置 OSPF
```

（2）在 R2 上查看 OSPF 配置情况。

```
R2#show ip route
O    192.168.1.0/24 [110/782] via 192.168.3.1, 00:15:22, S2/0
O    192.168.2.0/24 [110/782] via 192.168.3.1, 00:15:22, S2/0
C    192.168.3.0/24 is directly connected, S2/0
C    192.168.4.0/24 is directly connected, F0/0
C    192.168.5.0/24 is directly connected, S3/0
O    192.168.6.0/24 [110/782] via 192.168.5.2, 00:13:52, S3/0
```

O   192.168.7.0/24 [110/782] via 192.168.5.2, 00:13:42, S3/0

3）路由器 R3 的配置

（1）配置命令。

```
Router>enable
Router#config t
Router(config)#hostname R3
//配置 R3 的主机名
Router(config)#int S2/0
Router(config-if)#ip address 192.168.5.2 255.255.255.0
Router(config-if)#no shut down
//配置 S2/0 接口
Router(config)#int F0/0
Router(config-if)#ip address 192.168.6.1 255.255.255.0
Router(config-if)#no shut down
//配置 F0/0 接口
Router(config)#int F1/0
Router(config-if)#ip address 192.168.7.1 255.255.255.0
Router(config-if)#no shut down
//配置 F1/0 接口
R3(config)#router ospf 10
R3(config-router)#network 192.168.5.0 0.0.0.255 area 0
R3(config-router)#network 192.168.6.0 0.0.0.255 area 0
R3(config-router)#network 192.168.7.0 0.0.0.255 area 0
//配置 OSPF
```

（2）在 R3 上查看 OSPF 配置情况。

```
R3#sh ip route
O    192.168.1.0/24 [110/1563] via 192.168.5.1, 00:00:11, S2/0
O    192.168.2.0/24 [110/1563] via 192.168.5.1, 00:00:11, S2/0
O    192.168.3.0/24 [110/1562] via 192.168.5.1, 00:00:11, S2/0
O    192.168.4.0/24 [110/782] via 192.168.5.1, 00:00:11, S2/0
C    192.168.5.0/24 is directly connected, S2/0
C    192.168.6.0/24 is directly connected, F0/0
C    192.168.7.0/24 is directly connected, F1/0
```

注意：显示的结果中，O 代表 OSPF 的动态路由选择，C 代表直连网络。

5.4.4 实践环节

实践：校园网通过 Campus 路由器接入互联网，现在利用 OSPF 模拟互联网环境，使两台 PC 可以相互连通，按照图 5.27 所示来配置 IP 地址，同时给出配置 OSPF 的其他信息，具体如下。

（1）OSPF 进程号为 10。

（2）OSPF 区域为 area 0。

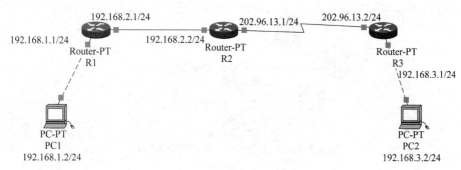

图 5.27 配置 OSPF 的网络拓扑图

小 结

本章介绍了计算机网络中的核心环节,网络数据的传送原理都集中在本章。本章中重点的内容包括路由器的基本配置、静态路由和两个动态路由选择协议。RIP 和 OSPF 的配置在全国计算机技术与软件专业技术资格(水平)考试网络工程师资格考试的考试中也被作为重点内容。同时,本章对于实践环节的要求也非常高,要求学生在掌握路由原理的同时,自己动手配置静态路由和动态路由。

习 题

一、选择题

1. Cisco 路由器操作系统 IOS 有 3 种命令模式,其中不包括( )。

　　A. 用户模式　　　　　B. 特权模式　　　　　C. 远程连接模式　　　D. 配置模式

2. RIP 中可以使用多种方法防止路由循环,在以下选项中不属于这些方法的是( )。

　　A. 垂直翻转　　　　　　　　　　　B. 水平分割

　　C. 反向路由中毒　　　　　　　　　D. 设置最大度量值

二、简答题

某单位网络的拓扑结构示意图如图 5.28 所示,该网络采用 RIP。下面是路由器 R1 的部分配置,请根据题目要求,完成下列配置。

```
...
R1(config)#interface Serial0
R1(config-if)#ip address _____ _____ (IP 地址设置)
R1(config)#ip routing
R1(config)#_____ (进入 RIP 配置子模式)
R1(config-router)#_____ (声明网络 192.168.1.0/24)
```

注：本章习题均摘自全国计算机技术与软件专业技术资格(水平)考试网络工程师资格考试真题。

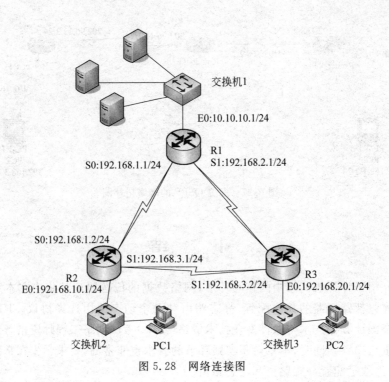

图 5.28　网络连接图

网 络 应 用

 主要内容

- 域名系统
- 电子邮件系统
- WWW 服务
- FTP 服务
- Web 服务器配置
- DNS 服务器配置

应用层是 OSI 体系结构的最高层,也是离用户最近的一层,并且包含很多高层协议。包括经常使用的 HTTP、DNS 和 FTP 等协议。本章将学习几个应用比较广泛的应用服务以及在 Windows Server 2008 平台上应用服务器的配置。

6.1 域 名 系 统

6.1.1 核心知识

前面已经讲过,网络中虽然主机众多,但是要想找到一台主机并不难,只要知道主机的 IP 地址,就可以找到主机。IP 地址是用"点分十进制"来表示的,对于大多数用户来说,这种表示方法还是太抽象了,因为最简单的表示也就是 4 个十进制数,非常难以记住。如果用一些好记、易读的字符串来作为主机的名字并对应相应的 IP 地址,域名系统就诞生了。

1. 互联网的命名机制

互联网提供主机名的目的就是让用户更方便地使用互联网。那么为主机命名时,要注意以下两个问题。

1）全局唯一性

一个特定的主机名在整个互联网上必须是唯一的，这样才能在整个互联网中通用。这样，就可以不管主机的位置在哪里，只要指定了名字，就可以唯一地找到这台主机。

2）高效映射

对于网络而言，主机名还是无法被 IP 地址的协议软件所接受，而 IP 地址又不能被用户所理解。因此，二者之间存在映射关系，但是这个映射一定要保持高效，也使用户对互联网的使用率更高。

2. 层次型命名机制

所谓层次型命名机制，就是在名字中加入一些层次结构，具体地说，主机的名字被分配出了几个部分，而每一个部分存在层次关系。实际生活中，这种层次型命名方式很常见，例如，为了给朋友写信，需要写明收信人地址（辽宁省大连市营平路 260 号），这样的地址命名就具有层次结构。

3. TCP/IP 互联网域名

在 TCP/IP 互联网中的域名系统就是采用层次型命名，这种层次型命名的管理机制就叫作域名系统。

域名系统的命名机制叫作域名（Domain Name）。完整的域名由各层次标识符的有序序列组成，其中节点标识符之间以"."隔开。例如，域名 kyc. lnpc. cn 就是由 kyc、lnpc 和 cn 3 个层次标识符组成。域名有级别之分，kyc. lnpc. cn 是最低级域，代表科研处；lnpc. cn 代表辽宁省警校，是二级域；cn 代表中国，是顶级域。

4. Internet 域名

Internet 域名中各层次的标识符可以任意填写，只要符合层次型命名的规则即可。这样，任何组织都可以按照域名的语法来构造本组织内部的域名，但是这些域名也必须在组织内部使用。例如，kyc. lnpc. cn 是指辽宁警校科研处，rsc. lnpc. cn 是指辽宁警校人事处，这两个部门都是内部结构，但是这些域名也只限于辽宁警校内部使用。

互联网（Internet）规定了一组正式的通用标准符号，形成了表 6.1 的国际通用顶级域名，这些顶级域名大致可以分为组织机构和地理位置两种。表 6.1 中前 7 个顶级域分配给各个组织模式，其余的对应地理模式。地理模式的顶级域可以按国家进行划分，每个申请加入 Internet 的国家都可以作为一个顶级域，并向 Internet 域名管理机构注册一个顶级域名，例如，cn 代表中国、us 代表美国、uk 代表英国等。

注意：当前表 6.1 前 7 个顶级域遇到国家代码顶级域时，会自动成为二级域。

表 6.1　国际通用顶级域名分配

顶 级 域 名	分　　配
com	商业组织
edu	教育机构
gov	政府部门
mil	军事部门

续表

顶 级 域 名	分 配
net	网络支持中心(论坛)
org	上述以外的组织(慈善机构等)
int	国际组织
国家和地区代码	各个国家和地区

在我国,地方行政区域有各自的标识符,这些地方行政区域可以作为二级域,具体信息如表 6.2 所示。

表 6.2　我国二级域名分配

划 分 模 式	二 级 域 名	分 配
类别域名	ac	科研机构
	com	工、商、金融等行业
	edu	教育机构
	gov	政府部门
	net	网络信息中心
	org	非营利性组织
行政区域名(34 个)	bj	北京市
	sh	上海市
	tj	天津市
	cq	重庆市
	he	河北省
	sx	陕西省
	nm	内蒙古自治区
	ln	辽宁省
	jl	吉林省
	nl	黑龙江省
	js	江苏省
	zj	浙江省
	ah	安徽省
	fj	福建省
	jx	江西省
	sd	山东省
	ha	河南省
	hb	湖北省
	hn	湖南省
	gd	广东省

续表

划 分 模 式	二 级 域 名	分 配
行政区域名(34 个)	gx	广西壮族自治区
	hi	海南省
	sc	四川省
	gz	贵州省
	yn	云南省
	xz	西藏自治区
	sn	陕西省
	gs	甘肃省
	qh	青海省
	nx	宁夏回族自治区
	xj	新疆维吾尔自治区
	tw	台湾省
	hk	香港特别行政区
	mo	澳门特别行政区

5. 域名解析

DNS 的解析就是将域名映射为 IP 地址或把 IP 地址映射成域名。这个解析的过程主要就是由查询 DNS 服务器来完成的。如果先前查询过这个域名,在一定的时间内就会留在本机的缓冲区中,因此用户首先查询本机缓冲区;如果查不到信息,就将要查询的域名发送到指定的 DNS 服务器;没有查询到就选择 DNS 解析算法进一步进行域名解析。

6. 域名解析算法

DNS 解析算法现在可采用递归解析和迭代解析两种。

1) 递归解析

递归解析是指 DNS 服务器将要查询的域名发送到本地 DNS 服务器来查询,如果查询不到结果就将域名发送到其他 DNS 服务器来帮忙查询,一旦其他 DNS 服务器查询到结果就将域名查询结果返回到指定的 DNS 服务器,DNS 服务器再将结果返回到用户。

2) 迭代解析

迭代解析是指 DNS 服务器将要查询的域名发送到本地 DNS 服务器来查询,如果查询不到结果就将其他 DNS 服务器的地址发送给用户,让用户和其他 DNS 服务器联系,最终查询到结果。

例 6.1 DNS 服务器在名称解析过程中正确的查询顺序为( )。(全国计算机技术与软件专业技术资格(水平)考试网络工程师资格考试 2011 年上半年试题)

A. 本地缓存记录→区域记录→转发域名服务器→根域名服务器

B. 区域记录→本地缓存记录→转发域名服务器→根域名服务器

C. 本地缓存记录→区域记录→根域名服务器→转发域名服务器

D. 区域记录→本地缓存记录→根域名服务器→转发域名服务器

试题解析：DNS 域名解析工作过程如下。

（1）客户机提交域名解析请求，并将该请求发送给本地的域名服务器。

（2）当本地域名服务器收到请求后，就先查询本地的缓存。如果有查询的 DNS 信息记录，则直接返回查询的结果。如果没有该记录，本地域名服务器就把请求发给根域名服务器。

（3）根域名服务器再返回给本地域名服务器一个所查询域的顶级域名服务器的地址。

（4）本地域名服务器再向返回的域名服务器发送请求。

（5）接收到该查询请求的域名服务器查询其缓存和记录，如果有相关信息则返回本地域名服务器查询结果，否则通知本地域名服务器下级的域名服务器的地址。

（6）本地域名服务器将查询请求发送给下级的域名服务器的地址，直到获取查询结果。

（7）本地域名服务器将返回的结果保存到缓存，并且将结果返回给客户机，完成解析过程。

根据前面的讲述，可以知道答案为 C 选项。

例 6.2 DNS 服务器进行域名解析时，若采用递归方法，发送的域名请求为（　　）。

A. 1 条　　　　　　 B. 2 条　　　　　　 C. 3 条　　　　　　 D. 多条

试题解析：如图 6.1 所示递归解析，主机发送的域名请求只有一条，因为如果没有查询到相关的 IP 地址，域名服务器将会自己和其他域名服务器联系，而无须主机再发送域名请求，因此答案为 A 选项。

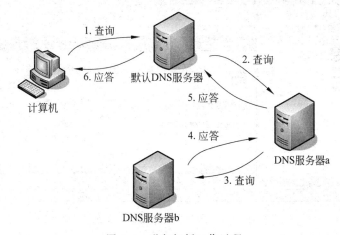

图 6.1　递归解析工作过程

6.1.2　能力目标

- 理解域名的层次命名机制。
- 了解域名解析的过程。
- 掌握 DNS 服务器的配置方法。

6.1.3 任务驱动

任务：假设用户要访问域名为 www.163.com 的主机，它解析的过程是怎样的？

任务解析：

（1）首先查询用户主机的缓存区，看之前是否解析过 www.163.com，如果能够找到 www.163.com 的 IP 地址，则退出域名解析去响应应用程序。如果在主机缓存区中没有查询到 www.163.com 与 IP 地址的映射关系，就向本地域名服务器发出请求。

（2）本地域名服务器(DNS 服务器)首先检查 www.163.com 与其 IP 地址的映射关系是否存储在它的数据库中。如果是，就将对应的 IP 地址发送给用户；如果不是，就只好请其他域名服务器帮忙了。

（3）在其他域名服务器收到本地域名服务器的请求之后，继续进行域名的查找与解析工作，直到找到域名对应的 IP 地址。

6.1.4 实践环节

实践 1：网络操作系统 Windows Server 2008 中 DNS 的安装过程。

实践步骤如下。

1. DNS 服务器的安装

从 Windows Server 2008 的快速启动栏单击"服务器管理器"图标或选择"开始"→"管理工具"→"服务器管理器"选项，打开"服务器管理器"窗口，如图 6.2 所示。

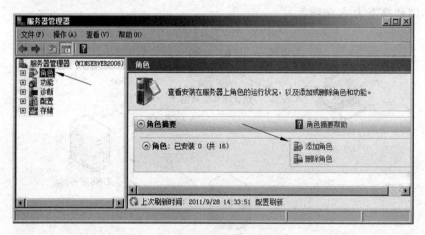

图 6.2 服务器管理器添加角色

选择窗口左侧窗格中的"角色"选项，窗口右侧如图 6.2 所示，选择"添加角色"选项，打开"添加角色向导"对话框，单击"下一步"按钮，进入"选择服务器角色"界面，选中"DNS 服务器"复选框，如图 6.3 所示。

单击"下一步"按钮，进入"确认"安装步骤，单击"安装"按钮后，开始安装，经过一段时间的等待，完成安装，单击"关闭"按钮，关闭"安装向导"窗口。

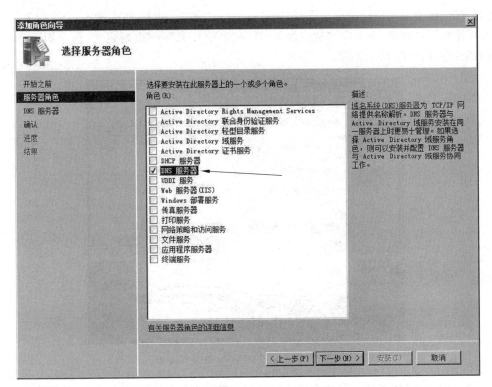

图 6.3 选择 DNS 服务器角色

2. 启动和停止 DNS 服务

（1）安装完成以后，在"服务器管理器"窗口中，展开"角色"选项，选择"DNS 服务器"选项，会显示如图 6.4 所示的窗口。在这里，选择右侧"系统服务"栏中的 DNS Server 选项，其右侧栏中有"停止""启动""重新启动"等按钮，通过单击这些按钮即可实现启动/停止 DNS 服务。

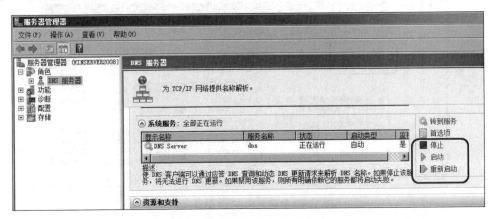

图 6.4 启动关闭 DNS 服务方法 1

（2）依次选择菜单"开始"→"管理工具"→DNS 选项，打开"DNS 管理器"，在服务器名上右击,在弹出的快捷菜单中选择"所有任务"→"停止"命令,即可停止 DNS 服务;选择"所有任务"→"暂停"命令即可暂停服务;选择"所有任务"→"重新启动"命令即可重新启动 DNS 服务,如图 6.5 所示。

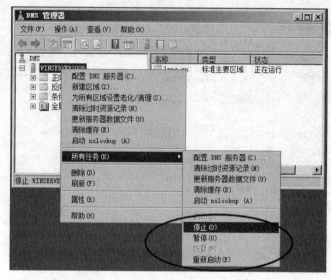

图 6.5 启动关闭 DNS 服务方法 2

(3) 依次选择"开始"→"管理工具"→"服务"选项,打开如图 6.6 所示的"服务"窗口,选择 DNS Server 服务,单击工具栏上的"停止""暂停""重新启动"按钮;或单击窗口中部的"停止此服务""暂停此服务"或"重启动此服务"选项;或右击 DNS Server 选项,在弹出的快捷菜单中选择"启动""停止""暂停""重新启动"命令,即可完成相应的功能。

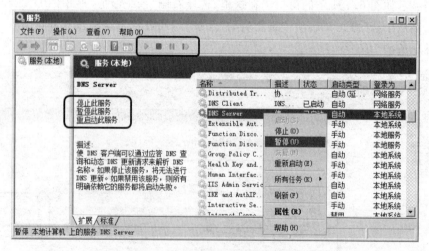

图 6.6 启动关闭 DNS 服务方法 3

实践 2:DNS 客户端的设置。

实践步骤如下。

DNS 客户端的设置比较简单,本例 DNS 服务器的 IP 地址为 192.168.1.101,则客户端的设置方法是：在 Windows 客户端，依照 4.1.3 小节任务中介绍的方法打开"Internet 协议(TCP/IP)属性"对话框。在这个对话框中，设置 DNS 服务器的地址为 192.168.1. 101，即 DNS 服务器的 IP 地址，如图 6.7 所示。

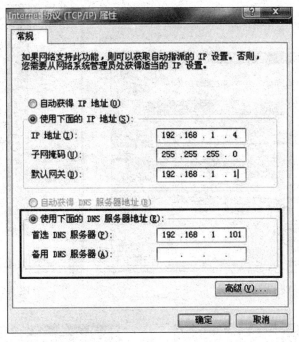

图 6.7　DNS 服务器客户端设置

实践 3：设置 DNS 服务器。

实践步骤如下。

配置 DNS 服务器，要求建立一个正向查找区域 jt.com 域，并建有 www.jt.com 和 ftp.jt.com 两条记录，分别对应 192.168.1.12 和 192.168.1.15；并建立一个反向查找区域。下面简述辅助 DNS 服务器的配置过程。

1. 建立 jt.com 区域

在主 DNS 服务器上依次选择"开始"→"管理工具"→DNS 选项，打开"DNS 管理器"窗口，在正向查找区域上右击，在弹出的快捷菜单中选择"新建区域"命令，进入新建区域向导，输入 jt.com.dns 域，如图 6.8 所示。

2. 建立主机

在 jt.com 区域右击，在弹出的快捷菜单中选择"新建主机"命令，如图 6.9 所示，在弹出的对话框的"名称"文本框中分别输入 www 和 ftp，并分别输入相应的 IP 地址 192. 168.1.12 和 192.168.1.15，如图 6.10 和图 6.11 所示。

3. DNS 服务器的反向查找区域的设置

(1) 在 DNS 服务器的"DNS 管理器"窗口中，右击"反向查找区域"选项，在弹出的快捷菜单中选择"新建区域"命令，在新建区域向导的"区域类型"选项中，选择"辅助区域"，再单击"下一步"按钮。

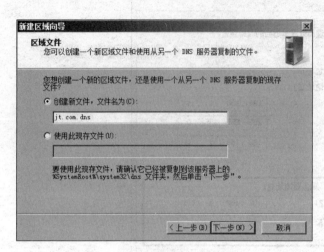

图 6.8　建立区域

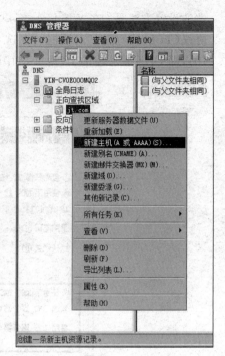

图 6.9　新建主机

图 6.10　建立 www.jt.com 主机

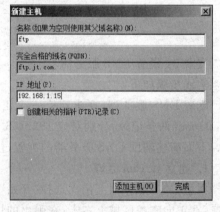

图 6.11　建立 ftp.jt.com 主机

（2）在新建区域向导的"反向查找区域名称"对话框中，选中"IPv4 反向查找区域"单选按钮，再单击"下一步"按钮，如图 6.12 所示。

（3）在新建区域向导的"反向查找区域名称"对话框中，输入网络 ID"192.168.1"，再单击"下一步"按钮，如图 6.13 所示。

（4）创建新反向区域文件。形成 1.168.192.in-addr.arpa.dns，它位于 %SystemRoot%\system32\dns 目录下。

（5）在"动态更新"对话框中选择"不允许动态更新"选项。

（6）在向导的"正在完成新建区域向导"对话框中，单击"完成"按钮。

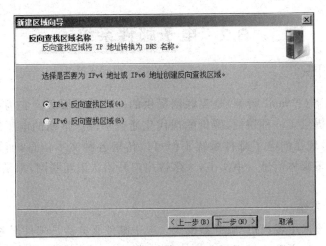

图 6.12 反向查找区域名称

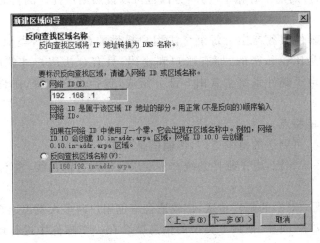

图 6.13 反向查找区域名称

(7) 在"DNS 管理器"窗口左侧,展开"反向查找区域"选项,看到新建的反向查找区域 1.168.192.in-addr.arpa,如图 6.14 所示。

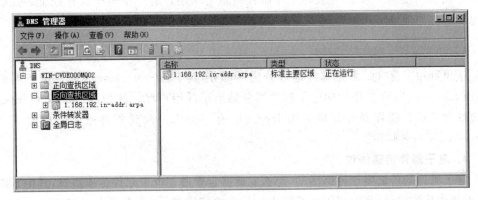

图 6.14 完成反向查找区域 1.168.192.in-addr.arpa

6.2 电子邮件系统

6.2.1 核心知识

电子邮件服务（E-mail 服务）是互联网提供的一项重要服务。它为互联网用户之间发送和接收信息提供了一种快捷、廉价的现代化通信手段。早期的电子邮件系统只能传输西文文本信息，现在的电子邮件系统不但可以传输各种文本信息，而且还可以传输图像、声音、视频等多媒体信息。事实上，大多数用户开始认识互联网，都是从收发电子邮件开始的。

1. 电子邮件系统

电子邮件系统采用客户机/服务器模式。电子邮件服务器是邮件服务系统的核心，它的作用与邮局人工邮递系统很相似。邮件服务器也是一方面接收其他邮件服务器发过来的邮件，发送到用户的电子邮箱中；另一方面也可以按照用户提供的目的地址发送到对方的邮件服务器。

电子邮箱是邮件服务器中为每个合法用户提供的存储空间，类似人工邮递系统的信箱。电子邮箱是比较私密的，拥有账户和密码，只有合法用户才能阅读邮箱中的邮件。一个完整的电子邮件系统主要由 3 部分组成，包括用户代理、邮件服务器、电子邮件协议。

2. 电子邮件的特点

（1）传递迅速，可到达的范围更广，传输信息可靠。

（2）与电话系统相比，电子邮件系统并不要求通信双方都在线，也不需要知道对方的具体位置。

（3）可以实现一对多的邮件传送，比较适合一位用户向多人发出通知。

（4）可以将文字、图片、视频等类型的信息整合在一个邮件中进行传送，比较适合多媒体信息传送。

3. 电子邮件地址格式

在传统的邮政系统中，要求发信人在信封上面写清楚收信人详细的地址信息，这样，邮件才能顺利投递。那么，在发送电子邮件时也要求用户有一个电子邮件地址。互联网上电子邮件的地址形式为

`advance_1980@server-name`

这里利用字符"@"来把邮件地址分成两部分，其中 server-name 是邮件服务器的域名，而 advance_1980 是用户向电子邮件服务器申请的用户名。例如，keyanchu@lnpc.cn 的地址含义是有邮件服务器域名为 lnpc.cn，有一个用户向此邮件服务器申请了一个 keyanchu 用户名邮箱。

4. 电子邮件传递协议

电子邮件的传输属于网络活动，那么它就必定要遵守电子邮件传递协议，其中 SMTP（简单邮件传输协议）是电子邮件系统中的一个重要协议，它负责将电子邮件从一个邮件

服务器传递到另外一个邮件服务器。它采用的传输方式也是客户机/服务器模式,也是电子邮件系统协议中比较简单的一个。

POP3 是邮局协议的第三代版本,它规定怎样将个人计算机连接到 Internet 的邮件服务器和下载电子邮件的协议。它是 Internet 电子邮件的第一离线协议标准,它允许从服务器上把邮件存储到本地主机上,同时删除保存在服务器上的邮件。

SMTP 服务器端使用的端口号默认为 25 端口,POP3 的端口号默认为 110。

6.2.2 能力目标

- 掌握电子邮件协议。
- 理解电子邮件传输的过程。

6.2.3 任务驱动

任务:用户 A 有 E-mail 地址 maila@163.com,现在要发邮件给用户 B(E-mail 地址为 mailb@sohu.com),请分析电子邮件的传输过程。

任务解析:

(1)用户 A 按照一定的格式编辑邮件,注明收信人的邮箱,提交给本机的 SMTP 进程,由本机 SMTP 进程负责将邮件发送到 163.com 邮件服务器。

(2)163.com 邮件服务器查找收信人的 E-mail 地址是否属于本服务器,如果是,就将该邮件保存在服务器中等待收信人来下载;如果不是,就将邮件交给 163.com 邮件服务器的 SMTP 进程。

(3)163.com 邮件服务器的 SMTP 进程将邮件发送给 sohu.com 邮件服务器,sohu.com 邮件服务器保存该邮件等待用户 B 提取。

(4)当用户 B 需要查看邮件时,先利用电子邮件应用程序的 POP 客户进程向邮件服务器的 POP 服务进程发出请求。POP 服务进程坚持用户的电子邮箱,并按照 POP3 将信箱的邮件传递给 POP 客户进程。

(5)POP 客户进程将收到的邮件提交给电子应用程序来显示和管理,以便用户查看和处理。

6.2.4 实践环节

实践:以 Office Outlook 2010 邮件客户端程序为例来学习电子邮件的使用。

1. 账户的设置

实践步骤如下。

双击桌面上的 Office Outlook 2010 快捷方式图标,进入 Office Outlook 2010 邮件客户端程序,如图 6.15 所示。首次进入 Office Outlook 2010 邮件客户端程序会自动开启邮件账户设置向导,如图 6.16 所示。

按照向导的提示,依次设置账户基本信息、发送邮件服务器(SMTP)身份认证选项,完成账户设置。

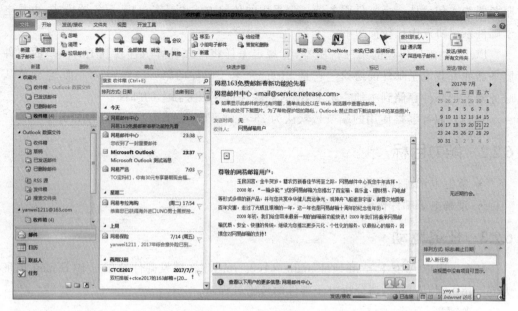

图 6.15　Office Outlook 2010 电子邮件界面

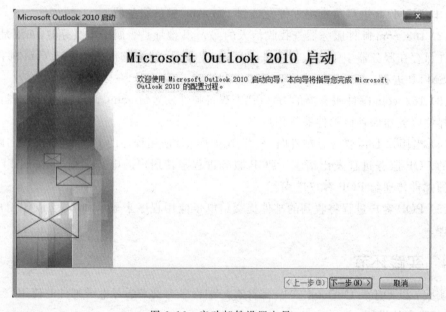

图 6.16　启动邮件设置向导

2. 编辑和发送新邮件

（1）单击工具栏上的"新建"按钮，打开"新邮件"窗口，如图 6.17 所示。

（2）输入收件人地址、抄送地址（可不填）、信件主题以及信件正文内容。

（3）在邮件中插入附件（可选）。单击工具栏上的"附加文件"按钮，或者单击"插入"菜单中的"附加文件"选项，打开"插入文件"对话框，选择附件文件所在的驱动器或文件

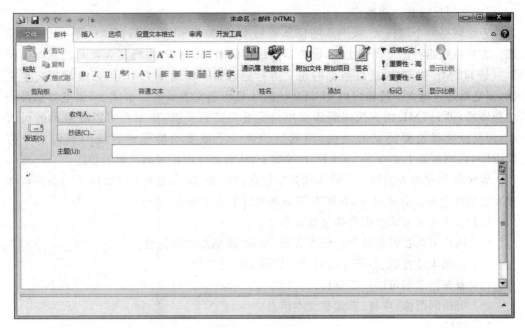

图 6.17 新邮件窗口

夹，找到文件后单击"插入"按钮。

（4）单击"发送"按钮发送邮件。

3. 发送和接收邮件

单击工具栏上的"发送/接收"按钮，也可以单击其旁边的下三角按钮▼，在下拉列表中进行选择。

（1）"全部发送/接收"命令：将 POP3 服务器中的新邮件全部取到用户的计算机中；将"发件箱"中的邮件全部发给 SMTP 服务器。

（2）"全部发送"命令：将"发件箱"中的邮件全部发给 SMTP 服务器。

4. 答复和转发邮件

（1）答复邮件：在收件箱中选中需要回复的邮件，单击工具栏上的"答复"按钮，就可以通过弹出的窗口来给作者回信。

（2）转发邮件：在收件箱中选中需要转发的邮件，单击工具栏上的"转发"按钮，可以将该邮件转发给其他用户。

6.3 WWW 服务

6.3.1 核心知识

1. WWW 概述

万维网是 WWW（World Wide Web）的中文译名，通常简称为 Web，它是日内瓦的欧洲原子能研究委员会于 1989 年提出，其目的是使分散在不同国家的研究学者可以利用网络交换研究报告、图形、图片等资料进行共同合作。1991 年，WWW 首次在 Internet 上出现,引起强烈反响并迅速推广。

　　万维网是一个规模大、联网式的信息资料库,以客户机/服务器(C/S)为主要工作模式。客户机是指有浏览器的主机,服务器是指存储网页文件的主机。WWW 的基本编程语言是 HTML 语言,也就是俗称的超文本标记语言。使用 HTML 语言编写超文本文档,浏览器通过超文本传输协议 HTTP 访问并显示超文本页面。事实上,浏览器就是一个翻译器,将 HTML 语言代码翻译成用户能看得懂的页面,使用户可以在显示的页面上,用鼠标选择想要浏览的页面;浏览器的另一个重要功能是通过统一资源定位符(URL),在浏览器上实现 E-mail、FTP 等服务,从而进一步扩展浏览器的功能。

　　WWW 不仅为人们提供了查找和共享信息的简便方法,还为人们提供了动态多媒体交互的最佳手段。总体来说,WWW 服务具有以下主要特点。

　　(1) 以超文本方式组织网络多媒体信息。

　　(2) 用户可以在世界范围内任意查找、检索、浏览及添加信息。

　　(3) 提供生动直观、易于使用且统一的图形用户界面。

　　(4) 服务器之间可以相互链接。

　　(5) 可访问图像、声音、影像和文本信息。

2. HTTP

　　HTTP(HyperText Transfer Protocol)是超文本传输协议的缩写,HTTP 是 WWW 客户端与 WWW 服务器之间的传输协议,处于应用层。HTTP 形式比较简单,易于实现及使用。

　　HTTP 建立在请求/协议模型上,首先客户端向服务器端发送一个请求,当服务器端收到请求之后,以一个状态行作为响应。"客户端"与"服务器端"是一个相对的概念,只存在于一个特定的连接期间,即在某个连接中的客户端在另一个连接中也可能作为服务器端。

3. HTML 概述

　　HTML 是 HyperText Markup Language(超文本标记语言)的缩写,它是构成 Web 页面(Page)的主要工具。在网上,如果要向全球范围内出版和发布信息,需要有一种能够被广泛理解的语言,即所有的计算机都能够理解的一种用于出版的"母语"。WWW 所使用的出版语言就是 HTML 语言。标记语言是一套标记标签(Markup Tag),HTML 使用标记标签来描述网页。

　　什么是超文本? 标记语言的真正威力在于其收集能力,它可以将收集来的文档组合成一个完整的信息库,并且可以将文档库与世界上的其他文档集合链接起来。这样不仅可以完全控制文档在屏幕上的显示,还可以通过超链接来控制浏览信息的顺序。这就是 HTML 和 XHTML 中的 HT——超文本(HyperText),就是它将整个 Web(网络)连接起来的。

　　什么是超链接呢? 超链接(Hyperlink),或者按照标准叫法称为锚(Anchor),可以用两种方式表示。锚的一种类型是在文档中创建一个热点,当用户激活或选中(通常是使用鼠标)这个热点时,会导致浏览器进行链接。浏览器会自动加载并显示同一文档或其他文档中的某个部分,或触发某些与互联网服务相关的操作,例如,发送电子邮件或下载特殊文件等；锚的另一种类型会在文档中创建一个标记，该标记可以被超链接引用。

使用 HTML 语言编写的文档称为 HTML 文档，扩展名通常是 htm 和 html。它独立于各种操作系统平台，HTML 文档需要通过 WWW 浏览器显示出效果。而能够阅读 HTML 文档的客户端程序是浏览器。浏览器将以从左到右、从上到下的顺序自动分行显示文件。浏览器的种类很多，同一个 HTML 文档的显示形式因此可能不同。HTML 文档和简单的文本文件一样，可以在文件编辑器中进行编辑。HTML 语言为文档的国际化做出了巨大贡献，使 Web 真正在世界范围内推广。

4．WWW 服务器

WWW 服务器可以分布在互联网的各个位置，每台 WWW 服务器都保存着可以被 WWW 客户共享的消息。WWW 服务器上的信息基本上都以页面（也称为 Web 页面）的方式进行组织。页面一般都是超文本的文档，也就是说，除了普通文本之外，还包括超链接。利用 Web 页面上的超链接，可以将 WWW 服务器上的一个页面与互联网上其他服务器的任意页面进行链接，当用户在检索一个页面时，可以方便地查看其他相关页面。

5．WWW 浏览器

在 WWW 服务系统中，WWW 浏览器负责接收用户的请求（通常都是由鼠标输入或键盘输入），并利用 HTTP 将用户的请求传送给 WWW 服务器。在服务器请求的页面送回到浏览器后，浏览器再将页面进行解释，显示在用户的屏幕上。

通常，利用 WWW 浏览器，不仅可以浏览 WWW 服务器上的 Web 页面，而且可以访问互联网中的其他服务器和资源（例如 FTP 服务器等）。浏览器的功能总结如下。

（1）显示超链接：浏览器通常以加亮或加下画线方式显示带有超链接的文字内容，用户可以简单地单击这段文字来请求另一个页面。同时，图像或图标也可以带有超链接，用户也可以通过单击图像或图标来指定下一个页面。

（2）历史功能：当用户使用历史命令时，会得到最后访问过的一些画面。历史命令只记录一个用户最新访问过的页面地址列表。

（3）起始页：起始页是打开浏览器后第一个在屏幕上出现的页面。用户可以自己设置和修改起始页，也可以随时将起始页恢复到默认状态。

（4）图像的下载与显示：页面会同时显示文本、图像、表格等元素。与文本比起来，图像所占的容量比较大，所以传输和显示图像的时间也比较长。所以，浏览器允许用户设置图像的下载方式，设置在图像处显示一个小小的标记，而用户单击这个标记时，浏览器再下载或者显示该图像。

（5）保存与打印页面：浏览器提供了页面保存的功能。用户可以将页面保存为一个文件，可以用正常打开文件的方式来显示。如果需要，还可以打印当前网页。

（6）缓存：目前的浏览器软件都具有缓存功能，将近期访问过的网页存放在本地磁盘，当用户再一次请求这个页面时，浏览器首先从缓冲区中进行查找，只要缓冲区中保存有该页面而且该页面没有过期，浏览器就不需要再通过网络请求远程服务器。为了维持用户机器的性能，一旦发现过期的页面，应立即将其删除，以免造成缓冲区中的页面与远程服务器中的页面不一致。

6. 统一资源定位符

互联网中存在着众多的 WWW 服务器,而每台服务器都存储着很多页面,那么怎样才能找到自己所需要的页面呢?这就需要求助统一资源定位符(URL)了,很多用户将URL 称为网址。利用 URL,用户可以指定要访问什么类型的服务器,以及互联网上的哪台服务器,甚至是服务器中的哪一个页面。

URL 主要由协议类型、主机名和路径及文件名组成。例如,假设辽宁警官高等专科学校的科研处 Web 服务器页面的 URL 为

```
http://kyc.lnpc.cn/files/index.html
```

http 指明了协议类型是 http,并指明要访问的服务器是 WWW 服务器;kyc. lnpc. cn指明要访问的服务器的主机名(主机名可以是 IP 地址,也可以是主机的域名);而/files/index. html 是指明了页面的路径及文件名。

实际上,URL 是一种最为常用的网络资源定位方法。除了用 HTTP 来指定访问WWW 服务器之外,URL 还可以通过其他协议来访问其他类型的服务器。比如,FTP 指定 FTP 服务器,表 6.3 给出了 URL 可以指定的主要协议类型。

表 6.3　URL 指定的主要协议类型

协议类型	描　　述
HTTP	访问 WWW 服务器
FTP	访问 FTP 服务器
Gopher	访问 Gopher 服务器
Telnet	进行远程登录
File	在所连接的计算机上获取文件

6.3.2　能力目标

- 掌握利用浏览器访问页面的过程。
- 掌握浏览器的使用。
- 掌握 WWW 服务器的配置。

6.3.3　任务驱动

任务:分析用户从输入 http://www.163.com 到能看到网易主页的过程,并试着画图分析。计算机的 IP 设置如图 6.18 所示。

任务解析:这个过程的具体情况如下。

(1) 用户首先发送带有网址 www.163.com 的数据包给域名服务器 202.96.69.38,寻求 www.163.com 的 WWW 服务器的 IP 地址。

(2) 通过域名解析得到 WWW 服务器的 IP 地址,主机要发送 www.163.com 的请求包给 WWW 服务器。

(3) WWW 服务器收到主机的请求之后,将带有主页的数据包返回给主机,主机将会

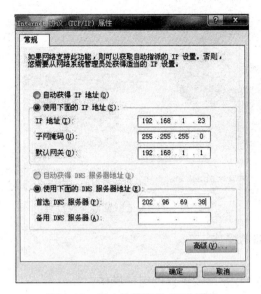

图 6.18　用户计算机的 DNS 设置

看到 www.163.com 主页。

（4）整个过程如图 6.19 所示。

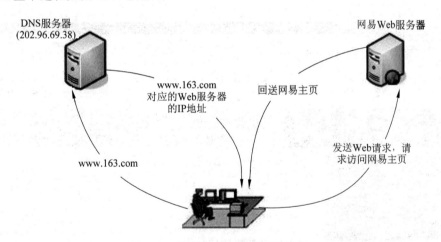

图 6.19　用户访问网易主页的过程

6.3.4　实践环节

实践 1：以 360 安全浏览器为例，介绍浏览器的基本操作。

实践步骤如下。

1. 浏览器的安装

可以从 360 安全中心的主页上下载相关的安装程序。到 360 官网（http://www.360.cn）下载浏览器的安装文件，执行安装程序，安装步骤非常简单，单击"安装"按钮，开始安装过程，之后直接启动 360 安全浏览器，如图 6.20 所示。

图 6.20　360 安全浏览器安装过程

2. 360 安全浏览器的操作

1）浏览页面

以查看搜狐主页为例，介绍浏览器的浏览操作。

（1）打开 360 浏览器，在地址栏中输入 www.sohu.com 的站点地址，按 Enter 键，浏览的结果就会显示在浏览器的窗口中，如图 6.21 所示。

图 6.21　搜狐主页

（2）超链接的操作：在网页中的文字、图片、按钮都可能是超链接。对于文本的超链接，链接过后文字就会变颜色。图片和按钮的超链接可能不会像文字超链接那么明显，但是，凡是鼠标指针经过带有超链接的元素时，指针就会变成小手，单击之后就可以打开超链接对应的网页。

2）设置默认主页

经常访问的网站通常需要设为浏览器默认主页。这样，当启动浏览器时，即会自动进入相应的网站，以提高浏览效率。

360 安全浏览器设置默认主页的操作方法是：选择"工具"→"选项"命令，打开"选项"对话框，在"基本设置"页面中，可以单击"修改主页"按钮，打开如图 6.22 所示"主页设置"对话框。用户无须保存，只要做任何改动，设置中心会自动提示保存所做设置。

3）快速清除浏览记录

出于保证计算机性能或者数据安全方面的考虑，常常需要及时清除浏览器的历史记录，包括浏览器缓存以及所记录的 Cookies 等。在 360 安全浏览器中，相应的操作方法是：选择"工具"→"清除上网痕迹"命令，打开"清除上网痕迹"对话框，进行所需的设置，同时可以选择清除的时间选项，本次选择清除"过去一小时"的数据，如图 6.23 所示。

图 6.22　设置默认主页　　　　　　　图 6.23　快速清除浏览记录

4）查看历史记录

在 360 安全浏览器的菜单中，选择"工具"菜单中的"历史"选项，就可以看到历史记录，并且记录的详细信息都可以看到，包括查看记录的时间，还可以按照某种情况对历史记录进行排序等，如图 6.24 所示。

5）收藏网页

在查看网页的过程中，要记住一些网址是很困难的事，收藏夹可以帮助用户有效管理网站地址。对某些特别喜欢的网页或者是经常使用的网页进行收藏，可以采用以下办法。

（1）进入要收藏的页面，直接单击"收藏"菜单中的"添加到收藏夹"选项，出现图 6.25 所示的对话框，单击"添加"按钮完成操作。

（2）进入收藏的页面，按 Ctrl＋D 组合键，当前的页面就会被记录到收藏夹中。

（3）在页面中如果有喜欢的超链接，可以将鼠标指针移到该超链接，右击，在弹出的快捷菜单中选择"添加到收藏夹"命令，该超链接的 URL 也会被记录在收藏夹中。

（4）下次再想查看收藏的页面时，只要单击相应的网页标题就可以，如图 6.26 所示。

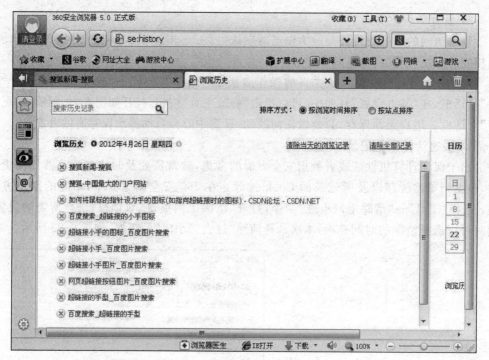

图 6.24　浏览器查看历史记录

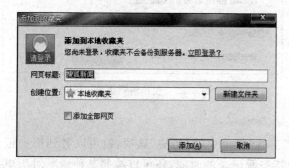

图 6.25　收藏操作

图 6.26　通过收藏之后选择网页浏览

实践 2：IIS 服务器的安装及配置。

实践步骤如下。

1. IIS 服务器的安装

Microsoft 的 Web 服务器产品为 Internet Information Service(IIS)，IIS 是允许在公共 Intranet 或 Internet 上发布信息的 Web 服务器。IIS 是目前最流行的 Web 服务器产品之一，很多著名的网站都是建立在 IIS 平台上的。IIS 提供了一个图形界面的管理工具，称为 Internet 服务管理器，可用于监视配置和控制 Internet 服务。

IIS 是一种 Web 服务组件，其中包括 Web 服务器、FTP 服务器等，分别用于网页浏览、文件传输等方面，它使在网络(包括互联网和局域网)上发布信息成为一件很容易的事。它提供 ISAPI(Intranet Server API)作为扩展 Web 服务器功能的编程接口；同时，它还提供一个 Internet 数据库连接器，可以实现对数据库的查询和更新。安装 IIS 的具体步骤如下。

(1) 依次选择"开始"→"控制面板"→"管理工具"→"服务器管理器"选项,打开服务器管理器,选择窗口左侧窗格中的"角色"选项,选择右侧窗格中的"添加角色"选项,如图 6.27 所示。

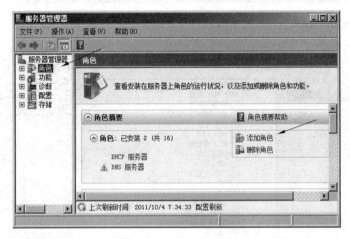

图 6.27　添加 IIS 角色

(2) 进入添加角色向导的"开始之前"步骤,单击"下一步"按钮继续。

(3) 进入添加角色向导的"服务器角色"步骤,单击弹出窗口"添加角色向导"中的"添加必要的功能"选项。

(4) 进入添加角色向导的"服务器角色"步骤,选中"Web 服务器(IIS)"复选框,如图 6.28 所示,单击"下一步"按钮继续。

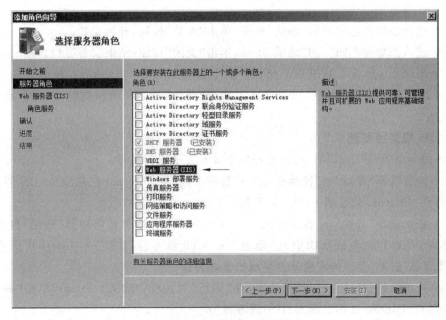

图 6.28　选择安装 Web 服务器

（5）进入添加角色向导的"Web 服务器（IIS）"步骤，单击"下一步"按钮继续。

（6）进入添加角色向导的"角色服务"步骤，在窗口右侧，选中"常见 HTTP 功能"下的所有选择，如图 6.29 所示，单击"下一步"按钮继续。

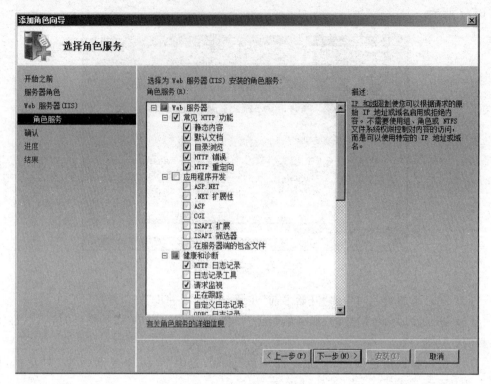

图 6.29　选择将要安装的角色服务

（7）进入添加角色向导的"确认"步骤，单击"安装"按钮，开始安装。

（8）进入添加角色向导的"结果"步骤，单击"关闭"按钮，结束安装过程。

（9）测试 IIS 是否安装成功。在客户机上打开 Internet Explorer，在地址栏中输入 IIS 服务器的 IP 地址 http://192.168.1.101，看到如图 6.30 所示的欢迎界面，证明 IIS 安装成功。

2. IIS 服务器配置

IIS 服务器安装完成以后，可以通过以下 3 种方法进行配置。

（1）依次选择"开始"→"控制面板"→"管理工具"→"Internet 信息服务（IIS）管理器"选项，打开"Internet 信息服务（IIS）管理器"。

（2）依次选择"开始"→"控制面板"→"管理工具"→"服务器管理器"选项，打开服务器管理器，在窗口的左侧依次展开"角色"→"Web 服务器（IIS）"→"Internet 信息服务（IIS）管理器"选项，窗口的右侧就会呈现出管理界面。

（3）依次选择"开始"→"运行"选项，在"运行"对话框中输入 inetmgr，单击"确定"按钮，也可"打开 Internet 信息服务（IIS）管理器"。

常见的启动或停止 IIS 服务器的方式有以下 3 种。

图 6.30　IIS 安装成功

（1）在"Internet 信息服务（IIS）管理器"左侧窗格中选择服务器的名称，在右侧窗格中有"重新启动""启动"和"停止"选项，单击即可执行相应动作，如图 6.31 所示。

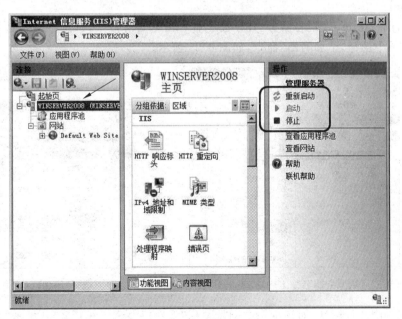

图 6.31　在管理器窗口中启动/停止 IIS 服务

（2）选择"开始"→"控制面板"→"管理工具"→"服务"选项，打开"服务"窗口，选择 World Wide Web Publishing Service 服务项，单击图 6.32 中工具栏上椭圆圈住的按钮；或右击服务的名称，在弹出的快捷菜单中选择"启动""停止""暂停""重新启动"等选项也能执行相应的动作。

图 6.32　在"服务"窗口中启动/停止 IIS 服务

（3）在"Internet 信息服务（IIS）管理器"左侧窗格中右击服务器名称，在弹出的快捷菜单中有"启动""停止"等选项，选择即可执行相应的功能，如图 6.33 所示。

实践 3：WWW 服务器的配置。

实践步骤如下。

一般情况下，使用系统默认的网站就可以发布网页。把网页文件复制到 E:\myweb 目录下，把网站主页改名为 index.html。建议初学者先尝试使用默认网站发布网页。若不使用默认网站发布网页，则需要新建网站。下面一起来新建一个网站，并发布默认网页 index.html。

（1）打开"Internet 信息服务（IIS）管理器"，在左侧窗格中，右击"网站"选项，在弹出的快捷菜单中选择"添加网站"命令，如图 6.34 所示。

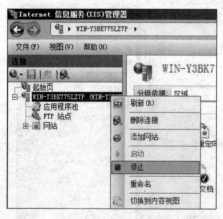

图 6.33　从服务器名称上启动/停止 IIS 服务　　　图 6.34　选择"添加网站"命令

（2）打开"添加网站"对话框，在"网站名称"文本框中输入网站名称，单击"物理路径"文本框右侧的".."按钮，选择存放网页的物理路径。在"IP 地址"下拉列表框中，选择服务器的 IP 地址，单击"确定"按钮，如图 6.35 所示。

（3）停止默认网站。因为默认网站绑定了 IIS 服务器的 IP 地址，新建的网站也绑定了 IIS 服务器的 IP 地址，应停止默认网站。方法是：在"Internet 信息服务（IIS）管理器"窗口中，选择左侧窗格中的 Default Web Site 选项，在右侧"操作"窗格中，选择"停止"选

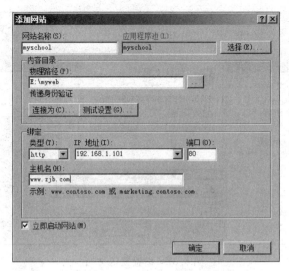

图 6.35　"添加网站"对话框

项,停止默认网站,如图 6.36 所示。

图 6.36　停止默认网站

（4）添加"默认文档"。在"Internet 信息服务（IIS）管理器"窗口,选择左侧窗格中的 myschool 网站,再双击中部窗格中的"默认文档"选项,打开图 6.37 所示的界面,选择"操作"窗格中的"添加"选项,在弹出的对话框中输入网站首页文档名称 index.html。

（5）在客户端打开浏览器,输入 IIS 服务器的 IP 地址即可浏览发布的网页。

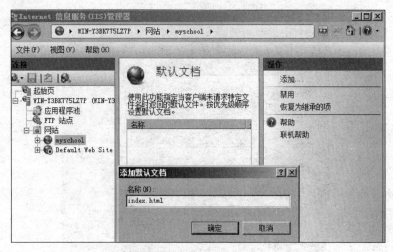

图 6.37　设置默认文档

6.4　FTP 服务

6.4.1　核心知识

1. FTP 概述

FTP 是 File Transfer Protocol 的缩写，即文件传输协议。FTP 的主要作用就是让用户连接一台远程计算机，查看远程计算机上有哪些文件，包括计算机软件、图片文件、重要资料和多媒体信息等，既可把这些文件从远程计算机上复制到本地计算机，也可以把这些文件传送到远程计算机中。前者被称为"下载"，后者被称为"上传"。

FTP 可以在不同类型的计算机之间传送，例如，PC、服务器、小型机、大型机。同时它独立于操作系统，不管是在 Windows 操作系统中还是在 UNIX、Linux 或 Mac 操作系统中都能使用。只要双方都能够支持 FTP，支持 TCP/IP，就可以方便地交换文件。

FTP 是通过 Internet 传送文件的系统。Internet 上很多站点都提供了匿名 FTP 服务，允许任何用户访问该站点，也可以从该站点免费复制文件。

FTP 服务要求用户登录之后才能使用服务。登录后，用户可指向 FTP 服务可用的目录进行上传和下载操作。目前，FTP 服务主要应用在以下 3 个方面。

（1）提供软件下载的高速站点。

（2）Web 站点维护和更新。

（3）在不同类型计算机之间传送文件。

但 FTP 服务也存在着以下明显的缺点。

（1）密码和文件内容都使用明文传输，可能产生不希望发生的窃听。

（2）因为必须开放一个随机的端口以建立连接，当防火墙存在时，客户端很难过滤处于主动模式下的 FTP 流量。这个问题通过使用被动模式的 FTP 得到了解决。

（3）服务器可能会被告知连接一台第三方计算机的保留端口。

FTP 中采用两个独立的 TCP 连接通道：一个是用于传输命令的控制通道，通常使用 21 号端口；另一个是用于传输数据的数据通道，通常使用 20 号端口。控制通道使用较小的带宽延迟较小；而数据通道使用的带宽较大，相对延迟较大。

2. FTP 工作原理

FTP 使用客户机/服务器(C/S)模式工作，即由一台计算机作为 FTP 服务器提供文件传输服务，而另一台计算机作为 FTP 客户端提出文件服务请求并得到授权的服务。客户端和服务器端都使用 TCP 进行连接，连接时都必须打开一个 TCP 端口。

FTP 服务器预置 2 个端口——21 号和 20 号，其中端口 21 号用来发送和接收 FTP 的控制信息，一旦建立 FTP 会话，端口 21 号的连接在整个会话期间始终保持打开状态；端口 20 号用于发送和接收数据，只有在传输数据时才打开，一旦传输结束就断开。FTP 客户端连接 FTP 服务器之后，动态分配端口。

3. FTP 服务的访问方式

用户对 FTP 服务的访问方式一共有两种：匿名 FTP 和用户 FTP。

(1) 匿名 FTP：所谓匿名就是允许任何用户访问 FTP 服务器并下载文件，无论用户是否拥有该 FTP 服务器的账户，都可以使用 anonmymous 用户名进行登录，一般以自己的 E-mail 地址作为密码。

(2) 用户 FTP：这种方式为已经在 FTP 服务器建立了特定身份的用户使用，必须以用户名和密码来登录。但当用户从 Internet 与 FTP 服务器连接时，所使用的密码以明文传输，接触系统的任何人都可以使用相应的程序获取该用户的用户名和密码。

6.4.2 能力目标

- FTP 服务的意义。
- IIS 中 FTP 服务器的安装和配置。
- 理解 FTP 传输的过程。

6.4.3 任务驱动

任务：想要访问 FTP 服务器下载文件，试分析传输过程。

任务解析：传输的过程如下所示。

(1) 客户打开浏览器(或其他 FTP 软件)输入 FTP 服务器端的 IP 地址，即 FTP 客户端程序向远程的 FTP 服务器端申请建立连接。

(2) FTP 服务器端的 21 号端口侦听到 FTP 客户端的请求之后，做出响应，与它建立会话连接。

(3) 客户端程序打开一个控制端口，连接到 FTP 服务器端的 21 号端口。

(4) 要传输数据时，客户端打开一个数据端口，连接到 FTP 服务器端的 20 号端口，文件传输结束之后断开连接，释放端口。

(5) 如果要传输一个新的文件，客户端会再打开一个新的数据端口，连接到 FTP 服务器端的 20 号端口。

(6) 如果超过一定的时钟，FTP 会话终止，也可以由客户端或服务器端强行断开连接。

6.4.4 实践环节

实践:假设你现在是一所大学的网络管理员,主要工作是负责本校的网站管理工作,经常需要更新网站的内容,请建立 FTP 服务器(服务器的 IP 地址为 192.168.1.101,主目录选择网站所在的目录)并进行基本配置,同时利用 CuteFTP 软件来更新文件传输服务器,并对此软件做基本设置。

实践步骤如下。

1. FTP 服务器的配置

(1) 依次选择"开始"→"控制面板"→"管理工具"→"Internet 信息服务(IIS)管理器"选项。

(2) 在"Internet 信息服务(IIS)管理器"窗口左侧窗格中选择"FTP 站点"选项,在中间的窗格中单击"单击此处启动"链接,如图 6.38 所示。

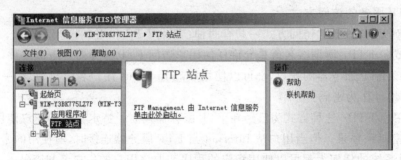

图 6.38 添加 FTP 站点

(3) 在打开的 IIS 6.0 管理器的操作界面中,右击左侧窗格中的"FTP 站点"选项,在弹出的菜单中选择"新建"→"FTP 站点"命令,单击"下一步"按钮,进入"FTP 站点创建向导"界面,如图 6.39 所示。

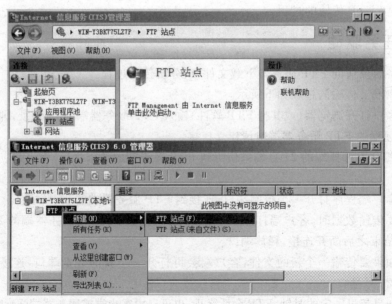

图 6.39 FTP 站点创建向导

（4）在"FTP 站点描述"文本框中，输入 myschool 描述此 FTP 站点，如图 6.40 所示，单击"下一步"按钮继续。

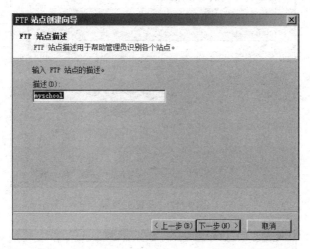

图 6.40　输入 FTP 站点描述

（5）输入 FTP 服务器的 IP 地址，并输入 FTP 站点的 TCP 端口号为 21，如图 6.41 所示，单击"下一步"按钮。

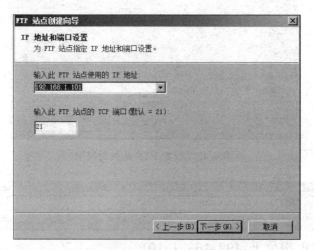

图 6.41　绑定服务器的 IP 地址和端口

（6）设置 FTP 传输服务的主目录，选择网站文件所在的目录 E:\myweb，如图 6.42 所示，单击"下一步"按钮。

（7）为用户设置 FTP 站点访问权限，通常只选中"读取"复选框，只有在非常特殊的情况下才选中"写入"复选框，如图 6.43 所示，单击"下一步"按钮。

（8）在弹出的对话框中单击"完成"按钮，FTP 站点建立成功。

（9）测试 FTP 站点，打开浏览器，在地址栏中输入 ftp://192.168.1.1011，如果能看到主目录的路径，即表明 FTP 站点设置成功，如图 6.44 所示。

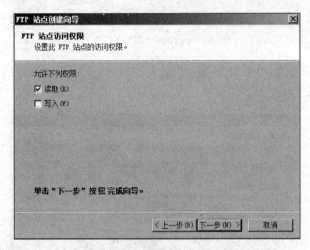

图 6.42 设置主目录

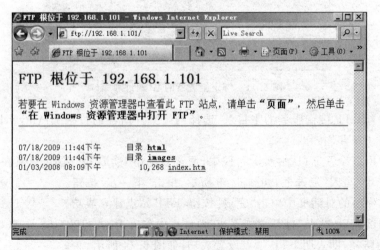

图 6.43 设置 FTP 站点的权限

图 6.44 测试 FTP 服务器

2. CuteFTP 软件的基本设置

（1）打开 CuteFTP 的文件夹，单击 CuteFTP.exe 文件，安装该软件，安装开始并单击"下一步"按钮继续，如图 6.45 所示。

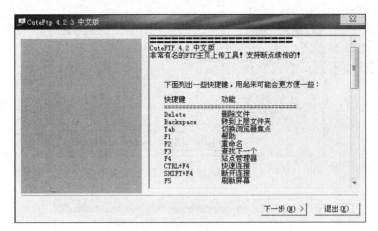

图 6.45 安装 CuteFTP 软件

（2）安装之后，对 CuteFTP 软件进行基本设置，首先输入一个标签名，标识 FTP 站点的主要功能和意义，这里输入 my school 标识此站点的意义为学校网站，如图 6.46 所示。

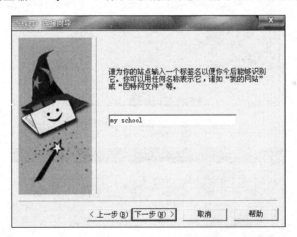

图 6.46 标识站点意义

（3）输入 FTP 服务器的 IP 地址或域名，连接 FTP 服务器，如图 6.47 所示。

（4）在连接时，FTP 服务器一定要认证用户的身份，认证身份的主要途径就是通过用户名和密码的验证，在 FTP 服务器设置时，用户名和密码就已经设置好，这里需要证明用户身份，如图 6.48 所示。

注意：这个步骤非常重要，也一定要妥善保护用户名和密码，因为一旦用户名和密码泄露，网站被黑客入侵就是轻而易举的事情。

（5）网站管理员经常需要频繁地和 FTP 服务器进行文件传送，设置好本机的文件路径会非常方便，网站的所有文件存放在 E:\myweb 目录中，如图 6.49 所示。

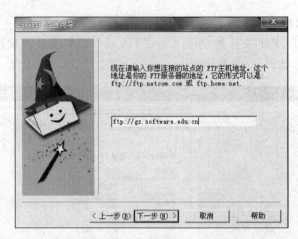

图 6.47 输入网址连接 FTP 服务器

图 6.48 验证用户名和密码

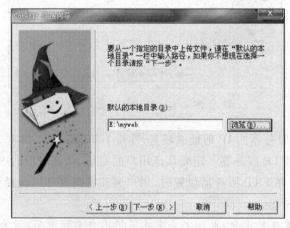

图 6.49 设置本地目录

（6）单击"下一步"按钮，在弹出的对话框中选中"自动连接这个站点"复选框，这样每次启动 CuteFTP 软件时，将自动连接 FTP 服务器，省去了管理员的很多麻烦。最后单击

"完成"按钮,完成 CuteFTP 软件的基本设置,如图 6.50 所示。

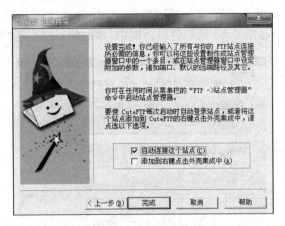

图 6.50 设置完成

小 结

本章实践性强,要求掌握配置的服务器种类也比较多,涉及 DNS、Web、FTP、E-mail 等服务器的安装配置方法及相关知识。可以借助虚拟机技术,在一台计算机上模拟出真实的网络环境,轻松完成实训。通过本章的学习,不但要掌握所介绍的操作方法和技巧,还要努力通过小组讨论和借助网络学习等方法解决实训中出现的各种实际问题。

习 题

网络拓扑结构如图 6.51 所示。网络 A 的 WWW 服务器上建立了一个 Web 站点,对

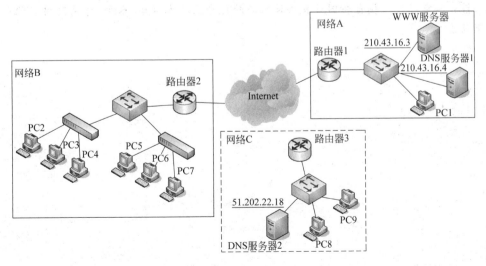

图 6.51 网络拓扑图

应的域名是 www.abc.edu。DNS 服务器 1 上安装 Windows Server 2003 操作系统并启用 DNS 服务。为了解析 WWW 服务器的域名,在图 6.52 所示的对话框中,新建一个区域的名称是_____;在图 6.53 所示的对话框中,添加的对应主机"名称"为_____。

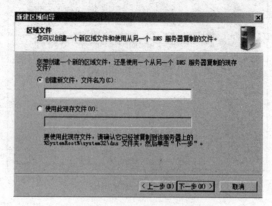

图 6.52　新建区域名称

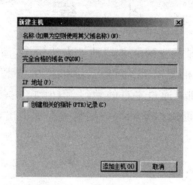

图 6.53　新建主机

注:本章习题均摘自全国计算机技术与软件专业技术资格(水平)考试网络工程师资格考试真题。

Internet接入技术

 主要内容

- ADSL 接入 Internet
- 局域网接入 Internet
- 利用家庭无线路由器接入 Internet
- 校园网专线接入 Internet

随着网络技术和通信技术的高速发展,特别是 Internet 的飞速发展,全球一体化的学习、生活和工作方式也越来越显现出来。人们不仅仅是满足于单位内部网络的信息共享,更需要和单位外部的网络尤其是 Internet 相互连接,享受互联网为我们带来的信息服务。网络接入方式的结构,统称为计算机网络的接入技术。本章主要来学习家庭 Internet 的接入技术和学校专线接入 Internet 网络及相应配置。

7.1　ADSL 接入 Internet

7.1.1　核心知识

计算机接入 Internet 才能让它更充分地发挥作用,共享网络中的资源。现在众多 Internet 接入技术中,宽带接入技术显示了它无可比拟的优势,因为它对于用户接入的传输速率可以达到 2Mbps 及以上,并可以提供 24 小时在线的网络服务,所以宽带接入 Internet 技术被广泛应用。

1. ADSL 概述

ADSL(Asymmetrical Digital Subscriber Line,非对称数字用户线路)是一种在电话网上实现高速接入 Internet 的技术,也是 xDSL(HDSL、SDSL、VDSL、ADSL 和 RADSL)家族中的一种宽带技术,是目前应用最广泛的宽带接入技术之一。

2．调制解调器

调制解调器（Modem）是一种计算机硬件，其实是 Modulator（调制器）与 Demodulator（解调器）的简称，根据 Modem 的谐音，亲昵地称为"猫"。它能把计算机的数字信号翻译成可沿普通电话线传送的脉冲信号，而这些脉冲信号又可被线路另一端的另一个调制解调器接收，并译成计算机可懂的语言。这一简单过程完成了两台计算机间的通信。

所谓调制，就是把数字信号转换成电话线上传输的模拟信号；解调，即把模拟信号转换成数字信号。合称为调制解调器。

调制解调器的作用是模拟信号和数字信号的"翻译员"。电子信号分两种，一种是"模拟信号"；另一种是"数字信号"。目前使用的电话线路传输的是模拟信号，而 PC 之间传输的是数字信号。所以当用户想通过电话线把自己的计算机连入 Internet 时，就必须使用调制解调器来"翻译"两种不同的信号。连入 Internet 后，当 PC 向 Internet 发送信息时，由于电话线传输的是模拟信号，所以必须用调制解调器把数字信号"翻译"成模拟信号，才能传送到 Internet 上，这个过程叫作"调制"。当 PC 从 Internet 获取信息时，由于通过电话线从 Internet 传来的信息都是模拟信号，所以 PC 想要看懂它们，还必须借助调制解调器这个"翻译"，这个过程叫作"解调"。总的来说就称为"调制解调"。

3．ADSL 系统的组成

ADSL 系统由用户端、电话线路和电话局端 3 部分组成。电话线路可以利用现有的电话网资源，不需要做任何改动。ADSL 连接 Internet 需要如下设备。

（1）1 台计算机（带有网卡及其驱动程序）。

（2）1 台 ADSL 调制解调器。

（3）1 根直通线和 1 根电话线。

（4）1 部电话，1 个分离器，2 根电话线。

（5）电信公司申请的用户名和密码。

（6）ADSL 拨号软件。

7.1.2　能力目标

- 掌握 ADSL 接入 Internet 的方法。
- 理解调制解调器的原理。
- 掌握配置 PPPoE 软件的方法。

7.1.3　任务驱动

任务：客户从电信公司申请了一个 ADSL 账户，现在需要将客户家里的计算机通过 ADSL 调制解调器连接到 Internet。

任务解析：

1．硬件连接

按照图 7.1 所示进行硬件连接。

（1）用电话线连接墙上的电话插座和分离器的 Line 端口。

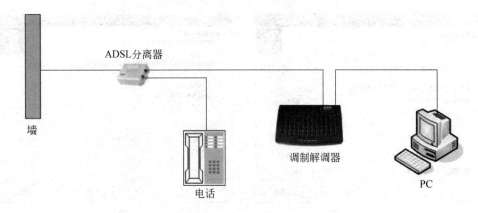

图 7.1 ADSL 连接 Internet

（2）用电话线连接 ADSL 的 DSL 端口和分离器的 Modem 端口。

（3）用电话线连接电话机和分离器的 Phone 端口。

（4）用直通线连接 ADSL 的网络接口和计算机网卡接口。

（5）将电源适配器插入电源插座，给 ADSL 接电源。

2. 安装软件

安装 ADSL 拨号软件，在本次任务中使用 ADSL 宽带王拨号软件。双击安装程序开始安装，安装的过程如图 7.2(a)~图 7.2(f)所示。

3. 配置拨号软件

（1）在安装拨号软件之后，需要对拨号软件进行简单配置，主要包括添加账户和登录连接的界面，拨号界面如图 7.3 所示。

（2）单击"设置"按钮，进入"添加账户"设置，单击对话框右侧的"增加"按钮，在弹出的对话框中输入从电信公司申请的账号和密码，然后单击"确定""保存"按钮，完成宽带账户的添加，如图 7.4 所示。

（3）单击"设置"按钮，进入设置界面，尤其是在"运行设置"中，从日常应用的角度出发，建议计算机开启之后，拨号软件会自动运行，如图 7.5 所示。

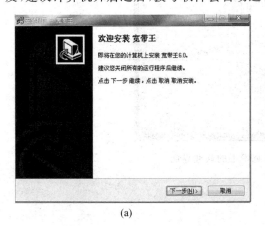

(a)

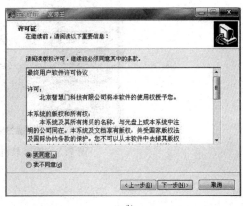

(b)

图 7.2 ADSL 安装过程

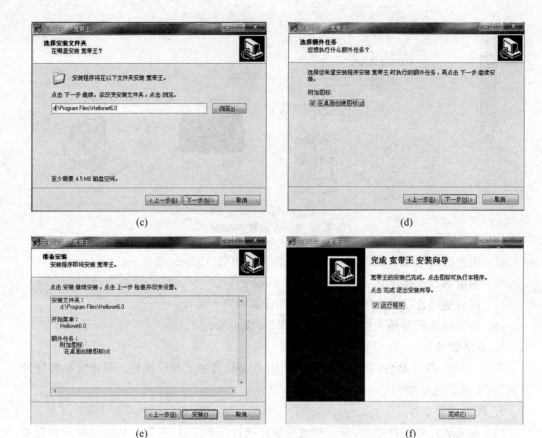

图 7.2(续)

图 7.3 拨号软件宽带王的欢迎界面

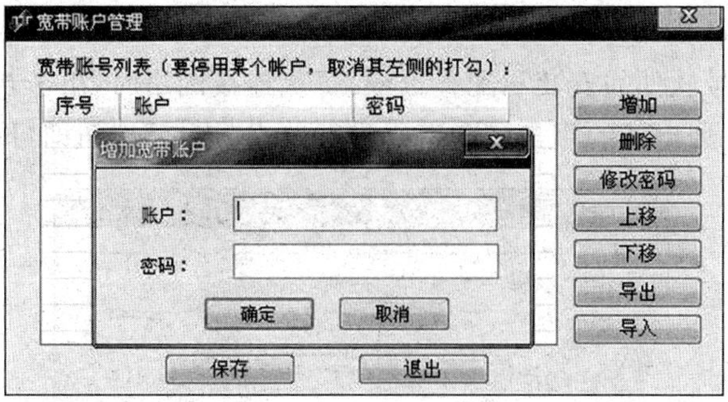

图 7.4 添加宽带账户

图 7.5 运行设置

4. TCP/IP 设置

ADSL 具有动态分配地址的功能,可以自动配置用户机的 TCP/IP 参数。因此,将 TCP/IP 参数配置为"自动获得 IP 地址"和"自动获得 DNS 服务器地址",如图 7.6 所示。

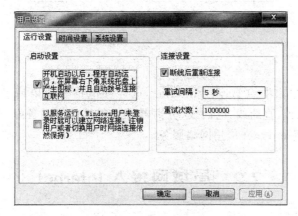

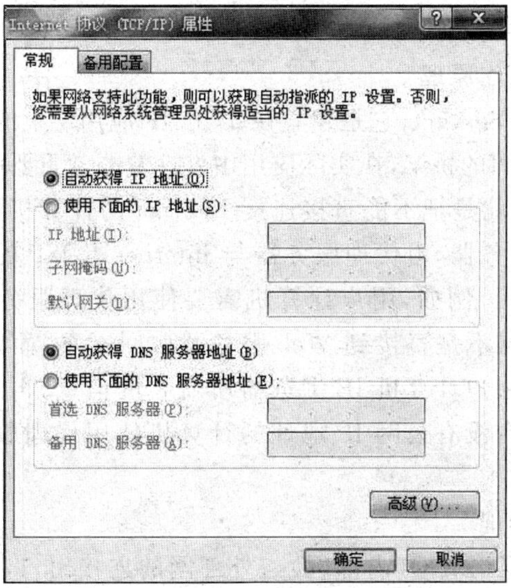

图 7.6 TCP/IP 参数设置

5. 连接 Internet 网络

前面介绍了拨号软件的安装和配置过程,每次连接网络时,单击欢迎界面中的"连接"按钮,输入从电信公司申请的用户名和密码进行单击"连接"按钮即可,如图 7.7 所示。

图 7.7　连接 Internet 网络

7.1.4　实践环节

实践:假设用户家中想要连接 Internet,已经在电信公司申请了用户名和密码,将 PC、网卡、调制解调器、直通线、电话线、分离器等设备都已经准备好,现使用这些设备来配置家庭网络,连接 Internet 应用网络服务。

7.2　局域网接入 Internet

7.2.1　核心知识

家庭网络或办公室内的同一个局域网要连入 Internet,基于成本等因素的选择,一般都采用共享同一个账户、同一条线路、同一个 IP 地址等方式进入 Internet。随着网络的发展,家庭网络也发展得比较快,经常会出现家庭中两台计算机同时需要上网的情况,这就需要共享 Internet 服务。共享 Internet 的方法很多,主要分为代理服务器(软件)和路由器(硬件)介入 Internet 两种。

1. 代理服务器的工作原理

代理服务器(Proxy Server),它是建立在 TCP/IP 应用层上的一种服务软件。作为连接 Internet 和局域网之间的桥梁,在实际应用中发挥着非常重要的作用。

代理服务器事实上就是把不能直接连接 Internet 的计算机要上网的这个请求发送给局域网出口的代理服务器,由代理服务器与 Internet 上 ISP 的设备联系,然后将信息传递给提出需求的设备。例如,用户计算机需要使用代理服务器浏览网页服务信息,用户计算机的 IE 浏览器不是直接到 Web 服务器取回网页,而是给代理服务器发出请求,由代理服务器取回用户计算机 IE 浏览器所需要的信息,再反馈给申请信息的计算机,代理服务器能让多台没有公网 IP 地址的计算机使用代理服务功能高速、安全地访问 Internet。

2. 代理服务器的功能

(1) 共享上网:充当局域网(内部网)与外部网的连接出口,局域网内的用户通过代理服务器共享上网。

（2）提高访问速度：通常情况下，客户机请求的数据报信息都存储在代理服务器的高速缓存中，当下一次再访问到相同的数据时，直接从高速缓存中读取，包括对于热门网站的访问，优势更加明显。

（3）类似防火墙的功能：局域网内部使用代理服务器的用户机，都必须通过代理服务器访问 Internet 站点，所以，代理服务器就像是横在局域网与外部网之间的屏障。因此，如果代理服务器做一些相应的设置，可以过滤或屏蔽某些不安全的信息；还可以对局域网用户访问范围进行限制，达到防止内部网络信息泄露的功能。因此，代理服务器具有类似防火墙的功能。

（4）提高安全性：在与 Internet 信息交换时，例如网络聊天，对方只能知道访问它的用户是代理服务器，而非真实的用户机，这样使用户的安全性得到了提高。

3. 代理服务器

代理服务器可以分为软件和硬件两类。这里主要介绍代理服务器软件。代理服务器软件大致可以分为 Windows 操作系统自带的软件和第三方代理服务器软件。

Windows 操作系统带有 Internet 连接共享软件，这款软件在 Windows 操作系统中默认安装，它是针对家庭或小型局域网提供的一种 Internet 连接共享服务软件，它的特点是功能简单，配置容易。第三方代理服务器软件都是由专业的公司开发的代理服务器软件。网络上比较流行的软件是 SocksCap32，它是由美国 NEC USA 公司出品的代理服务器第三方支持软件。通过它几乎可以让所有基于 TCP/IP 的软件都能通过 Socks 代理服务器连接到 Internet。

4. 代理服务器的使用

代理服务器通过拨号、ADSL 上网，对于家庭用户和办公室来说，是一种相对廉价的使用方式。代理服务器软件一般都安装在内存和硬盘容量较大、性能稳定的计算机上，该计算机需要具备的硬件条件包括需要同时安装两块网卡或同时装有调制解调器和网卡。一块网卡通过调制解调器连接外网，通过调制解调器的连接就可以得到一个动态的合法的外网地址，这个外网地址是由网络接入服务商提供的。也可以花钱来申请一个固定的外网 IP 地址。而另外一块网卡连接局域网，为该网卡设定一个私有地址，例如 192.168.1.1。其他主机的 IP 地址范围也应该是 192.168.1.2～192.168.1.254 任选。那么私有地址可以使用静态 IP 地址，也可以动态分配。

7.2.2 能力目标

- 理解代理服务器的工作原理。
- 掌握 Windows 操作系统自带的代理服务器软件的设计方法。
- 掌握通过交换机扩展局域网并通过代理服务器软件共享接入。

7.2.3 任务驱动

任务：利用交换机连接局域网，向运营商申请上网账号和密码，并设置代理服务器将这个局域网与 Internet 连接。

任务解析：在执行此任务之前，准备 3 台计算机（安装网卡及驱动程序），3 根直通线，

1台 ADSL 调制解调器,1台交换机,1部电话,1个分离器,2根电话线,连接 Internet 的 ADSL 账号和密码,ADSL 拨号软件(带宽王)。

注意:3台 PC 中 PC1 是装了双网卡的,代理服务器的设置要在 PC1 上进行。

实施步骤如下。

(1) 按照图 7.8 所示硬件连线。

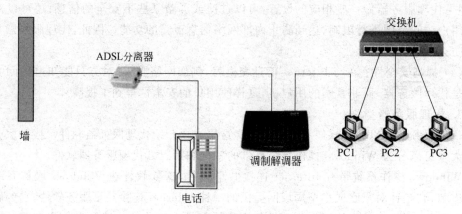

图 7.8　代理服务器接入 Internet

① 电话线连接墙上的电话插座和分离器的 Line 端口。

② 电话线连接 ADSL 的 DSL 端口和分离器的 Modem 端口。

③ 电话线连接电话机和分离器的 Phone 端口。

④ 直通线连接 ADSL 的网络接口和代理服务器 PC1 的网卡1。

⑤ 用直通线将 PC1、PC2 和 PC3 连接到交换机上。

⑥ 所有设备连接电源线。

(2) 配置 PC1 的网卡1的 IP 地址(设置自动搜索 IP 地址),安装 ADSL。

(3) 配置代理服务器 PC1 的代理服务器。

① 右击 PC1 的网卡1中的"网络连接"选项,在弹出的快捷菜单中选择"属性"命令,弹出"本地连接 属性"对话框,选择"高级"选项卡。

② 在"Internet 连接共享"选项组中,选中"允许其他网络用户通过此计算机的 Internet 连接来连接"复选框,单击"确定"按钮完成设置,如图 7.9 所示。

③ 配置 PC1 中的网卡2的 TCP/IP 参数。设置 IP 地址为 192.168.1.1,子网掩码为 255.255.255.0,DNS 服务器设置为 202.96.69.38,如图 7.10 所示。

(4) 配置 PC2 和 PC3 的 TCP/IP 参数。设置 PC2 和 PC3 的 IP 地址的原则是 PC1、PC2 和 PC3 在一个网络,将 PC2 和 PC3 的 IP 地址分别设置为 192.168.1.2 和 192.168.1.3,子网掩码都设置为 255.255.255.0,DNS 服务器设置为 202.96.69.38。

(5) 单击 PC1 中的 ADSL 虚拟拨号上网,完成网络设置。

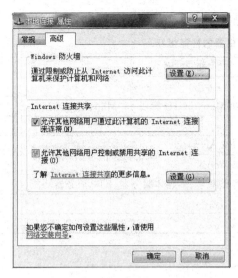

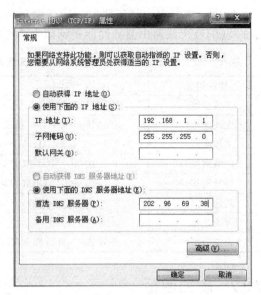

图 7.9 配置代理服务器
图 7.10 内网卡的参数设置

7.2.4 实践环节

实践：按照任务驱动的环节实际操作，利用代理服务器的设置使局域网内的计算机都能连接到 Internet 上。

7.3 利用家庭无线路由器接入 Internet

7.3.1 核心知识

随着网络的高速发展，SOHO 无线路由器已经慢慢地走进家庭了。目前，家庭共享 Internet 的主要方式都是采用无线路由器作为代理服务进行连接。

SOHO 无线路由器通常价格比较便宜，功能比较简单，配置与使用比较容易。此类路由器经常用于家庭或小型办公上网共享。常见的 SOHO 无线路由器如图 7.11 所示。

SOHO 无线路由器在构造、功能和价格方面，都与传统的路由器相差很远，它是厂商专门针对 SOHO 网络研发的相应网络设备，用来满足搭建小型网络的需求，它能够适用的场合是家庭、小型办公室等。

图 7.11 SOHO 无线路由器

SOHO 无线路由器产品种类非常多，名称也很多，例如，宽带路由器、SOHO 宽带路由器、家用路由器、无线路由器等。通常 SOHO 无线路由器的价格也不贵，是在一两百元。受到产品的制约，SOHO 无线路由器在 CPU、内存等方面，都限制了 SOHO 无线路由器的性能，一般也都只能支持十几个用户接入网络。

SOHO 无线路由器主要由一些性能指标来标识无线路由器的性能好坏,图 7.11 所示的 SOHO 无线路由器的性能指标如表 7.1 所示。

表 7.1　SOHO 无线路由器的性能指标

性能指标	性 能 参 数
无线标准	IEEE 802.11b/g/n
无线速率	450Mbps,2.4GHz 频段 300Mbps;5GHz 频段 450Mbps
工作频段	2.4~2.4835GHz,5GHz
广域网接口	4 个 10/100/1000M 自适应 LAN
局域网接口	1 个 10/100/1000M 自适应 WAN
其他接口	2 个 USB 2.0 接口,支持存储共享、多媒体服务器、FTP 服务器功能
天线数量	5 根
天线类型	外置式,不可拆卸全向天线

7.3.2　能力目标

- 掌握利用无线路由器组网。
- 掌握利用无线路由器接入 Internet。
- 了解无线路由器的性能指标。

7.3.3　任务驱动

任务:杨老师想通过王工程师家中的 SOHO 无线路由器组成网络,王工程师在电信部门申请了 ADSL 账号,两人想要共享 Internet,请为这个网络设计网络拓扑图,并列出组建该网络需要的设备清单。

任务解析:

1. 拓扑图

无线路由器首先将杨老师与王工程师的计算机连在一起,可以构成一个星形拓扑结构,由于路由器作为这个星形网络的出口,所以无线路由器要连接 Modem。所以,这个网络拓扑图如图 7.12 所示。

2. 需要的设备清单

从图 7.12 中,即可列出这个网络的设备清单,列举如下:调制解调器 1 台,SOHO 无线路由器 1 台,2 台 PC(带有无线网卡及驱动程序),双绞线 1 根。

7.3.4　实践环节

实践:按照 7.3.3 小节任务驱动环节继续完成网络的设置,主要是路由器的设置和 2 台主机的设置。

实践步骤如下。

1. 无线路由器的基本配置

(1)利用双绞线将无线路由器的 WAN 端口与调制解调器连接,可以为无线网络连接做一些基本配置,包括设置无线网络名称等,如图 7.13 所示。

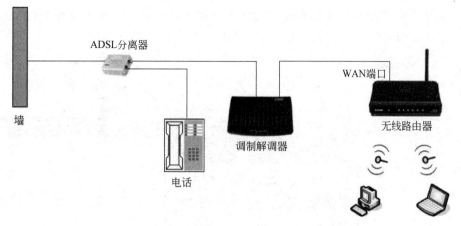

图 7.12　无线路由器连接的网络连接图

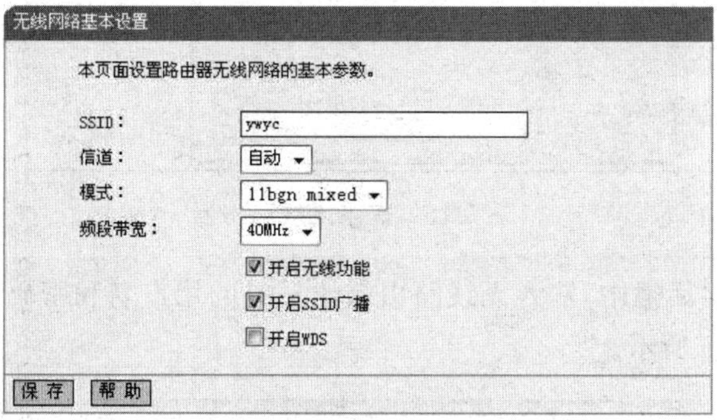

图 7.13　无线网络的基本参数

（2）2 台 PC 中任选 1 台，将网络连接的 IP 地址设置为"自动获得 IP 地址"，如图 7.14 所示。

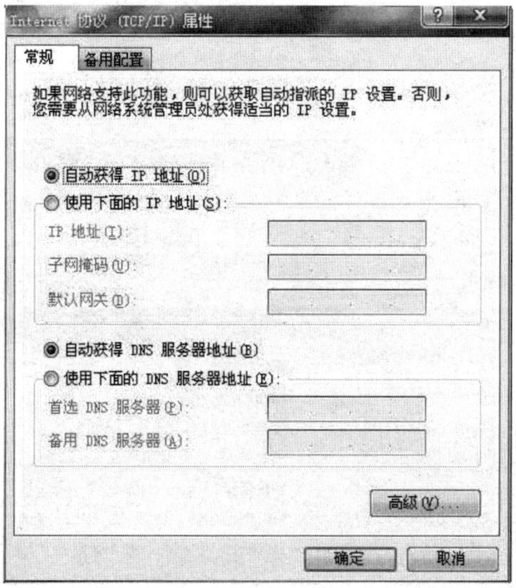

图 7.14　IP 地址设置

(3) 在这台 PC 中,打开浏览器,在地址栏中输入路由器出厂的 IP 地址(这里为 192.
168.1.1),按 Enter 键,准备进入无线路由器的配置界面,如图 7.15 所示。

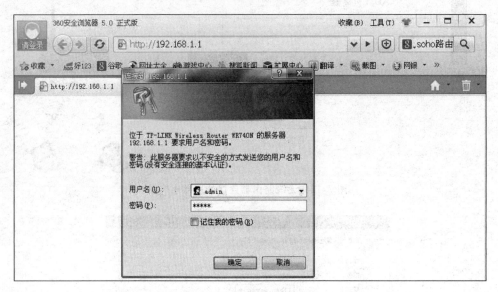

图 7.15　登录无线路由器

(4) 在弹出的对话框中,输入无线路由器出厂时的用户名和密码,进入无线路由器的
配置界面,如图 7.16 所示。

图 7.16　无线路由器的配置界面

（5）进入配置界面之后，路由器可以按照配置向导一步一步对无线路由器进行初始配置。根据需要选择接入外网的类型，无线路由器提供 3 种接入模式，这里选择 ADSL 虚拟拨号，单击"下一步"按钮继续，如图 7.17 所示。

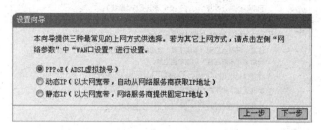

图 7.17 选择上网方式

（6）在弹出的对话框中，输入从电信运营商申请的用户名和密码，单击"下一步"按钮继续，如图 7.18 所示。

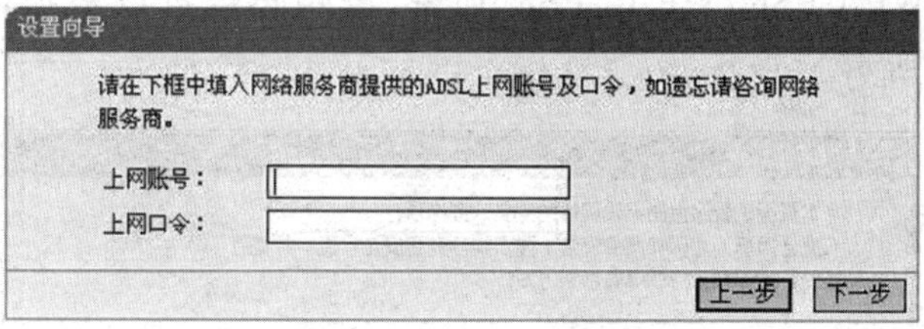

图 7.18 输入用户名和密码

（7）无线路由器默认规则中 DHCP 服务为开启状态，可以自动为 PC 分配 IP 地址，也可以根据需要手动分配 IP 地址，网络配置完毕，局域网内客户机都可以连接 Internet，如图 7.19 所示。

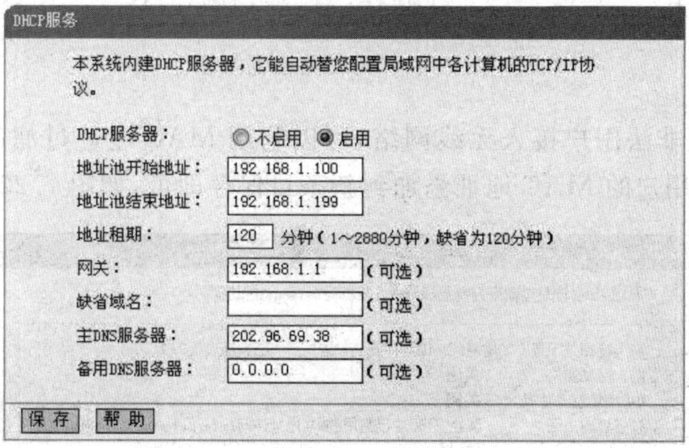

图 7.19 DHCP 设置

2. 无线路由器的其他配置

（1）无线路由器的 WAN 口设置。用户可以根据自己的需要进行连接设置，本例中无线路由器设置自动连接，还可以设置无线路由器的断线重连的时间为 15min，如

图 7.20 所示。

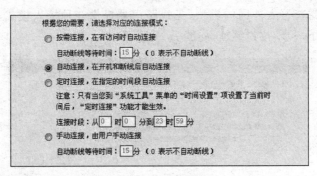

图 7.20　WAN 口设置

（2）家庭无线路由器的安全。无线安全问题也是热点问题，用户可以通过无线数据加密来提高无线网络的安全性。从安全角度出发，给自己的无线网络添加安全加密方式，用户多数会采用 WPA-PSK/WPA2-PSK 加密，密钥长度可以根据需要选择 64 位或 128 位，如图 7.21 所示。

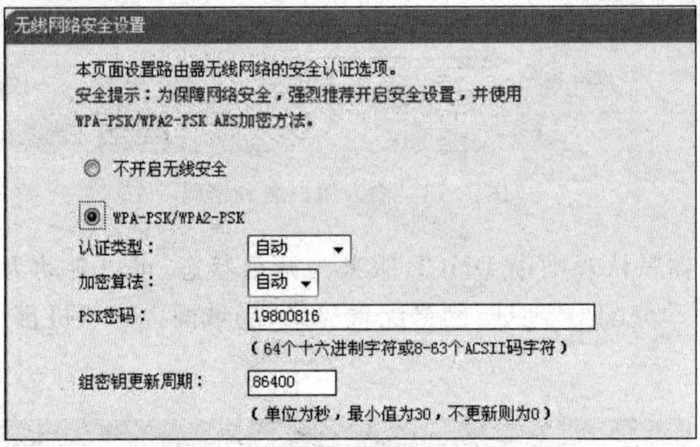

图 7.21　无线路由器加密

（3）为了防止非法用户接入无线网络，可以利用 MAC 地址过滤的方式来保障网络安全，只要将非法用户的 MAC 地址添加到新条目保存即可，如图 7.22 所示。

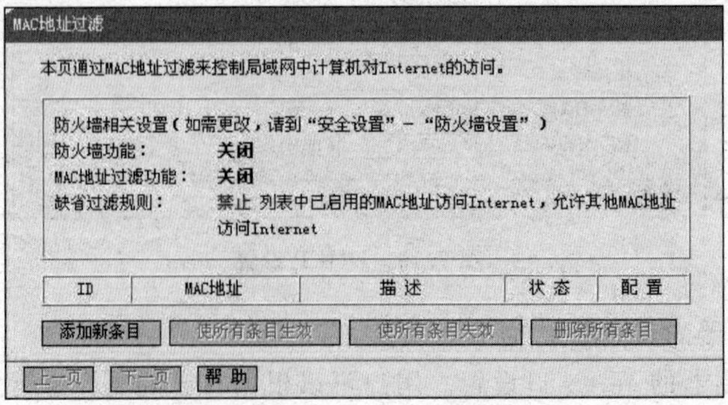

图 7.22　MAC 地址过滤

3. 客户机设置

客户机的设置非常简单,由于无线路由器已经启用了 DHCP 服务,因此,只要将客户机的 TCP/IP 参数设置为"自动获得 IP 地址",就可以轻松开启 Internet 之旅。

7.4　校园网专线接入 Internet

7.4.1　核心知识

1. 光纤专线接入技术

光纤专线接入技术是指用网络服务提供租用光纤来接入校园内部,中间全部或部分使用光纤作为传输介质,实现高速稳定的 Internet 接入。光纤网络的传输带宽在 2～10Gbps。

使用光纤传输信息,一般在传输两端各使用一个光电转换器,如图 7.23 所示。它是一种类似于基带 Modem(数字调制解调器)的设备,和基带 Modem 不同的是接入的是光纤专线,是光信号,将它安装在路由器上。路由器发送方的光模块负责将数字信号转换为光信号,接收方的光模块负责接收光信号,并还原为数字信号。

图 7.23　光电转换器

2. 访问控制列表

1) 访问控制列表概述

ACL 是访问控制列表(Access Control List)的缩写。ACL 技术被广泛应用于路由器和三层交换机,可以有效控制用户对网络的访问,从而最大限度地保障网络安全。访问控制列表是一种基于包过滤的流控制技术,在路由器上读取源地址、目的地址、源端口和目的端口等。根据定义的规则对包进行过滤,从而达到访问控制的目的。

ACL 通常应用在企业的出口控制上,通过实施 ACL,可以有效地部署企业网络出网策略。随着局域网内部网络资源的增加,一些企业已经开始使用 ACL 来控制对局域网内部资源的访问能力,进而来保障这些资源的安全性。例如,某银行供用户使用的计算机,都只能访问本银行的网站,其他 Internet 服务都被禁用,就可以应用 ACL 技术来实现。

2) ACL 分类

ACL 一共分为两类,分别是标准访问控制列表和扩展访问控制列表。

(1) 标准访问控制列表:只使用 IP 数据包的源 IP 地址作为条件测试;通常允许或拒绝的是整个协议簇;标准访问控制列表不区分 IP 流量类型,如 WWW、FTP 等服务,使用局限性大。序列号的范围是 1～99。

(2) 扩展访问控制列表:可测试源 IP 地址和目的 IP 地址,以及位于传输层报头中的端口号。具有配置灵活、精确控制的特点,序列号的范围在 100～199。

3) ACL 特点和应用原则

ACL 通过定义一些规则对网络设备接口上的数据报文进行控制:允许通过或丢弃。ACL 的特点如下。

(1) ACL 语句是判断句,只有"是"或"否",在网络中,称为"允许"或"拒绝"。

（2）ACL 处理语句的顺序是自上而下。

（3）ACL 在处理语句时，只要遇到条件不匹配，就一直向下查找，直到找到匹配的语句就不再继续向下执行。

（4）ACL 默认有一条隐藏的语句是拒绝所有，即 deny any。

注意：访问控制列表语句的执行必须严格按照列表中的顺序，从第一条语句开始比较，一旦一个数据包的报头与列表中的某个条件判断语句匹配，那么后面的 ACL 语句就会被忽略，不再被检查。因此，访问控制列表中语句的顺序非常重要，要把最严谨的表项放在最前面，防止发送错误。另外，所配置的列表中必须有一条是允许语句。

ACL 的应用原则是一般配置在以下这些网络设备上。

① 内部网和外部网之间的设备。

② 网络两个部分交界的设备。

③ 接入控制端口的设备。

注意：标准 ACL 不能指定目的地址，所以需要把标准 ACL 放置在尽量靠近目标的地方；如果在远离目标端禁止某些数据流，可以减少使用到达目标端的网络资源，尽量将扩展 ACL 放置在靠近被拒绝的数据源。

4）标准 IP 访问控制列表的基本格式

标准 IP 访问控制列表的基本格式为

```
access-list [access-list-number] [permit/deny] [host/any] [source address]
[wildcard-mask]
```

对以上格式中的参数做如下解释。

（1）access-list-number：表号范围。前面已经讲述过，表号范围应该在 1～99。

（2）permit/deny：允许或拒绝关键字 permit 和 deny 用来表示访问表项的报文是允许通过接口，还是要被过滤。permit 表示允许报文通过，而 deny 表示匹配标准 IP 访问控制列表源地址的报文要被丢掉。

（3）host/any：主机 host 表示一种精确的匹配，而 any 表示的是所有主机。

（4）source address：源地址。对于标准的 IP 访问控制列表，源地址是主机或一组主机的点分十进制，例如 192.168.1.8。

（5）wildcard-mask：通配符掩码。

通配符掩码是一个 32b 的数字字符串，与 IP 地址的子网掩码很类似，也是点分十进制，但含义不同。通配符掩码和 IP 地址也必须成对出现，ACL 使用通配符掩码表示一个或几个地址是被允许或拒绝。通配符掩码中二进制位是 1，表示 1 的位数被忽略，不用做匹配检查；而通配符掩码中二进制位是 0，表示 0 的位数要做匹配检查。

例 7.1　ACL 忽略二进制的所有位，则这台主机的 IP 地址对应的通配符掩码为全 1，所有通配符掩码为 255.255.255.255，也可以使用 any。

例 7.2　定义一个编号是 20 的访问控制列表。

```
access-list 20 deny host 192.168.1.100
access-list 20 permit any
```

10 号访问控制列表的含义是：允许任何主机访问目的网络，除了 IP 地址为 192.168.1.100 的主机外。前面的 ACL 也可以用以下语句代替：

```
access-list 20 deny host 192.168.1.100
access-list 20 permit 0.0.0.0 255.255.255.255
```

例 7.3　access-list 25 permit 176.34.54.45　0.0.0.0。

这个标准 IP 访问控制列表可以用下面的语句代替：

```
access-list 25 permit host 176.34.54.45
```

这个 ACL 代表的含义是：有一个 25 号访问控制列表，只允许 IP 地址为 176.34.54.45 的主机访问目的网络。

5) 扩展 IP 访问控制列表的基本格式

扩展 IP 访问控制列表的基本语法格式如下：

```
access-list access-list-number [permit /deny] protocol source source-wildcard
[operator port] destination destination-wildcard [operator port]
```

对以上格式中的参数做如下解释。

(1) access-list-number：表号范围。扩展 IP 访问控制列表的表号范围是 100～199。

(2) protocol：协议。

协议定义了需要被过滤的协议，例如 IP、TCP、UDP、ICMP 等。协议选项是非常重要的，因为在 TCP/IP 协议栈中的各种协议之间有密切的关系，根据网络的情况，网络管理员希望根据特殊协议进行报文过滤，就要指定该协议。

注意：将相对重要的过滤项放在靠前的位置。如果管理员设置的命令中，允许 IP 地址的语句放在拒绝 TCP 地址的语句前面，则后一个语句根本不起作用。但是如果这两条语句换一下位置，则在允许该地址上的其他协议的同时，拒绝了 TCP。

(3) operator port：源端口号和目的端口号。源端口号可以用好多方法指定。可以使用一个数字或者使用一个可识别的助记符，例如，可以使用 80 或者 HTTP 指定 Web 的超文本传输协议。对于 TCP 和 UDP，可以使用操作符">""=""≠"进行设置。

例 7.4　access-list 110 permit tcp any host 192.168.1.3 eq www。

这条语句的含义是表号 110 的扩展访问控制列表，允许来自任何主机 TCP 报文到达指定主机(IP 地址为 192.168.1.3)的 HTTP 服务端口(80)。

例 7.5　access-list 120 permit tcp any host 192.168.1.3 eq smtp。

这条语句的含义是表号 120 的扩展访问控制列表，允许来自任何主机 TCP 报文到达指定主机(IP 地址为 192.168.1.3)的 SMTP 服务端口(25)。

(4) 其他关键字。permit/deny，源地址和通配符掩码，目的地址和通配符屏蔽码以及 host/any 的参数含义与标准 IP 访问控制列表中相同。

6) 配置访问控制列表步骤

在一个接口上配置访问控制列表需要 3 个步骤，具体如下。

(1) 定义访问控制列表。

（2）指定访问控制列表应用的接口。

一般采用 interface 命令来指定接口。例如，为了将访问控制列表应用于串口 0，应该使用如下命令：

```
interface S0/ 0;
```

将访问控制列表应用于路由器的以太网端口上时，假定端口为 F0/1，则应该使用下列命令：

```
interface F0/ 1
```

（3）定义访问控制列表作用于接口上的方向。

定义访问控制列表所应用的接口方向，通常使用 ip access-group 命令来指定。

完整的格式是：ip access-group access-list-number {in|out}。

其中，关键字 in 或 out 指明了访问控制列表所使用的方向。方向用于指出在报文进入或离开路由器接口时对其进行过滤。命令如下：

```
ip access-group 110 out    （输出）
ip access-group 110 in     （输入）
```

例 7.6 以下 ACL 语句中，含义为"允许 172.168.0.0/24 网段所有 PC 访问 10.1.0.10 中的 FTP 服务"的是（   ）。

A. access-list 101 deny tcp 172.168.0.0 0.0.0.255 host 10.1.0.10 eq ftp

B. access-list 101 permit tcp 172.168.0.0 0.0.0.255 host 10.1.0.10 eq ftp

C. access-list 101 deny tcp host 10.1.0.10 172.168.0.0 0.0.0.255 eq ftp

D. access-list 101 permit tcp host 10.1.0.10 172.168.0.0 0.0.0.255 eq ftp

试题解析：选项 A 和选项 C 首先可以排除，因为它们是 deny。由扩展 ACL 命令的格式，可以知道答案 D 是不合法的，因此答案是选项 B。

例 7.7 某单位网络的拓扑结构如图 7.24 所示。该网络采用 RIP，要求在路由器 R2 上使用访问控制列表禁止网络 192.168.20.0/24 上的主机访问网络 192.168.10.0/24，在路由器 R3 上使用访问控制列表禁止网络 192.168.20.0/24 上的主机访问网络 10.10.10.0/24 上的 Web 服务，但允许访问其他服务器。

（1）在下列语句的空白处填上合适的答案。

```
R3(config)#access-list 110 deny   ①   192.168.20.0 0.0.0.255 10.10.10.0 0.0.0.255
eq   ②   R3(config)#access-list 110 permit ip any any
```

（2）上述两条语句次序是否可以调整？简单说明理由。

试题解析：

（1）根据扩展 ACL 的语法格式可以知道答案为：① tcp；② www。

（2）次序不可以调整。一旦调整，则所有的 IP 数据包都可以通过了，起不到"禁止网络 192.168.20.0/24 上的主机访问网络 10.10.10.0/24 上的 Web 服务"的作用。

3. NAT 技术

NAT(Network Address Translation)是网络地址转换的简称，也可以称为网络地址

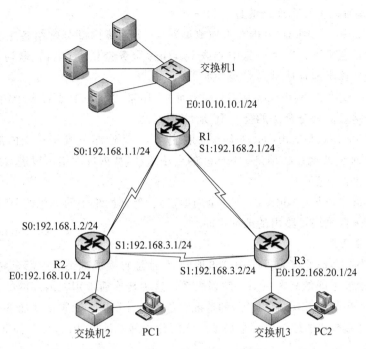

图 7.24 某企业网络拓扑图

翻译。当前 Internet 面临的一个非常重要的问题就是 IP 地址短缺。这个问题就可以通过 NAT 技术来解决。使用 NAT 技术可以使一个机构内的所有用户通过有限个或 1 个合法公网 IP 地址访问 Internet，从而节省公网 IP 地址；而且，通过 NAT 技术也能隐藏内网主机的真实 IP 地址，提高网络安全性。

1）NAT 术语

在 NAT 中，需要正确理解 4 个地址术语，如表 7.2 所示。

表 7.2 NAT 术语

术　　语	基本含义
Inside Local Address	内部本地地址
Inside Global Address	内部全局地址
Outside Local Address	外部本地地址
Outside Global Address	外部全局地址

- Inside：由机构或企业所拥有的内部网络，在这些内部网络中的各主机通常分配的 IP 地址是私有地址，即这些地址不能直接在 Internet 上进行路由，不能直接用于对 Internet 的访问，必须通过网络地址转换，以合法的公有 IP 地址身份来访问 Internet。
- Local：不能在 Internet 上通信的 IP 地址。
- Global：可以在 Internet 上通信的 IP 地址。
- Outside：除了内部网络之外的所有网络，主要指 Internet。

进一步理解以上 4 个地址的含义如下。

- Inside Local Address(内部本地地址)。一个网络内部分配给各主机的 IP 地址，此地址通常不是网络信息中心或 Internet 服务提供商(电信、联通)所分配的 IP 地址。这类地址通常是 C 类私有 IP 地址。
- Inside Global Address(内部全局地址)。用来代替一个或者多个内部本地地址，这个地址对外是合法的公有 IP 地址。
- Outside Local Address(外部本地地址)。一个外部主机相对于内部网络所用的 IP 地址。此地址必须是 Internet 的合法地址，从内部网络可以进行路由的地址空间中进行分配。
- Outside Global Address(外部全局地址)。外部网络中的主机的 IP 地址。此地址通常来自全局可路由的地址空间。

2) 静态 NAT

所谓静态 NAT，是指将一个内部本地的 IP 地址转换成唯一的内部全局地址，即私有地址和合法地址之间的静态一对一映射关系。这种转换通常用在内部网的主机需要对外提供服务(如 Web、E-mail、FTP 等)的情况。静态 NAT 基本配置步骤如下。

(1) 在内部本地地址与内部全局地址之间建立静态地址转换，命令如下:

```
R(config)#ip nat inside source static 内部本地地址 内部全局地址
```

(2) 指定连接内部网络的内部端口。

```
R(config-if)#ip nat inside
```

(3) 指定连接外部网络的外部端口。

```
R(config-if)#ip nat outside
```

3) 动态 NAT

动态 NAT 的方式是一组内部本地地址与一个内部全局地址池之间建立起一种动态的一对一映射关系。在这种地址转换形式下，内部主机可以访问外部网络，外部主机也能对内部网络进行访问，但必须是在内网 IP 地址与内部全局地址之间存在映射关系时才能成功，并且这种映射关系是动态的。动态 NAT 实现的基本步骤如下。

(1) 定义内部全局地址池。

```
R(config)#ip nat pool 地址池名称 起始 IP 地址  终止 IP 地址  netmask 子网掩码
```

(2) 定义一个标准的 access-list 规则。

这个规则允许哪些内部地址可以进行动态地址转换。命令如下:

```
R(config)#access-list 表号 permit 源地址 通配符 (表号为 1~99)
```

(3) access-list 指定的内部本地地址与指定的内部全局地址池进行地址转换。

```
R(config)#ip nat inside source 访问控制列表表号 pool 内部全局地址池名字
```

（4）指定连接内部网络的内部端口。

```
R(config-if)#ip nat inside
```

（5）指定连接外部网络的外部端口。

```
R(config-if)#ip nat outside
```

4）PAT

PAT(Port Address Translation)是端口地址转换的简称,也被称为复用内部全局地址。Cisco 路由器可以把全局地址进行复用性的转换,从而实现内部本地地址对内部全局地址的多对一的映射。当多个内部本地地址映射到同一个全局地址时,端口号将用来区别不同的本地地址。RAT 配置的步骤如下。

（1）定义内部全局地址。

```
R(config)#ip nat pool 地址池名称 内部全局地址  netmask 子网掩码
```

（2）定义一个标准的 access-list 规则。

这个规则允许哪些内部地址可以进行动态地址转换。命令如下:

```
R(config)#access-list 表号 permit 源地址 通配符(表号为 1~99)
```

（3）access-list 指定的内部本地地址与指定的内部全局地址池进行地址转换。

```
R(config)#ip nat inside source 访问控制列表表号 pool 内部全局地址池名字 overload
```

（4）指定连接内部网络的内部端口。

```
R(config-if)#ip nat inside
```

（5）指定连接外部网络的外部端口。

```
R(config-if)#ip nat outside
```

7.4.2　能力目标

- 掌握 ACL 的概念和配置。
- 掌握通过配置静态 NAT 提供 Web 服务。
- 掌握通过配置动态 NAT 使校园网访问 Internet。

7.4.3　任务驱动

任务:某公司有市场部、财务部、办公室 3 个部门内部利用交换机连接成局域网,这 3 个局域网通过路由器连接在一起。为了网络安全,禁止市场部访问财务部的网络,由于办公室与财务部联系紧密,允许办公室访问财务部,请对网络做出相应设置满足上述需求,网络拓扑图如图 7.25 所示。

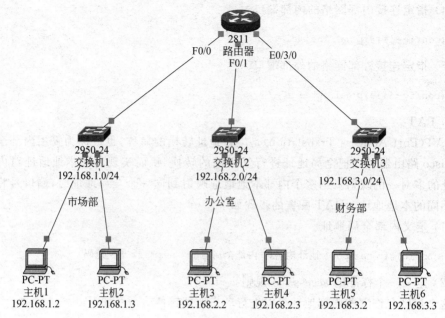

图 7.25 网络拓扑图

任务解析：

（1）按照图 7.25 和表 7.3 所示设置路由器接口与主机的 IP 地址。

表 7.3 IP 地址设置

设 备		IP 地址及子网掩码
路由器	F0/0	192.168.1.1/24
	F0/1	192.168.2.1/24
	E0/3/0	192.168.3.1/24
主机 1		192.168.1.2/24
主机 2		192.168.1.3/24
主机 3		192.168.2.2/24
主机 4		192.168.2.3/24
主机 5		192.168.3.2/24
主机 6		192.168.3.3/24

（2）路由器的基本配置如下。

```
Router>enable
Router#configure terminal
Router(config)#hostname computer
//配置路由器的名字为 computer
computer(config)#int F0/0
computer(config-if)#ip address 192.168.1.1 255.255.255.0
computer(config-if)#no shut down
```

```
//配置端口 F0/0 的 IP 地址
computer(config)#int F0/1
computer(config-if)#ip address 192.168.2.1 255.255.255.0
computer(config-if)#no shut down
//配置端口 F0/0 的 IP 地址
computer(config)#int E0/3/0
computer(config-if)#ip address 192.168.3.1 255.255.255.0
computer(config-if)#no shut down
//配置端口 E0/ 3 / 0 的 IP 地址
```

（3）连通性测试。在配置标准 ACL 之前，测试主机 1（市场部）和主机 5（财务部）的连通性，如图 7.26 所示，从图 7.26 中可以看出，2 台主机是连通的。

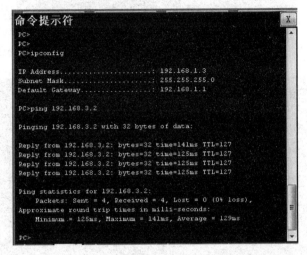

图 7.26　主机 1 与主机 5 的连通性测试（配置前）

（4）配置标准 ACL。配置标准 ACL 过程如下。

```
computer#config t
computer(config)#access-list 11 deny 192.168.1.0 0.0.0.255
computer(config)#access-list 11 permit any
//定义标准 ACL
computer(config)#int E0/3/0
//指定 ACL 所应用的接口(以尽量靠近目的端口为原则)
computer(config-if)#ip access-group 11 out
//指定作用于接口的方向
```

（5）测试。

① 测试主机 2（市场部）与主机 5（财务部）的连通性，如图 7.27 所示，从图 7.27 中可以看出，经过配置标准 ACL 之后，主机 2 与主机 5 无法连通，即实现了市场部无法访问财务部。

② 测试主机 4（办公室）与主机 5（财务部）的连通性，如图 7.28 所示，从图 7.28 中可以看出，主机 4 与主机 5 可以连通，即办公室与财务部可以互通信息，达到网络需求。

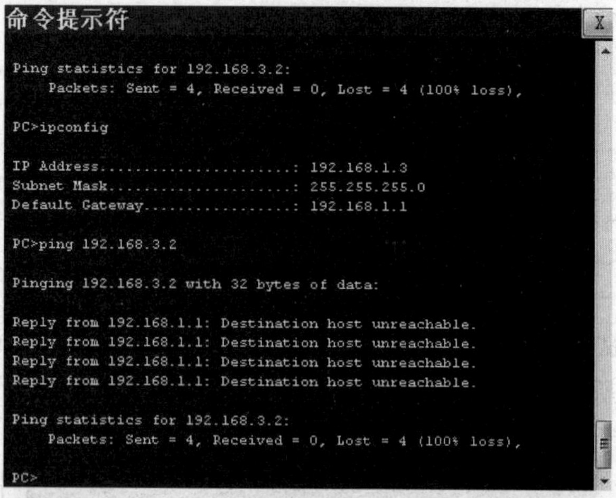

```
命令提示符

Ping statistics for 192.168.3.2:
    Packets: Sent = 4, Received = 0, Lost = 4 (100% loss),

PC>ipconfig

IP Address......................: 192.168.1.3
Subnet Mask.....................: 255.255.255.0
Default Gateway.................: 192.168.1.1

PC>ping 192.168.3.2

Pinging 192.168.3.2 with 32 bytes of data:

Reply from 192.168.1.1: Destination host unreachable.
Reply from 192.168.1.1: Destination host unreachable.
Reply from 192.168.1.1: Destination host unreachable.
Reply from 192.168.1.1: Destination host unreachable.

Ping statistics for 192.168.3.2:
    Packets: Sent = 4, Received = 0, Lost = 4 (100% loss),

PC>
```

图 7.27　主机 2(市场部)与主机 5(财务部)的连通性测试(配置 ACL 后)

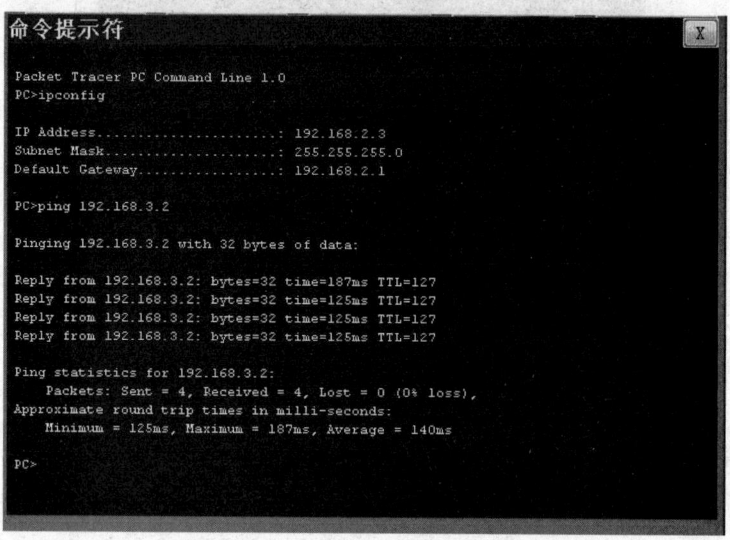

```
命令提示符

Packet Tracer PC Command Line 1.0
PC>ipconfig

IP Address......................: 192.168.2.3
Subnet Mask.....................: 255.255.255.0
Default Gateway.................: 192.168.2.1

PC>ping 192.168.3.2

Pinging 192.168.3.2 with 32 bytes of data:

Reply from 192.168.3.2: bytes=32 time=187ms TTL=127
Reply from 192.168.3.2: bytes=32 time=125ms TTL=127
Reply from 192.168.3.2: bytes=32 time=125ms TTL=127
Reply from 192.168.3.2: bytes=32 time=125ms TTL=127

Ping statistics for 192.168.3.2:
    Packets: Sent = 4, Received = 4, Lost = 0 (0% loss),
Approximate round trip times in milli-seconds:
    Minimum = 125ms, Maximum = 187ms, Average = 140ms

PC>
```

图 7.28　主机 4(办公室)与主机 5(财务部)的连通性测试(配置 ACL 后)

7.4.4　实践环节

实践：某学院的校园网准备接入 Internet，网络拓扑图如图 7.29 所示。内部网络有信息学院、电气工程学院和理学院，分别在不同的 VLAN。连接到三层交换机，三层交换机连接到学校的出口路由器，学校申请了光纤专线，通过在路由器上配置 NAT 技术接入 Internet，且理学院中架设了学校的 Web 服务器，提供 Web 服务。

从图 7.29 中可以看出，网络连接设备是 2 台路由器和三层交换机，要实现信息学院、电气工程学院和理学院能够连接 Internet，享用 Internet 服务。并且使 Internet 网络上的任意用户能够访问到假设理学院中的 Web 服务器，查看学院主页，利用 Cisco Packet Tracer 模拟这个过程，模拟效果如图 7.30 所示。

实践步骤如下。

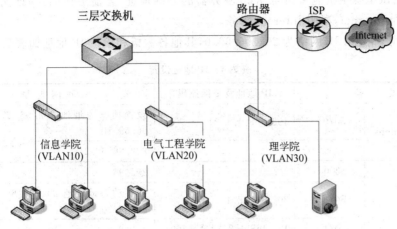

图 7.29 网络拓扑图

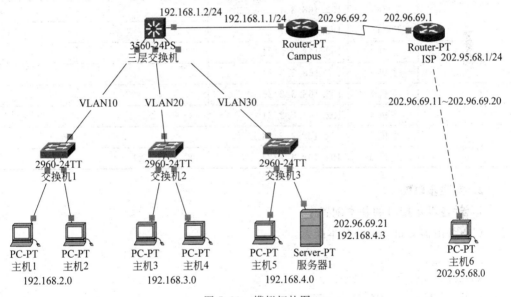

图 7.30 模拟拓扑图

1. 网络配置思路

（1）配置各台主机和路由器各接口的 IP 地址。

（2）利用静态路由和动态路由，配置三层交换机、路由器 Campus 和路由器 ISP，使网络连通。

（3）利用静态 NAT 技术，配置理学院中的 Web 服务器，使主机 6（Internet 中的任意用户）可以访问学院主页。

（4）配置三层交换机和路由 Campus，利用动态 NAT 技术，使学校内网可以访问Internet。

（5）利用动态 NAT 技术配置路由器 ISP，模拟 Internet 网络环境。

（6）测试主机 6 能否访问 Web 服务器。

（7）测试学院主机能否访问 Web 服务器的公网地址,若能够访问,即证明学院内网可以连接到 Internet,享用 Internet 服务。

本实践中,公网 IP 网络为 202.96.69.0,其他各主机和接口 IP 地址如表 7.4 所示。

表 7.4 IP 地址设置

设　　备		IP 地址及子网掩码	公 网 地 址
路由器 Campus	F0/0	192.168.1.1/24	设置动态地址池 202.96.69.3～202.96.69.10
	S2/0		202.96.69.2
路由器 ISP	S2/0		202.96.69.1
	F0/0	202.95.68.1	设置动态地址池 202.96.69.11～202.96.69.20
三层交换机	F0/1	192.168.1.2(VLAN 100)	
	F0/2	192.168.2.1	
	F0/3	192.168.3.1	
	F0/4	192.168.4.1	
VLAN 10	主机 1	192.168.2.2/24	
	主机 2	192.168.2.3/24	
VLAN 20	主机 3	192.168.3.2/24	
	主机 4	192.168.3.3/24	
VLAN 30	主机 5	192.168.4.2/24	
	主机 6	192.168.4.3/24	202.96.69.21

2. 实践步骤

1）对各设备接口的基本配置

（1）路由器 Campus 的基本配置。

```
Router>en
Router#config
Router(config)#hostname campus
campus(config)#int F0/0
campus(config-if)#ip address 192.168.1.1 255.255.255.0
campus(config-if)#no shut d
//F0/0 的接口配置
campus(config)#int S2/0
campus(config-if)#ip address 202.96.69.2 255.255.255.0
campus(config-if)#clock rate 64000
campus(config-if)#no shut down
//S2/0 的接口配置
```

（2）路由器 ISP 的基本配置。

```
Router>en
Router#config t
```

```
Router(config)#hostname ISP
ISP(config)#int F0/0
ISP(config-if)#ip address 202.95.68.1 255.255.255.0
ISP(config-if)#no shut down
//F0/0 的基本配置
ISP(config)#int S2/0
ISP(config-if)#ip address 202.96.69.1 255.255.255.0
ISP(config-if)#no shut down
//S2/0 的基本配置
```

（3）三层交换机的基本配置。

```
Switch>en
Switch#confi t
Switch(config)#hostname S3560
//配置三层交换机的名字
S3560(config)#vtp domain school
//建立 VTP 域,域名 School,默认设置为 VTP Server 端
S3560(config)#vlan 10
S3560(config)#vlan 20
S3560(config)#vlan 30
S3560(config)#vlan 100
//建立 VLAN 10、VLAN 20、VLAN 30、VLAN 40
S3560(config)#int F0/1
S3560(config-if)#switchport access vlan 100
//将三层交换机的 1 号端口配置到 VLAN 100 中,以便配置该接口的 IP 地址
S3560(config)#int F0/2
S3560(config-if)#switchport trunk encapsulation dot1q
S3560(config-if)#switchport mode trunk
S3560(config)#int F0/3
S3560(config-if)#switchport trunk encapsulation dot1q
S3560(config-if)#switchport mode trunk
S3560(config)#int F0/4
S3560(config-if)#switchport trunk encapsulation dot1q
S3560(config-if)#switchport mode trunk
//封装三层交换机的 2 号、3 号、4 号接口,并且设置这些接口为 trunk 模式
S3560(config)#int vlan 100
S3560(config-if)#ip address 192.168.1.2 255.255.255.0
//配置 1 号接口的 IP 地址
S3560(config)#int vlan 20
S3560(config-if)#ip address 192.168.2.1 255.255.255.0
//配置 2 号接口的 IP 地址
S3560(config)#int vlan 30
S3560(config-if)#ip address 192.168.3.1 255.255.255.0
//配置 3 号接口的 IP 地址
S3560(config)#int vlan 40
S3560(config-if)#ip address 192.168.4.1 255.255.255.0
//配置 4 号接口的 IP 地址
```

（4）二层交换机的配置。

① 信息学院的交换机 1 的配置。

```
Switch(config)#vtp domain school
Switch(config)#vtp mode client
//建立与三层交换机的 VTP 域,域名 School,设置为 VTP Client 端
Switch(config)#int F0/2
Switch(config-if)#switchport access vlan 10
Switch(config)#int F0/3
Switch(config-if)#switchport access vlan 10
//将连接主机 1 的 2 号接口和连接主机 2 的 3 号接口分别添加到 VLAN 10 中
```

② 电气工程学院的交换机 2 的配置。

```
Switch#config t
Switch(config)#vtp domain school
Switch(config)#vtp mode client
//建立与三层交换机的 VTP 域,域名 School,设置为 VTP Client 端
Switch(config)#int F0/2
Switch(config-if)#switchport access vlan 20
Switch(config)#int F0/3
Switch(config-if)#switchport access vlan 20
//将连接主机 3 的 2 号接口和连接主机 4 的 3 号接口分别添加到 VLAN 20 中
```

③ 理学院的交换机 3 的配置。

```
Switch>en
Switch#config t
Switch(config)#vtp domain school
Switch(config)#vtp mode client
//建立与三层交换机的 VTP 域,域名 School,设置为 VTP Client 端
Switch(config)#int F0/2
Switch(config-if)#switchport access vlan 30
Switch(config)#int F0/3
Switch(config-if)#switchport access vlan 30
//将连接主机 5 的 2 号接口和连接服务器的 3 号接口分别添加到 VLAN 30 中,同时配置各主机和
Web 服务器的 IP 地址
```

2）配置三层交换机、路由器 Campus 和路由器 ISP 的动态路由与静态路由

（1）路由器 ISP 配置动态路由。

```
ISP(config)#router rip
ISP(config-router)#network 202.96.69.0
ISP(config-router)#network 202.95.68.0
ISP(config-router)#ex
```

（2）三层交换机路由配置。

```
s3560(config)#ip routing
s3560(config)#ip route 0.0.0.0 0.0.0.0 192.168.1.1
```

（3）路由器 Campus 配置。

```
campus(config)#router rip
campus(config-router)#network 192.168.1.0
campus(config-router)#network 202.96.69.0
//配置 RIP
campus(config)#ip route 192.168.2.0 255.255.255.0 192.168.1.2
campus(config)#ip route 192.168.3.0 255.255.255.0 192.168.1.2
campus(config)#ip route 192.168.4.0 255.255.255.0 192.168.1.2
//配置静态路由
```

现在，信息学院、电气工程学院和理学院 3 个内网之间可以连通。下面要将 3 个学院 Internet 连接起来，主要利用 NAT 技术。

3）配置 NAT

（1）路由器 ISP 的动态 NAT 配置。

```
ISP(config)#ip nat pool school 202.96.69.11 202.96.69.20 netmask 255.255.255.0
ISP(config)#access-list 10 permit 20.95.68.0 0.0.0.255
ISP(config)#ip nat inside source list 10 pool school
ISP(config)#int F0/0
ISP(config-if)#ip nat inside
ISP(config-if)#ex
ISP(config)#int S2/0
ISP(config-if)#ip nat outside
```

（2）路由器 Campus 的动态 NAT 配置。

```
ampus(config)#ip nat pool college 202.96.69.3 202.96.69.10 netmask 255.255.255.0
campus(config)#access-list 20 permit 192.168.1.0 0.0.0.255
campus(config)#ip nat inside source list 10 pool college
campus(config)#int F0/0
campus(config-if)#ip nat inside
campus(config)#int S2/0
campus(config-if)#ip nat outside
campus(config)#access-list 20 permit 192.168.2.0
campus(config)#access-list 20 permit 192.168.3.0
campus(config)#access-list 20 permit 192.168.4.0
campus(config)#ip nat inside source list 20 pool college
campus(config)#int F0/0
campus(config-if)#ip nat inside
campus(config)#int S2/0
campus(config-if)#ip nat outside
```

（3）Web 服务器的静态 NAT 配置。

```
campus(config-if)#ip nat inside source static 192.168.4.3 202.96.69.21
campus(config)#int F0/0
campus(config-if)#ip nat inside
campus(config)#int S2/0
campus(config-if)#ip nat outside
```

4) 测试

（1）打开电气工程学院的主机 2 的测试窗口，与 Web 服务器的公网地址 202.96.69. 21 进行连通性测试，如图 7.31 所示。

图 7.31 学院内网与 Web 服务器测试

（2）主机 6（任意 Internet 用户）与 Web 服务器进行连通性测试，如图 7.32 所示。

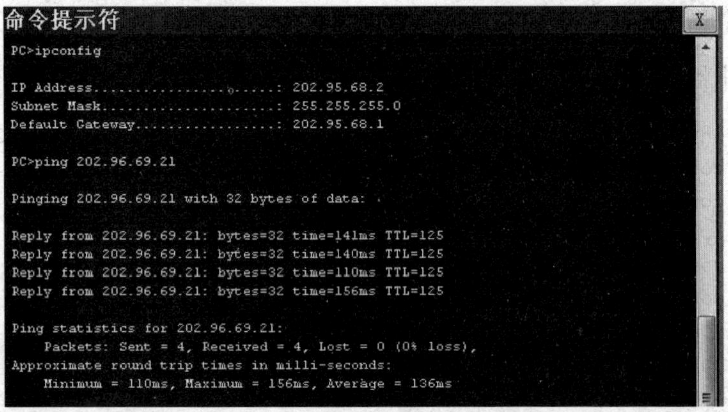

图 7.32 Internet 用户与 Web 服务器测试

从图 7.31 和图 7.32 可以得出结论，学院内网与 Web 服务器的公网地址连通，因此证明学院内网可以连接 Internet，享用 Internet 服务；Internet 用户与 Web 服务器测试连通，因此证明 Web 服务器通过 Internet 网络传递信息，让 Internet 用户查看到学院网页，达到学院利用专线能够连接 Internet 的目的。

小   结

本章主要介绍了 Internet 接入的相关知识，而且还将前面的交换机、路由器的知识都融合进来，理论内容非常丰富。无论对于家庭、小型企业还是校园网络，这部分知识都非常实用。本章用心设计实践内容,尤其在无线网络接入 Internet 这一环节。本章的所有内容都非常重要,所有的内容都要求重点掌握。

习　题

一、选择题

1. 路由器命令 Router(config)# access-list l deny 192.168.1.1 的含义是(　　)。

    A. 不允许源地址为 192.168.1.1 的分组通过

    B. 允许源地址为 192.168.1.1 的分组通过

    C. 不允许目标地址为 192.168.1.1 的分组通过

    D. 允许目标地址为 192.168.1.1 的分组通过

2. 使用 ADSL 虚拟拨号接入方式中,需要在用户端安装(　　)软件。

    A. PPP　　　　　　B. PPPoE　　　　　　C. PPTP　　　　　　D. L2TP

二、简答题

某公司网络结构如图 7.33 所示,通过在路由器上配置访问控制列表(ACL)来提高内部网络和 Web 服务器的安全。

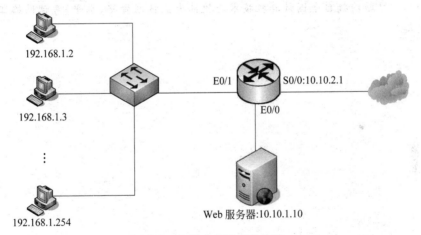

图 7.33　某公司网络结构图

(1) 访问控制列表(ACL)对流入/流出路由器各端口的数据包进行过滤。ACL 按照其功能分为两类:_____只能根据数据包的源地址进行过滤;_____可以根据源地址、目的地址以及端口号进行过滤。

(2) 根据图 7.33 所示的配置,补充完成下面路由器的配置命令:

```
Router(config)#interface _____
Router config-if)#ip address 10.10.1.1  255.255.255.0
Router(config-if)#no shutdown
Router(config-if)#exit
Router(config)#interface _____
Router(config-if)#ip address 192.168.1.1  255.255.255.0
```

```
Router(config)#interface _____
Router(config-if)#ip address 10.10.2.1   255.255.255.0
```

（3）补充完成下面的 ACL 语句，禁止内网用户 192.168.1.254 访问公司 Web 服务器和外网。

```
Router(config)#access-list 1 deny _____
Router(contig)#access-list 1 permit any
Router(config)#interface E0/1
Router(config-if)#ip access-group 1 _____
```

（4）请说明下面这组 ACL 语句的功能。

```
Router(config)#access-list 101 permit tcp any host 10.10.1.10 eq www
Router(config)#interface E0/0
Router(config-if)#ip access-group 101 Out
```

（5）请在问题（4）的 ACL 前面添加一条语句，使内网主机 192.168.1.2 可以使用 Telnet 对 Web 服务器进行维护。

```
Router(config)#access-list 101 _____
```

注：本章习题均摘自全国计算机技术与软件专业技术资格（水平）考试网络工程师资格考试真题。

第 **8** 章

Chapter 8

网络安全技术基础

主要内容

- 操作系统安全基础
- 网络病毒
- Web 服务的安全
- 浏览器的安全

本章将学习操作系统安全基础、网络病毒、Web 服务的安全以及浏览器的安全。所有的内容都是经常会遇到的问题,所以本章的内容实用性很高。

8.1 操作系统安全基础

8.1.1 核心知识

自从有了计算机网络,方便用户共享资源,但同时信息的传输却变得越来越不安全。经常,计算机网络在传输敏感信息时,需要加强计算机网络的安全性。所以,在计算机网络传输数据时,需要区分信息的合法用户和非法用户,也需要鉴别信息的可信性和完整性。在使用网络各种服务的同时,有些人有可能无意地非法访问并修改了某些敏感信息,致使网络服务中断;也有些人出于各种目的有意地窃取机密,破坏网络的正常工作。所有这些活动都对网络造成威胁。所以,要用各种方法来确保网络免受各种威胁和攻击,让网络正常而有序地工作。

如同坚固的建筑物地基可以保障建筑物的稳固一样,安全的操作系统是网络安全的基础,对操作系统的安全配置与管理是强化操作系统安全性的必要措施。

操作系统是用来管理计算机软硬件资源,控制整个计算机系统运行的系统软件,计算机的一切应用都以操作系统为支撑平台。接入网络的操作系统还要同时响应多用户多任务的资源或服务请求,所以操作系统的安全性就是要在开放和共享的环境中认证用户的

身份,对系统资源执行访问控制和保护,保障整个计算机应用系统乃至网络系统的安全。

本书以 Windows Server 2008 为例来介绍操作系统的网络安全,Windows Server 2008 增加了很多新技术及功能,如 Server Core、Powershell、WFAS(高级安全防火墙)、WDS(Windows Deployment Services)、IIS 7.0 及增强的网络与群集技术等,使 Windows Server 2008 更易操作,安全可靠性更强,更迎合现代企业管理的需求,给企业创造更大价值。

如果用户曾经使用过 Linux 或以前版本的 Windows Server,则更能体会到 Windows Server 2008 的巨大魅力。IT 专业人员对其服务器和网络基础结构的控制能力更强,从而重点关注关键业务需求。

Windows Server 2008 通过加强操作系统和保护网络环境提高了安全性。通过加快 IT 系统的部署与维护,使服务器和应用程序的合并与虚拟化更加简单,并且提供直观管理工具,Windows Server 2008 还为 IT 专业人员提供了灵活性。Windows Server 2008 为任何组织的服务器和网络基础结构奠定了最好的基础。Windows Server 2008 具有新的增强的基础结构,先进的安全特性和改良后的 Windows 防火墙支持活动目录用户和组的完全集成。Windows Server 2008 操作系统协助保护服务器基础架构、资料乃至企业,这些安全性具体体现如下。

1. 安全性配置向导

安全性配置向导可协助系统管理员为已部署的服务器角色配置操作系统,以减少攻击表面范围,带来更稳固与更安全的服务器环境。

2. 整合式扩展的组策略

整合式扩展的组策略能够更有效地建立和管理"组策略"(Group Policy),也可以扩大策略安全管理所覆盖的范围。Windows Server 2008 的群组策略有两处改进,第一个就是用于群组策略设置的可搜索的数据库。很多管理员都曾使用过 Excel 表来追踪其群组策略的设置。设若有数千条类似的设置,那么显然通过 Excel 表的方式将会带来很大的麻烦。现在,通过群组策略管理控制台,管理员能够搜索策略,无须 Excel 表,从而显著提升效率。第二个群组策略的提升是在群组策略设置中添加注解的能力。在设置中添加注解不仅能帮助当前的管理员,也能帮助未来的管理员进行有关群组策略的故障检测。比如,在管理员配置群组策略时,管理员能够添加注解——为什么需要配置如此特别的策略;然后,如果需要进行故障检测或者重新配置该策略时,那么该管理员(或者其继任者)能够明白配置该策略的来龙去脉。此外,当管理员进行群组策略建模时,指出不同的策略的不同含义,那些注解因此能够在报表中显示出来,能够简化群组策略的架构。

3. 网络访问保护

网络访问保护可确保网络和系统运作,不会被安全性不佳的计算机影响,并隔离及修补不符合所设定安全性原则的计算机。

4. 用户账户控制

用户账户控制(User Account Control,UAC)可以提供全新的验证架构,防范恶意软件的攻击。

5. 新版密码学编译接口

在活动目录(AD)中,域是一个安全分界线。作为 Windows Server 2008 的先期版本,Windows Server 2003 的安全分界线被限定为每个域拥有一个密码策略。这是一个比较受限的措施,因此在 Windows Server 2008 中已经被取消。现在管理员无须通过创建新域来获得一个新的密码策略,管理员只需为特定的群组或者用户设定密码策略即可。如果企业中的 CEO 或者 CIO 需要更为严格的密码策略,这在 Windows Server 2008 中很容易达成。

6. 只读网域控制站

只读网域控制站(Read Only Domain Controller,RODC)可以提供更安全的方法,利用主要数据库的只读复本,为远程及分支机构的用户进行本机验证。

7. 活动目录协同服务

活动目录协同服务(Active Directory Federation Services,ADFS)利用在不同网络上执行的不同身份识别和访问目录,让合作伙伴之间更容易建立信任的合作关系,而且仅仅需要安全的单一登入动作,就可以轻松进入对方的网络。

8. 活动目录认证服务

活动目录认证服务(Active Directory Certificate Services,ADCS)具有多个 Windows Server 2008 公开密钥基础结构(PKI)的强化功能,包括监控凭证授权单位(Certification Authorities)状况不佳的 PKIView,以及以更安全的全新 COM 控制取代 ActiveX,为 Web 注册认证。

9. 活动目录权限管理服务

活动目录权限管理服务(Active Directory Rights Management Services,ADRMS)与支持 RMS 的应用服务,可协助管理员更轻松地保护数据,并且可以防范未经授权的用户。

10. 位锁驱动加密

位锁驱动加密(BitLocker Drive Encryption,BDE)可以提供增强的保护措施,这样可以避免服务器硬件崩溃时,资料被盗取或外泄。在更换服务器时,更安全地删除资料。

8.1.2　能力目标

- 了解 Windows Server 2008 安全方面的新特性。
- 掌握通过安全配置向导进行 Windows Server 2008 的安全策略配置。
- 掌握配置 Windows Server 2008 的高级安全防火墙的设置。

8.1.3　任务驱动

任务:利用安全配置向导进行 Windows Server 2008 的安全策略配置。

任务解析:

(1) 启动安全配置向导,选择"开始"→"运行"选项,在打开的对话框中输入 scw.exe,进入"安全配置向导"界面,如图 8.1 所示。

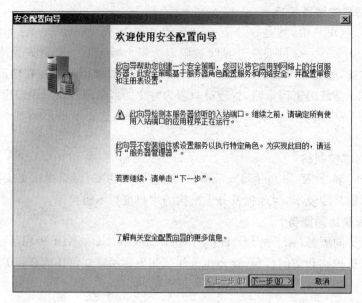

图 8.1　安全配置向导启动

（2）在打开的窗口中，选择要执行的操作，选中"新建安全策略"单选按钮，单击"下一步"按钮继续，如图 8.2 所示。

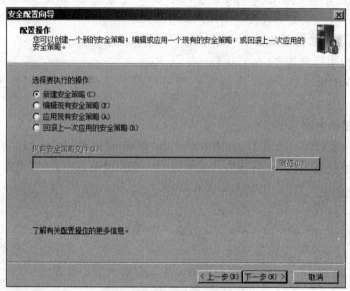

图 8.2　选择要执行的操作

（3）选择服务器，单击"下一步"按钮继续，如图 8.3 所示。

（4）出现如图 8.4 所示的对话框，Windows Server 2008 正在处理安全配置数据库，证明安全配置向导运行完成。

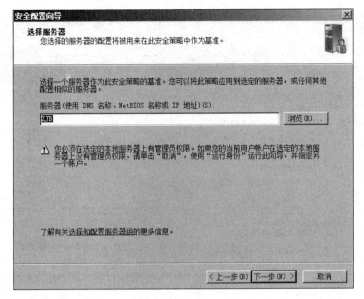

图 8.3   选择服务器

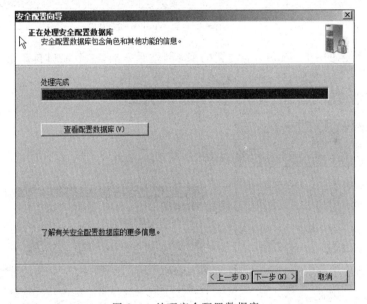

图 8.4   处理安全配置数据库

8.1.4   实践环节

实践：以建立入站规则为例，操作高级安全防火墙设置。

实践步骤如下。

（1）选择"开始"→"管理工具"选项，在打开的"本地安全策略"窗口的左侧窗格中选择"高级安全 Windows 防火墙"选项，启动防火墙设置，如图 8.5 所示。

（2）定制入站规则：已经在 Windows Server 2008 上安装了 Windows 版的 Apache

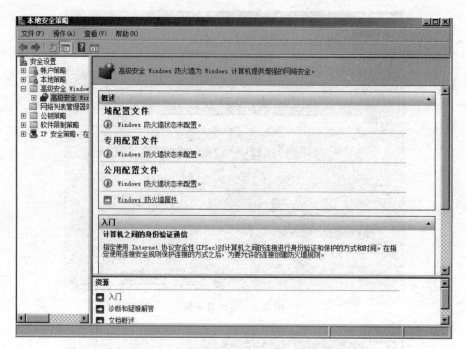

图 8.5　启动高级安全 Windows 防火墙

网站服务器,已经使用了 Windows 内置的 IIS 网站服务器,这个端口自动会为用户打开。
选择入站规则——新规则,开始启动新规则的向导,如图 8.6 所示。

（3）选择端口作为创建的规则类型,如图 8.7 所示。

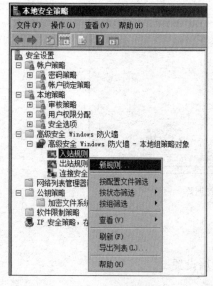

图 8.6　建立新规则

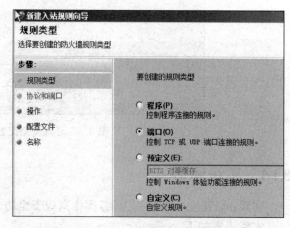

图 8.7　创建规则类型

（4）配置协议及端口号。选择默认的 TCP,输入 80 作为端口号,然后单击"下一步"
按钮继续,如图 8.8 所示。

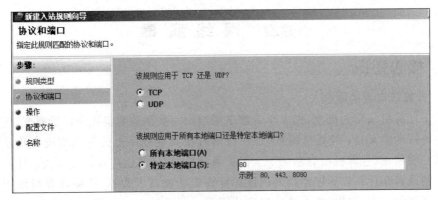

图 8.8 选择协议和端口号

（5）选中默认的"允许连接"单选按钮，并单击"下一步"按钮继续，如图 8.9 所示。

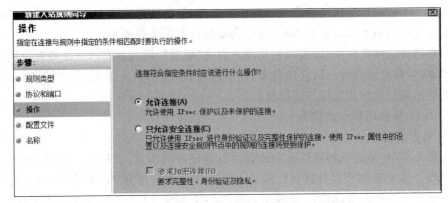

图 8.9 入站规则的操作

（6）选择默认的应用这条规则到所有配置文件，并单击"下一步"按钮继续，如图 8.10 所示。

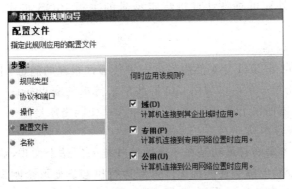

图 8.10 规则应用的配置文件

（7）给这个规则起一个名字，然后单击"完成"按钮。

8.2　网络病毒

8.2.1　核心知识

1. 计算机病毒的概念

关于计算机病毒的概念,很多学者都试图给出一些涵盖意义比较广的概念,现在国际上比较流行的定义是:计算机病毒,是一段附着在其他程序上的可以实现自我繁殖的程序代码。我国在《计算机信息系统安全保护条例》中对计算机病毒的定义为:计算机病毒是指编制或者在计算机程序中插入的破坏计算机功能或者数据,影响计算机使用并且能够自我复制的一组计算机指令或者程序代码。

2. 网络病毒的危害

虽然网络病毒大部分没有感染文件的特性,但是它会对整个网络的计算机造成影响,像世界第一个破坏性的网络病毒——莫里斯蠕虫,就曾使互联网上的 6000 多台计算机陷入瘫痪。所以网络上的计算机越多,网络病毒造成的危害就越大。

恶意网页是网页中的"地雷",它是网虫们的"噩梦",因为只有网虫才最有可能遇到这类病毒,这类病毒发作时会破坏注册表,控制计算机(包括禁止桌面,修改默认首页,分区不可见等),甚至会格式化用户的硬盘。

3. 2011 年度网络十大病毒

1) 鬼影病毒

鬼影是 2010 年出现的可以感染硬盘主引导记录的病毒,该病毒一出现,就因直接在 Windows 下成功改写硬盘分区表而闻名。2011 年鬼影病毒升级了数个版本,其特点基本为改写硬盘主引导记录(MBR)释放驱动程序替换系统文件,干扰或阻止杀毒软件运行,恶意修改主页,下载多种盗号木马。

在最新出现的版本中,还会释放自己的驱动程序和杀毒软件对抗,阻止杀毒软件修复被改写的硬盘主引导记录。2011 年 9 月,鬼影 4 代病毒(其他杀毒厂商称为 BMW 病毒),除了上述特征外还可感染计算机特定型号的主板 BIOS 芯片,使病毒的清除更加困难。

2) QQ 群蠕虫病毒

QQ 群蠕虫病毒是 2011 年突然爆发的一种传播性很强的病毒,中毒计算机的 QQ 会自动转发群消息,是第一个可以利用 QQ 群共享来传播的蠕虫病毒。该病毒主要伪装成电视棒破解程序欺骗网民下载,盗取魔兽、邮箱及社交网络账号。

3) 变形金刚盗号木马

变形金刚盗号木马病毒最初是在一个伪装外挂的网站上发现,病毒利用暴风影音加载 DLL 文件时不校验的漏洞使病毒文件得到运行机会。变形金刚盗号木马病毒开创了利用正常软件间接加载病毒的先河,此后,这种手法被大量病毒作者复制。中毒计算机会随机不定时弹出网页广告,变形金刚盗号木马感染了超过 16 万台计算机。

4) 输入法盗号木马

2011 年输入法盗号木马病毒释放的 mgtxxx.ocx 文件拦截量曾经居高不下,病毒还推广较多的互联网软件赚取推广费,病毒的主要目的是盗取游戏账号。该病毒最大的特点是注入输入法程序,当用户按 Ctrl+Shift 组合键切换输入法时,会激活病毒程序。

5) QQ 假面病毒

QQ 假面病毒是由易语言编写,利用"我的自拍""美女图片"做诱饵盗取 QQ 账号。该病毒制造了一个透明的按钮贴在 QQ 登录按钮上。强迫中毒计算机 QQ 下线,逼迫用户手动输入 QQ 密码后单击登录。该病毒强大的迷惑性感染了数十万台计算机。

6) 空格幽灵病毒

空格幽灵病毒是一个仿图片的病毒,实质是一个远程控制程序。用户一旦打开查看此"图片",远程控制程序就会在计算机后台悄然运行,为黑客打开便利之门。黑客可以像控制自己计算机一样控制中毒计算机,这可能会导致用户隐私信息泄露和虚拟财产被盗,甚至黑客可以利用其组建僵尸网络,对目标计算机进行攻击。这个病毒的特点是使用空格键为启动快捷键,每按一次空格,就激活病毒程序运行,空格幽灵由此得名。

7) DNF(地下城与勇士)假面病毒

DNF 假面病毒是通过伪游戏外挂网站传播的,其最主要目的是盗取网络游戏 DNF (地下城与勇士)账号。病毒巧妙地修改了网络相关的系统组件,当用户开机拨号联网或运行任何有访问网络行为的程序,比如,访问网络邻居时,病毒就被触发。

8) 淘宝客劫持木马

淘宝客劫持木马是指劫持浏览器访问淘宝网、淘宝商城到淘宝客页面的一类木马病毒。这类病毒是通过推广淘宝客导致商家成本上升佣金被吸走。淘宝客劫持木马病毒在2011 年严重感染,对淘宝的正常经营构成较严重影响,许多店主不得不放弃淘宝客这种推广方式。

9) 新型 QQ 大盗

新型 QQ 大盗通过成人网站的专用播放器传播,感染后,会在后台下载更多木马和流氓软件,窃取用户信息。该病毒窃取 QQ 号的方法比较独特,病毒的主要目标是 Q 币余额不为 0 的账号。对没有 Q 币的账号,虽然也可顺手偷走,但病毒作者并未将这些 QQ 号的登录信息发往远程服务器。

10) 网购木马

网购木马在 2011 年全年都很活跃,从发现它的第一天到现在,版本一直在更新,手法一直在变换。有多个网购木马成功突破安全软件的防御,甚至有网购木马还会直接推荐安装某安全浏览器,因为只有在网民使用这种浏览器购物时,病毒才会偷窃成功。

4. 计算机病毒的特点

对计算机病毒的研究,是国内外的研究热点。通过国内外对计算机病毒的研究,对计算机病毒的特点总结如下。

1) 传染性

传染性是计算机病毒最重要的特征,是判断一段程序代码是否为计算机病毒的依据。病毒程序一旦侵入计算机系统就开始搜索可以传染的程序或者磁介质,然后通过自我复制迅速传播。由于计算机网络发展迅猛,计算机病毒可以在极短的时间内,通过向Internet 这样的网络传遍世界。从 2016 年开始网络病毒传播的途径也有所改变,主要传播途径以"网络钓鱼"和"网页挂马"为主。

2）潜伏性

计算机病毒与一般人体感染的细菌病毒的特性差不多，它具有依附于其他媒体而寄生的能力，这种媒体把它称为计算机病毒的寄主。依靠病毒的寄生能力，病毒传染合法的程序或系统后，不立即发作，而是悄悄隐藏起来，然后在用户不察觉的情况下进行传染。这样，病毒的潜伏性越好，在系统中存在的时间也就越长，病毒传染的范围也就越广，危害性也就越大。

3）可执行性

计算机病毒与其他程序都一样，是一段可执行程序，但它并不完整，而是寄生在其他可执行程序中的，因此它享有其他一切程序所能得到的权利。病毒运行时，与合法程序争夺系统的控制权。只有计算机病毒在计算机内运行时，才具有传染性和破坏性。也就是说，程序对 CPU 的控制权是关键问题。计算机病毒一旦在计算机上运行，在同一计算机内病毒程序与正常系统之间，或某种病毒与其他病毒程序争夺系统控制权时往往会造成系统崩溃，导致计算机瘫痪。反病毒技术就是要提前取得计算机系统的控制权，识别出计算机病毒的代码和行为，组织其取得系统控制权。反病毒技术的优劣主要体现在这点上。

4）可触发性

因为某个事件或数值的出现，诱使病毒实施感染或进行攻击的特性称为可触发性。为了隐蔽自己，病毒必须潜伏，少做动作。如果完全不做动作，一直潜伏，病毒既不能感染也不能进行破坏，便失去了杀伤力。病毒既要隐蔽又要维持杀伤力，那么它必须具有可触发性。病毒的触发机制就是用来控制感染和破坏动作频率的。病毒具有预定的触发条件，这些条件可能是时间、日期、操作或某些特定数据等。病毒运行触发机制检查预定条件是否满足，如果满足，则启动感染或执行破坏动作，使病毒进行感染或攻击；如果不满足，则病毒继续潜伏。例如，大家熟知的 CIH 病毒，就是以时间作为触发条件，所以有些用户为了避免触发这个病毒，就将系统时间改变，跳过病毒触发的时间，之后再将时间改回来来预防此病毒。

5）破坏性

任何病毒只要侵入系统，都会对系统及应用程序产生不同程度的影响。轻者会降低计算机的工作效率，占用系统资源，重者可导致系统崩溃。根据此特性，可将病毒分为良性病毒与恶性病毒。良性病毒可能只显示画面或出现音乐、无聊的语句或者根本没有任何破坏动作，但会占用系统资源，这类病毒较多。恶性病毒则有明确的目的，如破坏数据、删除文件或加密磁盘、格式化磁盘，有的甚至对数据造成不可挽回的破坏。

计算机病毒的破坏性主要取决于计算机病毒设计者的目的，如果病毒设计者的目的在于彻底破坏系统的正常允许，那么这种病毒对于计算机系统进行攻击造成的后果是不堪设想的，它可以毁掉计算机系统的部分数据，也可以破坏全部数据并使之无法恢复。并非所有的病毒都对系统产生极其恶劣的破坏作用，但有时几种原本没有多大破坏作用的病毒交叉感染，也会导致系统崩溃等恶劣的影响。

6）非授权性

一般正常的程序先由用户调用，再由系统分配资源，完成用户交给的任务。其目的对用户是可见的、透明的。而病毒具有正常程序的一切权限，它隐藏在正常程序中，当用户调用正常程序时它窃取到系统的控制权，先于正常程序执行，病毒的动作、目的对用户是未知的。病毒对系统的攻击是主动的，不以人的意志为转移。从一定程度上讲，计算机系统无论采取多么严密的保护措施都不可能彻底排除病毒对系统的攻击，而保护措施充其量只是一种预防的手段而已。

7）隐蔽性

病毒一般是具有很高的编程技巧、短小精悍的程序，通常附在正常程序中或磁盘较隐蔽的地方，也有个别的以隐含文件形式出现，目的是不让用户发现它的存在。如果不经过代码分析，病毒程序与正常程序是不容易区别开的。一般在没有防护措施的情况下，计算机病毒程序取得系统控制权后，可以在很短的时间里感染大量程序。而且受到传染后，计算机系统通常仍能正常运行，用户不会感到任何异常，好像不曾在计算机内发生过什么，但是如果病毒在传染到计算机上之后，计算机马上无法正常运行，那么病毒本身便无法继续进行传染了。

计算机病毒的隐蔽性表现在两个方面：一是传染的隐蔽性，大多数病毒在进行传染时速度是极快的，一般不具有外部表现，不易被人发现；二是病毒程序存在的隐蔽性，一般的病毒程序都夹在正常程序中，很难被发现，而一旦病毒发作出来，往往已经给计算机系统造成了不同程度的破坏。被病毒感染的计算机在多数情况下仍能维持其部分功能，不会由于一旦感染上病毒，计算机就不能启动了；或者某个程序一旦被病毒所感染，它也不会马上停止允许。计算机病毒设计的精巧之处也在这里。正常程序被计算机病毒感染后，其原有功能基本上不受影响，病毒代码程序附于其上而得以存活，得以不断地得到运行的机会，去传染更多的文件，与正常程序争夺系统的控制权和磁盘空间，不断地破坏系统，导致整个系统瘫痪。

8）非法性

病毒程序执行的是非授权（非法）操作。当用户引导系统时，正常进入计算机系统，可是病毒也同时趁机而入，这种情况并不在人们预定目标之内。

5. 计算机病毒对计算机的影响

计算机病毒破坏计算机系统，如修改注册表、格式化磁盘、改写文件分配表和目录区、删除系统运行的重要文件和破坏 CMOS 设置等。除此之外，它还能毁坏计算机存储的数据。

病毒进驻内存后不但干扰系统运行，还影响计算机运行速度，主要表现在以下几个方面。

（1）病毒为了判断传染激发条件，总是对计算机的工作状态进行监视，这相对于计算机的正常运行状态既多余又有害。

（2）有些病毒为了保护自己，不但对磁盘上的静态病毒加密，而且进驻内存后的动态病毒也处在加密状态，CPU 每次寻址到病毒处要运行一段解密程序把加密的病毒解密成合法的 CPU 指令再执行；而病毒运行结束时再用一段程序对病毒重新加密。这样 CPU

额外执行数千条以至上万条指令。

（3）病毒在进行传染时同样要插入非法的额外操作，特别是传染软盘时不但计算机速度明显变慢，而且软盘正常的读/写顺序被打乱，发出刺耳的噪声。

据有关计算机销售部门统计，计算机用户怀疑"计算机有病毒"而提出咨询约占售后服务工作量的 60％以上，经过检测确实存在病毒的计算机比例约占 70％，另有 30％的情况只是用户怀疑，而实际上计算机并没有病毒。那么用户怀疑存在病毒的理由是什么呢？多半是出现诸如计算机死机、软件运行异常等现象。这些现象确实很有可能是计算机病毒造成的，但又不全是，实际上在计算机工作"异常"时很难要求一位普通用户去准确判断是否是病毒的原因。大多数用户对病毒采取宁可信其有的态度，这对于保护计算机安全无疑是十分必要的，然而往往要付出时间、金钱等代价。仅仅怀疑病毒而贸然格式化磁盘所带来的损失更是难以弥补。不仅是个人单机用户，即使是在一些大型网络系统中也难免会因为病毒而受到影响。总之，计算机病毒就像"幽灵"一样笼罩在计算机用户心头，给人们造成巨大的心理压力，极大地影响了现代计算机的使用效率，由此带来的无形损失是难以估量的。

6. 计算机病毒的分类

从病毒产生开始，到底有多少种病毒已经无法统计，但病毒的数量仍在不断增加。据统计，计算机病毒以 10 种/周的速度递增。按照计算机病毒的特点及特性，计算机病毒的分类方法有许多种，同一种病毒可能有多种不同的分类方法。

1) 按照计算机病毒攻击的操作系统分类

（1）DOS：DOS 是人们使用最早、最广泛的操作系统，没有自我保护的机制，因而这类病毒出现也最早。

（2）Windows：随着 Windows 操作系统的发展，它的图形用户界面和多任务操作系统深受用户的欢迎，Windows 操作系统已经取代 DOS 操作系统，成为病毒攻击的主要对象。

（3）UNIX：由于 UNIX 操作系统应用非常广泛，并且许多大型的主机都采用 UNIX 作为主要的操作系统，UNIX 病毒就是针对这些大型主机的。

（4）OS/2：目前已经出现了攻击 OS/2 操作系统的病毒。

（5）NetWare：在以前 NetWare 操作系统应用非常广泛，NetWare 病毒就是针对此系统的。

2) 按照病毒的攻击机型不同分类

（1）攻击微型计算机的病毒：微型计算机是最常用的设备，攻击微型计算机的病毒也最广。

（2）攻击小型计算机的病毒：小型计算机的应用范围也是极为广泛的，它既可以作为网络的一个节点机，也可以作为小的计算机网络的主机。

（3）攻击计算机工作站的病毒：计算机工作站在近几年有了比较快速的发展，并且应用范围也有了较大的发展，攻击计算机工作站的病毒也应运而生。

3) 按照计算机病毒的链接方式不同分类

计算机病毒本身是为了攻击对象而产生的，以实现对计算机系统的攻击，计算机病毒所攻击的对象是计算机系统可执行的部分。

（1）源代码病毒：该病毒攻击高级语言编写的程序，在高级语言所编写的程序编译前就插入源程序中，经编译成为合法程序的一部分，这些恶意代码将会终身伴随合法程序，一旦有触发条件就会爆发。

（2）嵌入型病毒：该病毒是将自身嵌入现有程序中，把计算机病毒的主体程序与其攻击的对象以插入的方式链接。病毒一旦侵入程序体后就很难消除。如果同时再采用多态性病毒技术、超级病毒技术和隐蔽性病毒技术，就会给反病毒技术带来更严峻的挑战。

（3）外壳型病毒：该病毒是将其自身包围在合法的主程序的四周，对原来的程序不做修改。这种病毒最为常见，易于编写，也易于发现，一般测试文件的大小即可知道。

（4）操作系统型病毒：该病毒把自己的程序代码加入操作系统进行工作，具有很强的破坏力，可以导致整个系统瘫痪，例如，圆点病毒和大麻病毒。这种病毒在运行时，用自己的程序代码取代操作系统的合法程序模块，对操作系统进行破坏。

4）按照计算机病毒的破坏情况不同分类

（1）良性计算机病毒。

良性计算机病毒是指其不会包含对计算机系统产生直接破坏作用的代码。这类病毒为了表现其存在，只是不停地进行扩散，从一台计算机传染到另外一台计算机，并不破坏计算机内的数据。良性计算机病毒在取得系统控制权后，会导致整个系统运行效率降低，系统可用内存总数减少，使某些应用程序不能运行。它还与操作系统和应用程序争抢CPU 的控制权，会导致整个系统死锁，给计算机正常的使用带来障碍。有时系统内还会出现集中病毒交叉感染的现象，一个文件不停地反复被几种病毒感染。这不仅消耗大量宝贵的磁盘存储空间，而且整个计算机系统也由于多种病毒寄生于其中而无法正常工作。因此也不能轻视良性计算机病毒对计算机系统造成的损害。

（2）恶性计算机病毒。

恶性计算机病毒是指在其代码中包含有损伤和破坏计算机系统的操作，在其传递或发作时会对系统产生直接的破坏作用。这类病毒很多，例如米开朗琪罗病毒，当它发作时，硬盘的前 17 个扇区将被彻底破坏，使整个硬盘上的数据无法被恢复，造成的损失是无法挽回的。有的病毒还会对硬盘做格式化等破坏。这些操作代码都是被刻意编写进病毒的。这类恶性计算机病毒非常危险，应当注意防范。

5）按照传播媒介不同分类

（1）单机病毒。

单机病毒的载体是磁盘或 U 盘，常见的是病毒从软盘或 U 盘传入硬盘进而感染系统，然后再传染其他软盘或 U 盘，软盘或 U 盘又传染其他系统。

（2）网络病毒。

网络病毒的传播媒介不再是移动式载体，而是网络，这种病毒的传染能力更强，破坏力更大。

6）按传染方式不同分类

（1）引导型病毒。

引导型病毒主要是感染磁盘的引导区，在使用受感染的磁盘启动计算机时它们就会首先取得系统控制权,驻留内存之后再引导系统,并伺机传染其他软盘或硬盘的引导区,它一般不对磁盘文件进行感染。

(2)文件型病毒。

文件型病毒通常传染磁盘上的可执行文件,在用户调用染毒的可执行文件时,病毒首先被运行,然后病毒驻留内存伺机传染其他文件,其特点是附着于正常程序文件,成为程序文件的一个外壳或部件。文件型病毒主要以感染文件扩展名为 COM、EXE 等可执行程序为主。它的引导必须借助于病毒的载体程序,即要运行病毒的载体程序,才能把文件型病毒引入内存。已感染病毒的文件执行速度会缓慢,甚至完全无法执行,而有些文件遭到感染后,一旦执行就会遭到删除。大多数的文件型病毒都会把它们自己的程序复制到其宿主的开头或结尾处,这会造成已感染病毒文件的长度变长,也有部分病毒直接改写"受害文件"的程序码,因此感染病毒后文件长度仍然不变。

(3)混合型病毒。

混合型病毒兼有以上两种病毒的特点,既感染引导区又感染文件,因而扩大了这种病毒的传染途径。

7) 引导型病毒按其寄生对象分类

(1) MBR(主引导区)病毒。

MBR 病毒也被称为分区病毒,将病毒寄生在硬盘分区主引导程序所占据的硬盘 0 头 0 柱面第 1 个扇区中,例如,大麻病毒、2708 病毒。

(2) BR(引导区)病毒。

将病毒寄生在硬盘逻辑 0 扇区或软盘逻辑 0 扇区(即 0 面 0 道第 1 个扇区)。例如,Brain 病毒、小球病毒等。

8) 按照病毒特有的算法不同分类

(1)伴随型病毒:这一类病毒并不改变文件本身,它们根据算法产生.exe 文件的伴随体,具有同样的名字或不同的扩展名 COM,例如 xcopy.exe 的伴随体是 xcopy.com。病毒把自身写入 COM 文件并不改变 EXE 文件,当 DOS 加载文件时,伴随体优先被执行,再由伴随体加载执行原来的 EXE 文件。

(2)蠕虫型病毒:通过计算机网络传播,不改变文件和资料信息,利用网络从一台机器的内存传播到其他机器的主存,将自身的病毒通过网络发送。有时它们在系统存在,一般除了内存外不占用其他资源。

(3)寄生型病毒:它们依附在系统的引导扇区或文件中,通过系统的功能进行传播,它还可以细分为练习型病毒,病毒自身包含错误不能进行很好的传播。

(4)诡秘型病毒:一般不直接修改 DOS 中断和扇区数据,而是通过设备技术和文件缓冲区等技术对 DOS 内部进行修改。

(5)变形病毒:这种病毒又被称为幽灵病毒,它使用一个复杂的算法,使自己每次感染都具有同等的内容和长度,它一般是由一段混有无关指令的解码算法和被改变过的病毒体组成。

例 8.1 杀毒软件报告发现病毒 Macro.Melissa,由该病毒名称可以推断出病毒类型是(a)(　　　),这类病毒主要的感染目标是(b)(　　　)。

(a) A. 文件型   B. 引导型

       C. 目录型   D. 宏病毒

(b) A. EXE 或 COM 可执行文件   B. Word 或 Excel 文件

       C. DLL 系统文件   D. 磁盘引导区

试题解析：Melissa 病毒是一种快速传播的能够感染那些使用 MS Word 97 和 MS Office 2000 的计算机宏病毒。即使不知道 Melissa 病毒是什么也没关系，因为前面有个 Macro，表明这是宏病毒。因此，答案分别是 D 选项和 B 选项。

例 8.2 下面病毒中，属于蠕虫病毒的是(　　)。

A. Worm. Sasser 病毒   B. Trojan. QQPSW 病毒

C. Backdoor. IRCBot 病毒   D. Macro. Melissa 病毒

试题解析：Worm 表示蠕虫，Trojan 表示木马，Backdoor 表示后门，Macro 表示宏。因此答案为 A 选项。

7. 病毒的防范策略

计算机病毒的防范要从防毒、查毒和解毒 3 方面来进行。"防毒"是指根据系统特性，采取相应的系统安全措施预防病毒侵入计算机。"查毒"是指对于确定的环节，能够准确地报出病毒名称，该环境包括内存、文件、引导区和网络等。"解毒"也被称为"杀毒"，是指根据不同类型病毒对感染对象的修改，按照病毒的感染特性所进行的恢复。该恢复过程不能破坏未被病毒修改的内容。感染对象包括内存、引导区、可执行文件、文档文件和网络等。

随着计算机的普及和应用的不断发展，必然会出现更多的计算机病毒，这些病毒将会以更巧妙、更隐蔽的手段来破坏计算机系统的工作，因此必须增强预防计算机病毒的意识，掌握计算机病毒的操作技能，在操作计算机过程中自觉遵守各项规章制度，保证计算机的正常运行。

在使用计算机的过程中，要重视计算机病毒的防治，如果怀疑感染了计算机病毒，应该使用专门的病毒软件及时查毒、杀毒。但最重要的是预防，杜绝病毒进入计算机，这就需要建立一整套病毒防治的规章制度和应急体系，提高安全防范意识。因为目前计算机病毒主要通过网络传播，所以计算机病毒的防治主要是指网络病毒的防治。

8.2.2　能力目标

- 理解病毒的基本概念。
- 了解病毒的分类。
- 理解病毒的特点。
- 掌握计算机感染病毒的表现。
- 掌握防范病毒的方法。

8.2.3　任务驱动

任务：计算机出现哪些症状，可以判断计算机可能中毒？

任务解析：在一般情况下，计算机在感染病毒之后总有一些异常现象出现，其中具有代表性的行为如下。

（1）计算机动作比平常迟钝。

（2）程序载入时间比平时长，因为有些病毒能控制程序或系统的启动程序，当系统刚开始启动或一个应用程序被载入时，将执行这些病毒，因而会花更多时间载入程序。

（3）对于一个平常比较简单的磁盘访问，花了比预期长的时间。

（4）有不寻常的错误信息出现，表示病毒已经试图去读取磁盘并感染它，特别是当这种信息频繁出现时。

（5）硬盘的指示灯无缘无故地闪亮，磁盘可利用的空间突然减少，这是因为病毒已经开始复制了。

（6）系统内存忽然大量减少，这是因为有些病毒会消耗大量的内存，曾经执行过的程序，再次执行时，突然提示没有足够的空间可以利用。

（7）可执行文件的大小改变了，在正常情况下，这些程序应该维持固定的大小，但有些不太高明的病毒会增加程序的大小。

（8）内存中增加来路不明的进程，文件莫名其妙地消失或是被加进一些奇怪的资料。

（9）文件的名称、系统的日期、浏览器的主页被修改。

（10）浏览器设置被强行篡改。如浏览器主页强行被设定为某个网址导航站，收藏夹中被加入若干网址，手动修改无效；桌面生成商业网站的访问链接，无法轻易删除；浏览器弹出广告，经常访问钓鱼网站。

（11）莫名其妙被安装了较多软件。

（12）在线购物时被骗钱，网银明明显示扣款成功，交易系统却显示未付款。

（13）QQ 或 MSN 被盗后出现异常登录，朋友声称自己的 QQ 号或 MSN 自动发出消息，或者被人冒充向好友借钱，或向聊天群组上传带毒附件。

（14）游戏账号或装备被盗。

（15）其他不易被网民主观察觉且更为严重地影响包括计算机被远程控制和个人资料被泄露。

8.2.4 实践环节

实践：以 360 杀毒软件为例，介绍杀毒软件的安装和使用。360 杀毒软件是免费软件，用户可以直接到官网（http://sd.360.cn）上进行下载。

实践步骤如下。

1. 安装 360 杀毒软件

（1）双击 360 启动安装程序，选择安装路径，进入下一步直接进行安装，如图 8.11 所示。

（2）安装的过程如图 8.12 所示。安装好的界面以智巧模式显示，如图 8.13 所示。

2. 设置 360 杀毒软件

"360 杀毒软件 3.0"程序的主界面切换到专业模式，如图 8.14 所示。

设置 360 杀毒软件的操作方法如下。

（1）单击图 8.14 所示杀毒软件主界面右上角的"设置"链接，在打开的对话框中设置 360 杀毒软件，如图 8.15 所示。

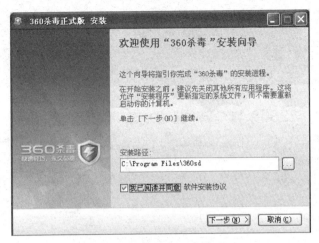

图 8.11　360 杀毒软件安装界面

图 8.12　360 杀毒软件安装过程

图 8.13　360 杀毒软件的智巧模式

图 8.14　360 杀毒软件主界面

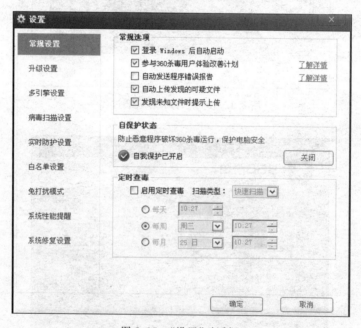

图 8.15　"设置"对话框

（2）选择"常规设置"选项卡，可以设置开机启动 360 杀毒软件、自保护状态、定时杀毒。

（3）选择"升级设置"选项卡，可以对自动升级、其他升级，以及代理服务器进行设置。

（4）选择"病毒扫描设置"选项卡，可以对扫描的文件类型、发现病毒时的处理方式和其他扫描选项进行设置。

（5）选择"实时防护设置"选项卡，可以为防护级别设置高级、中级和低级，对监控的文件类型、发现病毒时的处理方式和其他防护选项进行设置。

（6）单击"确定"按钮，可以保存设置。

3. 360 杀毒软件升级

可以设置系统启动时自动更新，也可以通过主界面的"产品升级"对 360 杀毒软件进行升级。运行更新，如图 8.16 所示。

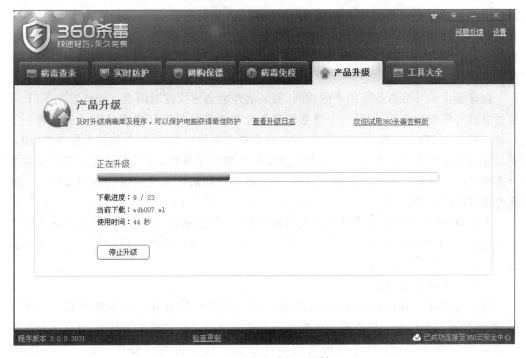

图 8.16　"产品升级"对话框

4. 使用 360 杀毒软件杀毒

使用 360 杀毒软件查杀病毒有 3 种方式：快速扫描、全盘扫描和指定位置扫描。

（1）快速扫描是指对病毒和木马的关键位置进行扫描，精确查杀。

（2）全盘扫描是指对计算机所有分区进行扫描，确保文件安全。

（3）指定位置扫描是指对用户指定的目录或文件进行扫描。单击"指定位置扫描"选项，弹出对话框勾选位置，单击"扫描"按钮开始查杀病毒。

（4）扫描完毕后，360 杀毒软件直接给出查杀结果。

8.3 Web 服务的安全

8.3.1 核心知识

WWW 服务在短时间内得到迅猛发展,是人们最常用的 Internet 服务。目前,Web 站点遍及世界各地,万维网用超文本技术把 Web 站点上的文件链接在一起,文件可以包括文本、图形、声音、视频以及其他形式。用户可以自由地通过超文本导航从一个文件进入另一个文件,方便搜索信息。不管文件在哪里,只要在 HTTP 连接的字或图上单击一下就行了。

搜索 Web 文件的工具是浏览器,常用的浏览器是 Microsoft Internet Explorer。HTTP 只是浏览器中使用的一种协议,浏览器还会使用 FTP、Gopher、WAIS 等协议,也会包括 NNTP 和 SMTP 等协议。因此,当用户在使用浏览器时,实际上是通过 HTTP 申请服务,也会申请 FTP、Gopher、WAIS、NNTP 和 SMTP 等服务器。这些服务器都存在漏洞,是不安全的。

浏览器由于灵活而备受用户的欢迎,而灵活性也会导致控制困难。浏览器比 FTP 服务器更容易转换和执行,但是一个恶意的侵入也就更容易得到转换和执行。浏览器一般只能理解基于 HTML 格式、JPEG 和 GIF 图形格式等数据格式,对其他的数据格式,浏览器是通过外部程序来观察的。一定要注意哪些外部程序是默认的,不能允许那些危险的外部程序进入站点。不要随便增加外部程序,不要轻信陌生人的建议而随便地进行个性化外部程序的配置。

大部分 Web 站点注意的只是站点内容的安全,但是通过 WWW 会引入外部文件和程序,通过超文本会进入其他站点的文本。它们一般对这些文本和程序的安全性考虑得很少,因此会带来很多问题。

1. IIS-Web 安全设置

为了适应目前 Internet/Intranet 的潮流,各公司纷纷推出自己的 WWW 信息发布产品,微软公司也不例外。在微软公司推出的一系列应用产品和开发工具中,有许多是免费提供给用户使用的,从而占有很大的市场份额。这些免费产品中,有一套名为 IIS (Internet Information Server)的 Web 服务器产品。

Windows Server 2008 的系统管理员可以使用 IIS 建立起大容量、功能强大的 Web、FTPhe SMTP 服务器,从而拥有属于自己的安全的 Internet 和 Intranet 网站,它可以将信息发布给全世界的用户。

正是由于 IIS 的安全性以 Windows Server 2008 操作系统作为基础,如果 IIS 系统被攻击,也就意味着系统遭到了入侵,对于服务器的所有数据都会变得不安全。因此,加强 IIS 的安全是非常必要的。

2. IIS 安全设置要注意的问题

1) 避免安装在主域控制器上

在安装 IIS 后,计算机上生成 IUSR_Computername 匿名账户(Computername 为服务器的名字),该账户被添加到用户组中,从而把应用于域用户组的访问权限提供给访问

Web 服务器的每个匿名用户,这不仅给 IIS 带来了巨大的潜在危险,而且还可能牵扯到整个域资源的安全,因此要尽可能避免把 IIS 安装在域控制器上,尤其是主域控制器。

2)避免安装在系统分区上

把 IIS 安装在系统分区上,会使系统文件与 IIS 同样面临非法访问,容易使非法用户侵入系统分区。

3)一般账户的管理

通过使用数字与字母(包括大小写)相结合的密码,提高修改密码的频率,封锁失败的登录尝试以及设置账户的生存期等,对一般用户账户进行管理。

4)端口安全性的实现

对于 IIS 服务,无论是 WWW 站点、FTP 站点,还是 NNTP、SMTP 服务等都有各自监听和接收浏览器请求的 TCP 端口号,一般常用的端口号为:WWW 是 80 端口,FTP 是 21 端口,SMTP 是 25 端口。可以通过修改端口号来提高 IIS 服务器的安全性。如果修改了端口设置,只有知道端口号的用户才可以访问,但用户在访问时需要指定新端口号。

3. IIS-Web 服务器的安全性

Web 服务器是 IIS 中一个强有力的、功能全面的工具,它优于其他同类产品。作为 Windows Server 2008 下一项服务运行时,能为各种规模的网络提供快速、方便、安全的 Web 出版功能。如果计划建立 Web 网站,要确保 Web 网站及其内容的安全和网络及其资源的安全,除了在前面提到的 IIS 安全措施之外,还要采取其他相应的手段,列举如下。

1)登录认证的安全

IIS-Web 服务器对用户提供如下 3 种形式的身份认证。

(1)匿名访问方式。

匿名访问就是不用验证,用户并不需要输入用户名和密码,都是使用一个匿名账号登录网站。在这 3 种身份认证中,匿名访问是安全性最低的一种方式,可以禁止匿名访问方式。默认的匿名账号的格式是:IUSR_主机名。

(2)基本验证。

目前,公司主页网站设置为基本验证,而且不允许匿名访问,所以浏览器浏览公司主页网站时,需要拥有 Windows Server 2008 的用户账户和密码,浏览器会出现一个“输入网络密码”对话框,输入用户名和密码之后,输入的数据会送到 Web 服务器进行基本验证,身份验证无误之后才能进入 Web 站点的首页。

(3)集成 Windows 验证。

集成 Windows 验证与基本验证方法相同,只是对传送的数据会进行加密保护,目前只有 Internet Explorer 浏览器支持这种验证方式。集成 Windows 验证和基本验证不同的地方在于,登录网站时,并不会马上显示用户“输入网络密码”的对话框,而是先以客户端的用户信息进行验证。如果客户端用户没有足够的权限,才会显示“输入网络密码”的对话框。在使用集成 Windows 验证时有下列注意事项。

首先需要了解匿名访问的严重后果,并采取预防措施来确保为匿名访问创建的账户拥有适应的许可权。若要设置用户对 Web 服务器进行访问的类型,可在 IIS 服务管理器中双击 WWW,调出 Web 服务器再双击 Web 服务器,以显示 Web 属性对话框。在对话框中可以看到,设置 Web 服务程序可以使用多种选项。对于安装的大多数 IIS 而言,默认选项最好。

如果希望允许大众进行访问,一定要确保同意匿名访问。按照默认设置,当 IIS 安装好后,在用户数据库就会创建一个新用户账户,其名字为 IUSR_,后接安装号的服务器名。例如,如果服务器名为 FS,新用户账户则为 IUSR_FS。当账户创建好,它被赋予有限的访问权,并增加到域用户、客人用户和 Everyone 组中。

此外,IUSR_账户被赋予在本地登录的权限。所有 Web 用户都必须具有这种权限,原因是他们的请求被传送至 Web 服务器服务程序,该服务程序利用他们的账户去登录,接着允许 Windows Server 2008 分配相应的访问权。

如果希望所有用户按照特定的用户账户和密码就能够轻松得到验证,仅清除 Anonymous Logon(匿名登录)选项即可。将要求各用户在访问服务器的资源前输入有效的用户 ID 和密码。如果能启动启示功能,就能查看到谁正在访问 Web 服务器以及他们所进行的操作。

2) 设置用户审核

安装在 NTFS 文件系统上的文件夹和文件,一方面要对其权限加以控制,对不同的用户组和用户进行不同的权限设置。另外,还可以利用 NTFS 的审核功能对某些特定用户组成员读文件的企图等方面进行审核,有效地通过监视,如文件访问、用户对象的使用等发现非法用户进行非法活动的前兆,及时加以预防制止。

3) 设置 WWW 目录的访问权限

对已经设置 Web 目录的文件夹,可以实现对 WWW 目录访问权限的设置,而该目录下的所有文件和子文件夹都将继承这些安全性。WWW 服务除了提供 NTFS 文件系统提供的权限外,还提供读取权限,允许用户读取或下载 WWW 目录中的文件;执行权限,允许用户运行 WWW 目录下的程序和脚本。

为了确保网站的安全性,配置 Web 服务器可以看到的目录以及相应的访问层次也是很重要的。第一次安装 IIS 时,按照默认设置,它会自行创建一个名为 InetPub 的目录,接着为 Internet 服务生成根目录。Web 服务器的根目录默认为 wwwroot,它应当是主页所在的位置。接着可以用 Directories 标签来增加存储额外内容的新目录。

4) IP 地址的控制

可以设置允许或拒绝从特定 IP 地址发来的服务请求,有选择地允许特定主机的用户访问服务,可以通过设置来组织除指定 IP 地址外的整个网络用户来访问自己的 Web 服务器。

5) 使用 SSL

IIS-Web 的身份认证除了匿名服务、基本验证和 Windows 请求/响应方式之外,还有一种安全性更高的认证:通过 SSL 使用数字证书进行访问。

8.3.2 能力目标

- 了解 Web 服务安全的基本设置。
- 掌握 Web 服务器的安全设置。

8.3.3　任务驱动

任务：如果正在运行 Web 服务器，尽管已经根据前面讨论过的内容采取了预防措施，但是，还有哪些安全漏洞有待于填补？

任务解析：

（1）停用.bat 和.cmd 文件的映射功能，如果黑客拿到这些 Web 服务器上的可执行文件，就可能运行这些 Web 文件。通过取消对脚本程序的所有目录的阅读许可证，就可以停用某些文件夹的映射功能。

（2）将脚本程序和数据存储在不同的目录，必须使包含脚本程序的目录只拥有执行许可。

（3）禁止使用 Directory Browsing Allowed（允许目录浏览）。启动这一功能后会给出一个浏览器，该浏览器含有某个目录中的超文本文件列表，从而使黑客能篡改目录中的文件。

（4）避免使用 Remote Virtual Directories（远程虚拟目录）。必须将 IIS 的所有可执行文件和数据安装在同一台机器上，并利用 NTFS 来保护。当用户试图从远程目录访问文档时，总是使用输入属性页上的用户名和密码，这就有可能绕过访问控制列表。当编写和使用 CGI 脚本程序时，一定要小心。有经验的黑客也许会利用编写拙劣的 CGI 脚本程序对自己的系统进行访问。

（5）牢记特权最小的原则，如果只允许主机对 Web 服务器的访问，那么就只激活Web 服务器主机的 80 端口。

（6）全面测试 Web 服务器的安全性，设法发现并弥补任何漏洞。

8.3.4　实践环节

实践：基于 Windows Server 2008 系统，实现 Web 服务器的身份验证和访问控制，保障 Web 服务安全。

注意：实践要在安装 Windows Server 2008 操作系统并开通了 Web 服务的服务器上进行。

实践步骤如下。

1. 实现身份验证和访问控制

1）禁止匿名访问

安装 IIS 后产生的匿名用户 IUSR_Computername（密码随机产生），其匿名访问给Web 服务器带来潜在的安全问题，应该对其权限加以控制。如果没有匿名访问的需要，可以取消 Web 的匿名服务，具体设置步骤如下。

打开"Internet 信息服务（IIS）管理器"，找到 Web 站点，双击"身份验证"选项，在打开的对话框中选择"匿名身份验证"选项，右击，在弹出的菜单中选择"禁用"命令，如图 8.17所示。

2）使用身份验证

在 Windows Server 2008 的"Internet 信息服务（IIS）管理器"中，除了匿名访问之外，还集成了 Windows 身份验证、基本身份验证、摘要式身份验证等。要启用身份验证，就选择相应的菜单进行编辑。以基本身份验证为例，右击"基本身份验证"选项，在弹出的菜单

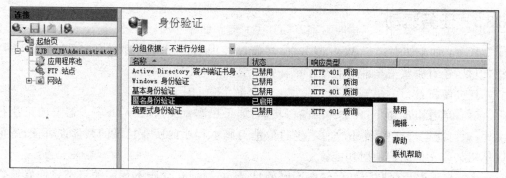

图 8.17　禁用匿名验证

中依次选择"启用""编辑"命令,进入图 8.18 所示的对话框,在"默认域"和"领域"文本框中输入要使用的域名。如果没有输入,则将运行 IIS 的服务器的域用作默认域。

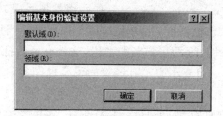

图 8.18　编辑基本身份验证

有些 Web 网站由于其使用范围的限制,或者其私密性的限制,可能需要只向特定用户公开,而不是向所有用户公开。此时就需要拒绝所有 IP 地址访问,然后添加允许访问的 IP 地址(段),或者拒绝的 IP 地址(段)。需要注意的是,要使用"IP 地址限制"功能,必须安装 IIS 服务的"IP 和域限制"组件。

(1) 添加"IP 和域限制"角色。

在"服务器管理器"(位置:选择"开始"→"程序"→"管理工具"选项)的"角色"窗口中,单击"Web 服务器(IIS)"区域中的"添加角色服务",打开如图 8.19 所示窗口。添加"IP 和域限制"角色。如果先前安装 IIS 时已安装该角色,那么就不需要安装;如果没有安装,则选中该角色服务,安装即可。

(2) 启动 IP 地址和域限制。

安装完成后,重新打开 IIS 管理器,选择 Web 站点,双击"IP 地址和域限制"图标,显示如图 8.20 所示"IPv4 地址和域限制"窗口。

(3) 设置 IP 和域限制。

单击窗口右侧"操作"栏中的"编辑功能设置"超链接,显示如图 8.21 所示的"编辑 IP 和域限制设置"对话框。在下拉列表中选择"拒绝"选项,那么此时所有的 IP 地址都将无法访问站点。如果访问,将会出现 403.6 的错误信息。

在窗口右侧"操作"栏中,单击"添加允许条目"超链接,显示"添加允许限制规则"对话框,如图 8.22 所示。如果要添加允许某个 IP 地址访问,可选中"特定 IPv4 地址"单选按钮,输入允许访问的 IP 地址。

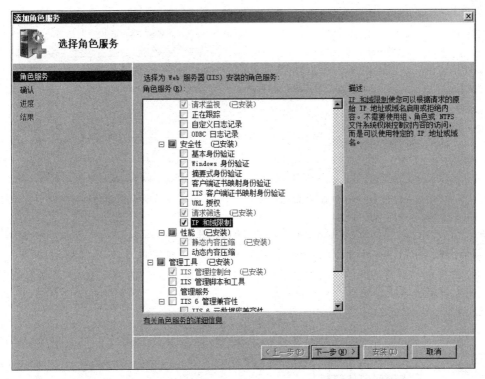

图 8.19　添加角色服务

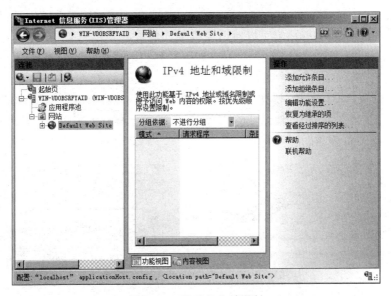

图 8.20　IP 地址和域限制

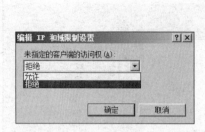

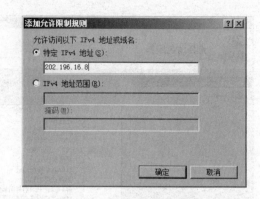

图 8.21 编辑 IP 和域限制设置   图 8.22 添加允许限制规则

一般来说,需要设置一个站点是要多个人访问的,所以大多情况下要添加一个 IP 地址段,可以选中"IPv4 地址范围"单选按钮,并输入 IP 地址及子网掩码或前缀即可,如图 8.23 所示。需要说明的是,此处输入的是 IPv4 地址范围中的最低值,然后输入子网掩码,当 IIS 将此子网掩码与"IPv4 地址范围"文本框中输入的 IPv4 地址一起计算时,就确定了 IPv4 地址空间的上边界和下边界。

经过以上设置后,只有添加到允许限制规则列表中的 IP 地址才可以访问 Web 网站,使用其他 IP 地址都不能访问,从而保证了站点的安全。

2. 设置拒绝访问的计算机

"拒绝访问"和"允许访问"正好相反。"拒绝访问"将拒绝一个特定 IP 地址或者拒绝一个 IP 地址段访问 Web 站点。比如,Web 站点对于一般的 IP 都可以访问,只是对某些 IP 地址或 IP 地址段不开放,就可以使用该功能。

打开"编辑 IP 和域限制设置"对话框,在下拉列表中选择"允许"选项,使未指定的 IP 地址允许访问 Web 站点,参考图 8.21 所示。

在 IIS 管理器窗口右侧"操作"栏中单击"添加拒绝条目"超链接,显示如图 8.24 所示对话框,添加拒绝访问的 IP 地址或者 IP 地址段即可。操作步骤和原理与"添加允许条目"相同,这里不再重复。

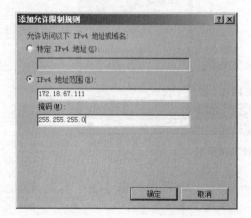

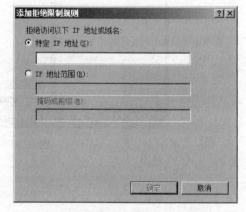

图 8.23 添加 IP 地址段   图 8.24 添加拒绝限制规则

8.4　浏览器的安全

8.4.1　核心知识

当互联网在人们的生活中发挥出越来越大的作用时,作为互联网入口的浏览器也显得越来越重要。甚至有人预言,在网速飞快增长、网络应用极为丰富的将来,一台计算机可能连操作系统都不再需要,它只需一个固化在硬件中的浏览器提供一个网络的入口而已,而所有应用都可以直接通过网络来实现。

正是由于浏览器的重要性,这也使其成为众多网络攻击瞄准的目标,多年以来,浏览器的安全问题一直是各种争议的焦点。尽管如今不再是以往 IE 独霸天下的局面,Firefox、Opera、Chrome 还有 Safari 等后起之秀层出不穷,它们都标榜各自的安全性能,但不管采用哪种浏览器,都难以避免浏览器安全问题的困扰,这些安全问题列举如下。

1. 浏览器漏洞

事实上,大多数成功的蠕虫或者其他网络攻击所依靠的都是少数几种通用操作系统或者应用软件中存在的安全漏洞。这些攻击者们千方百计寻找并利用各种漏洞,如果用户没有及时修补漏洞,这些攻击者就会趁虚而入。而浏览器作为用户最常用的软件,其漏洞成为很多攻击者追寻的目标,也成为众多安全问题的来源。

对于浏览器的漏洞,很多人都有一个误解,认为 IE 的安全性是很差的,它的漏洞也是最多的。与一直以“安全性”来标榜的 Firefox 浏览器相比,IE 的漏洞数量反而小得多,大概只有 Firefox 漏洞数量的 1/4。只是因为 IE 的市场占有率是最高的,所以才使 IE 成为众多黑客盯上的目标。另外,IE 浏览器漏洞的修复时间较长一些。其实,不管用哪种浏览器,都难以避免安全漏洞的问题。

如何避免浏览器漏洞,很简单,及时升级新版本并打上新的补丁。一旦用户使用的浏览器推出了新的版本或者有新的浏览器补丁放出,就赶紧升级或者打上补丁,这样能够避免一些浏览器带来的安全问题。

2. 网页挂木马

网页挂木马也是浏览器使用过程中经常可能遇到的问题,而这也是黑客传播木马最重要的手段。黑客在网页中嵌入的一段用于自动下载木马程序的恶意代码或者脚本,从而利用该代码或脚本就可以实施木马植入,这种行为就称为“网页挂木马”。当用户浏览了被挂木马的网页后就会感染木马,从而被黑客控制,被盗取各类账号和密码,如电子银行账户和密码、游戏账号和密码、邮箱账户和密码、QQ/MSN 账号和密码等;有时还会被强迫安装恶意插件,强迫浏览黑客指定的网站;更有甚者还会使用户计算机成为僵尸主机,被利用来攻击其他对象。网页挂木马已成为目前最主要的互联网安全威胁之一。

网页挂木马是通过利用漏洞来进行的,除了浏览器本身的漏洞外,目前很多流行应用软件的漏洞也被利用进行挂木马。这其中包括一些播放器软件漏洞、聊天工具漏洞、网络电视软件漏洞、常用的下载工具的漏洞,甚至连很多常用文件格式,如图片、MP3、Flash等,都曾曝出来严重漏洞,成为木马的传播途径。

防范网页挂木马的主要方法,首先还是要及时打上补丁,不仅包括系统补丁、浏览器补丁，一些应用软件的安全补丁也要及时打上。还可以调高浏览器的安全级别，限制脚本、ActiveX 控件、插件等的运行，这可以避免很多的安全威胁。还可以使用一些具有防网页挂木马功能的杀毒软件或者安全辅助工具，目前很多杀毒软件或者安全辅助工具都已提供了这一功能。另外，还可以使用一些安全厂商推出的安全浏览器产品，这些浏览器都强化了其在安全方面的性能。此外，应该尽量避免去一些自己不熟悉的、不正规的网站浏览或者下载软件，因为这些网站上面可能就挂有木马。对于那些正规网站的管理者来说，也要注意好自己网站服务器的安全，做好安全防范措施，避免被黑客入侵并加以利用挂上木马。

在 Internet 中，计算机网络安全级别高低的区分是以用户通过浏览器发送数据和浏览访问本地客户资源能力高低来区分的。安全和灵活是相互矛盾的。高的安全级别必然使用户在使用过程中缺乏一些灵活性以及功能的限制。Web 技术的发展也是安全和功能强大的平衡。纯粹文件的 HTML 或许是安全的（如果把内容给用户身心带来的冲击，比如暴力、色情等不看作安全问题），但这样功能会受到一些程度的限制。

3. 浏览器劫持

通俗来说，就是故意误导浏览器行进路线的一种现象，常见的浏览器劫持现象有：访问正常网站时被转向到恶意网页、当输入错误的网址时被转到劫持软件指定的网站、输入字符时浏览器速度严重减慢、IE 浏览器主页/搜索页等被修改为劫持软件指定的网站地址、自动添加网站到"受信任站点"、不经意的插件提示安装、收藏夹里自动反复添加恶意网站链接等，不少用户都深受其害。那么，这类现象是如何引起的呢？用户又该如何防范应对呢？这就是本节要介绍的内容。

浏览器劫持（Browser Hijack）是一种恶意程序软件，通过恶意修改用户个人计算机的浏览器默认设置，以引导用户登录被其修改的或并非用户本意要浏览的网页。大多数浏览器劫持者是在用户访问其网站时，通过修改其浏览器默认首页或搜索结果页，达到劫持网民浏览器的目的。这些载体可以直接寄生于浏览器的模块里，成为浏览器的一部分，进而直接操纵浏览器的行为。"浏览器劫持"的后果非常严重，用户只有在受到劫持后才会发现异常情况；目前，浏览器劫持已经成为 Internet 用户最大的威胁之一。

"浏览器劫持"的攻击手段可以通过被系统认可的"合法途径"来进行。所谓"合法途径"，即是说大部分浏览器劫持的发起者，都是通过一种被称为 BHO（Browser Helper Object，浏览器辅助对象）的技术手段来植入系统。

BHO 是微软早在 1999 年推出的作为浏览器对第三方程序员开放交互接口的业界标准，它是一种可以让程序员使用简单代码进入浏览器领域的"交互接口"，由于 BHO 的交互特性，程序员还可以使用代码去控制浏览器的行为，比如，常见的修改替换浏览器工具栏、在浏览器界面上添加自己的程序按钮等操作，这些操作都被系统视为"合法"，这就是"浏览器劫持"现象赖以存在的根源。

4. Cookie

Cookie 是 Netscape 开发并将其作为持续保存状态信息和其他信息的一种方式，目前绝大多数浏览器都支持 Cookie。如果能够链入网页或其他网络，就可以使用 Cookie 来传递某些具有特定功能的小信息块。Cookie 是一个储存于浏览器目录中的文本文件，大概由 255 个字符组成,占 4KB 的空间。当用户在浏览某个站点时,Cookie 存储于用户机的 RAM 中;推出浏览器之后,它存储于用户的硬盘中。存储在 Cookie 中的大部分信息是普通的信息。例如,浏览一个站点时,此文件记录了每一次的击键信息和被访站点的 URL 等。但是许多 Web 站点使用 Cookie 来存储对私人的数据,例如,注册密码、用户名、信用卡编号等。若想查看存储在 Cookie 中的信息,可以从浏览器目录中查找名字为 Cookie. txt 或 Magic Cookie 的文件,然后利用文本编辑器或文字处理软件打开查看即可。Cookie 是以标准文本文件形式存储的,因此它不会传递任何病毒,所以 Cookie 本身是安全的。

5. ActiveX 及安全设置

ActiveX 是 Microsoft 公司提供的一款高级技术,它可以像一个应用程序一样在浏览器中显示各种复杂的应用。在互联网上,ActiveX 插件软件的特点是:一般软件需要用户单独下载然后执行安装,而 ActiveX 插件是当用户浏览到特定的网页时,IE 浏览器即可自动下载并提示用户安装。ActiveX 插件安装的一个前提是必须经过用户的同意及确认。ActiveX 插件技术是国际上通用的基于 Windows 平台的软件技术,除了网络实名插件之外,许多软件均采用此种方式开发,例如,Flash 动画播放插件、Microsoft Media Player 插件、CNNIC 通用网址插件等。

当通过 Internet 发行软件时,软件的安全性是一个非常引人注意的问题,IE 浏览器通过以下的方式来保证 ActiveX 插件的安全。

(1) ActiveX 使用了安全级别和证明两个补充性的策略,追求进一步的软件安全性。

(2) Microsoft 提供了一套工具,可以用它来增加 ActiveX 对象的安全性。

(3) 通过 Microsoft 的验证代码工具,可以对 ActiveX 控件进行签名,这告诉用户的确是控件的作者而且没有他人篡改过这个控件。

(4) 为了使用验证代码工具对组件进行签名,必须从证书授权机构获得一个数字证书。证书包含表明特定软件程序是正版的信息,这确保了其他程序不能再使用原程序的标识。证书还记录了颁发日期。当用户试图下载软件时,Internet Explorer 会验证证书中的信息,以及当前日期是否在证书的截止日期之前。如果在下载时该信息不是最新的和有效的,Internet Explorer 将显示一个警告。

(5) 在 IE 默认的安全级别中,ActiveX 控件安装之前,用户可以根据自己对软件发行商和软件本身的信任程度,选择决定是否继续安装和运行此软件。

ActiveX 的主要优点是:动态的内容可以吸引用户,它是开放的、跨平台支持,并可以运行在 Windows、UNIX 和 Macintosh 操作系统上。可以为开发人员提供能够开发 Internet 和企业网络程序的环节。

ActiveX 的缺点是:用户通过浏览器浏览一些带有恶意的 ActiveX 控件时,这些控件可以在用户毫不知情的情况下执行 Windows 操作系统的任何程序,给用户带来很大的风险。

8.4.2　能力目标

- 了解浏览器安全现状。

- 掌握浏览器的 Cookie 设置。
- 掌握 ActiveX 的安全设置。

8.4.3 任务驱动

任务：如果在使用浏览器时感到不安全，可以拒绝 Web 服务器设置的 Cookie 信息或当服务器在浏览器上设置 Cookie 时显示警示窗口，它将告知设置的 Cookie 的值及删除所花费的时间。在 Windows 下如何拒绝接收 Cookie，怎样删除 Cookie 文件内容或把文件属性设置为只读？

任务解析：

1. IE 选项法

（1）启动 IE 浏览器。

（2）在"工具"菜单中，选择"Internet 选项"选项，打开"Internet 选项"对话框。

（3）选择"隐私"选项卡，将滑块移到更高的隐私级别。如果移动到最顶端则是选择阻止所有的 Cookie，此时系统将阻止所有网站的 Cookie，而且网站不能读取计算机上已有的 Cookie，最后单击"确定"按钮，如图 8.25 所示。

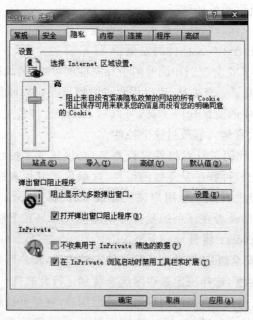

图 8.25　IE"隐私"选项卡——级别（高）

2. 属性设置法

如果想禁止个别的 Cookie，例如，记录双击键操作的 Cookie，可以通过删除相应文件内容来破坏这些 Cookie，然后把文件属性改为只读、隐藏、系统属性，并且存储文件。当登录到一个设置了这种 Cookie 的站点时，它既不能从 Cookies 读取任何信息，也不会传递新的信息。

（1）启动"Windows 资源管理器"。

（2）找到保存 Cookie 的文件夹。使用 Windows 版本不同,保存 Cookie 的文件夹会有所不同。

（3）右击该文件夹,在弹出的菜单中选择"属性"选项,打开"文件夹属性"对话框,选中"只读"复选框,指定此文件夹中的文件为只读属性,只读意味着文件不能被更改或意外删除。

3. 注册表法

属性设置法实际上也有缺陷,就是网站照样可以读取计算机上已有的 Cookie,而且有一些特殊 Cookie 不是以文本文件形式存在,而是保存在内存中。这类 Cookie 通常是用户在访问某些特殊网站时,由系统自动在内存中生成,一旦访问者离开该网站又自动将 Cookie 从内存中删除。上述两种方法对这些 Cookie 就无能为力了,而"注册表法"可以弥补这些不足。

（1）打开"开始"菜单,再选择"运行"选项,在弹出的对话框的文本框中输入 regedit 字样,单击"确定"按钮,打开"注册表编辑器"窗口。

（2）依次展开 HKEY_LOCAL_MACHINE\SOFTWARE\Microsoft\Windows\Current Version\Internet Settings\Cache\Special Paths\Cookies 分支,右击 Cookie 选项,然后在快捷菜单中选择"删除"命令,当系统提示确认删除时,单击"是"按钮。

（3）关闭"注册表编辑器"窗口。

为了防止一些网站将 Cookie 文件放到用户的计算机中,除了如上所述手动进行设置外,还有一个简便的方法是安装软件来保护用户的 Cookie 文件。这类软件功能十分强大,不但能让已保存在计算机中的 Cookie 无处藏身,也能将用户浏览网页时保存在硬盘缓存中的垃圾信息清除。

8.4.4 实践环节

实践:在 IE 中对 ActiveX 的使用进行设置。尤其是安全设置禁止运行该页中的 ActiveX 控件,关闭 IE,再重新设置 IE 的 Internet 区域的安全级别。

实践步骤如下。

（1）在 Internet Explorer 的"工具"菜单中,选择"Internet 选项"选项。

（2）选择"安全"选项卡,然后选择要设置安全级别的区域,这里选择 Internet 区域,如图 8.26 所示。

（3）在"该区域的安全级别"选项组中,单击"默认级别"按钮来使用 Internet 区域的默认安全级别。如果"默认级别"按钮已经变成灰色,表明 Internet 区域已处于默认的安全级别。或者单击"自定义级别"按钮,弹出"安全设置——Internet 区域"对话框,按照如下步骤设置,过程如图 8.27 和图 8.28 所示。

① 对标记为可安全执行脚本的 ActiveX 控件执行脚本——启用。

② 对没有标记为可安全执行脚本的 ActiveX 控件进行初始化和脚本运行——提示。

③ 下载未签名的 ActiveX 控件——禁用。

④ 下载已签名的 ActiveX 控件——提示。

⑤ 运行 ActiveX 控件和插件——启用。

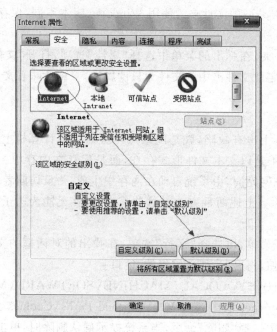

图 8.26　设置安全级别

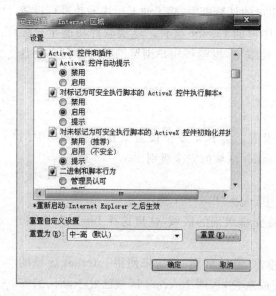

图 8.27　ActiveX 设置

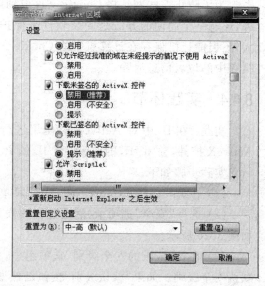

图 8.28　ActiveX 设置

小　　结

通过本章的学习，了解网络安全的基本概念，熟悉一些网络安全技术，能够采取一些安全措施来保障 Web 服务和浏览器的安全，能够掌握一些基本的网络病毒知识。

习　题

一、填空题

1. _____是一段会不断自我复制、隐藏和感染其他计算机或程序的代码。

2. CIH 病毒破坏计算机的 BIOS,使计算机无法启动。它是由时间条件来触发的,其发作的时间是每月的 26 日,这主要说明病毒有_____。

二、选择题

1. 提高 IE 浏览器的安全措施不包括(　　)。

    A. 禁止使用 Cookie   B. 禁止使用 ActiveX 控件

    C. 禁止使用 Java 及活动脚本   D. 禁止访问国外网站

2. 下列服务中,Internet 不提供的服务有(　　)。

    A. HTTP 服务   B. Telnet 服务   C. Web 服务   D. 远程控制协议

三、简答题

1. 提高 Internet 安全性的措施有哪些?

2. 如何增强 IE 浏览器的安全性?

数据通信基础

A.1 数据通信的基本概念

数据通信即实现远程计算机、终端间的相互通信,以达到硬件、软件资源及数据处理、信息资源的共享。它是各种计算机网赖以生存的基础,是一种新的通信业务。随着计算机应用普及社会的各个领域,为了快速而优质地采集信息,高效而可靠地传输信息,大量而普遍地处理、存储和使用信息,计算机要实现远距离的联网和检索遍布世界各地的数据库资料,就需要在各台计算机、工作站以及局域网之间联网,数据通信业务由此应运而生。如电子数据互换(EDI)、电子信箱、可视图文等都是因数据通信而产生的一些增值业务,数据通信在现代通信领域中正扮演着越来越重要的角色。

A.1.1 基本概念

1. 模拟的和数字的

模拟的(Analog)和数字的(Digital)可能是数据通信中最常用到的概念。所谓模拟的就是连续变化的,在时间和幅度上取值是连续的;所谓数字的就是不连续的,在时间上是离散的,在幅度上是经过量化的,取值仅允许为有限的一些固定值。

模拟的通常简写为 A,数字的通常简写为 D。

2. 数据

数据(Data)是描述事物的形式,是传递或携带信息的实体。数据分为模拟数据和数字数据两种。灯光的亮度、声音的强度、电压的大小等都连续变化的是模拟数据;整数、计算机内部的二进制等都是数字数据。

3. 信息

信息(Information)是反映客观世界各种事物的特征和变化的、经过加工处理的、给予分析解释和明确意义,并影响人们决策行为的数据。简单地说,信息是数据的内容和解释。通信的目的是交换信息。表示信息的形式可以是数字、文字、声音、图形、图像等,数据是数字化的信息。

4. 信号

信号(Signal)是数据的电磁编码或电子编码。数据只有变成信号才能在信道上传输。信号分为模拟信号和数字信号两种。电话线上传输的按声音的强弱幅度连续变化的电信号就是模拟信号。模拟信号的信号电平是连续变化的,其波形如图 A.1(a)所示。计算机所产生的电信号是用两种不同的电平表示 0、1 比特序列的电压脉冲信号为数字信号,其波形如图 A.1(b)所示。

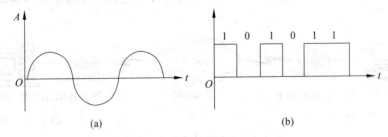

图 A.1　数字信号与模拟信号

5. 信道

信道是传送信号的通路。用以传输模拟信号的信道叫作模拟信道,用以传输数字信号的信道叫作数字信道。需要指出的是,数字信号调制成模拟信号后也可在模拟信道中传输;而模拟信号数字化后(变成数字信号)也可在数字信道中传输。信道按传输介质又可分为有线信道和无线信道。

6. 信源

通信过程中发送信息的设备称为信源。

7. 信宿

通信过程中接收信息的设备称为信宿。

A.1.2　数据通信系统

1. 通信

通信是把信息从一个地方传送到另一个地方的过程,是信息的传输与交换。

2. 数据通信

数据通信是以传输数据为业务的通信,它分为模拟数据通信和数字数据通信两种。计算机网络中所涉及的数据通信主要是指数字数据通信。实现数据通信的系统称为数据通信系统。

3. 数据通信系统的模型

对一个通信系统来说,它都必须具备 3 个基本要素:信源、信道和信宿。在发送端信源数据要经过变换器变成信号才能在信道上传输;在接收端信号要经过反变换器还原成数据才能被信宿接收,如图 A.2 所示。

4. 数据通信系统的一个实例

数据通信系统中的信源和信宿是各种类型的计算机和终端,称为数据终端设备(Data Terminal Equipment,DTE)。作为信号转换的设备通常称为数据传输设备,也称为数据

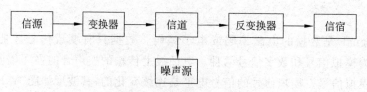

图 A.2　数据通信系统的模型

端接设备(DCE)。图 A.3 所示为一个工作站通过公共电话网与远程服务器进行数据通信的实例。

图 A.3　数据通信系统的一个实例

A.1.3　数据通信的主要技术指标

1. 数据与信号传输速率

1) 数据传输速率

数据传输速率即每秒传输二进制信息的位数,单位为位/秒,记作 bps 或 b/s。

计算公式:

$$S = \frac{1}{T} \log_2 N \tag{1}$$

式中:T 为一个数字脉冲信号的宽度(全宽码)或重复周期(归零码),s;N 为一个码元所取的离散值个数。

通常 $N=2K$,K 为二进制信息的位数,$K=\log_2 N$。$N=2$ 时,$S=1/T$,表示数据传输速率等于码元脉冲的重复频率。

2) 信号传输速率

信号传输速率即单位时间内通过信道传输的码元数,单位为波特,记作 Baud。

计算公式:

$$B = \frac{1}{T} \tag{2}$$

式中:T 为信号码元的宽度,s。信号传输速率,也称码元速率、调制速率或波特率。由式(1)、式(2)得:

$$S = B\log_2 N \tag{3}$$

或

$$B = S/\log_2 N \tag{4}$$

3) 比特率与波特率关系

$$S = B\log_2 N$$

式中:N 为一个脉冲信号所表示的有效状态数。当 $N=2$ 时,$S=B$。类似用汽车把货物从甲地运往乙地。比特率对应货物从甲地上货到乙地卸货的速率。波特率对应汽车的速度，N 对应汽车的数量。当 B 固定后，S 越大，信号传输效率越高，此时，要求 N 要大。

2. 信道容量

1) 信道容量的含义

信道容量表示一个信道的最大数据传输速率，单位为位/秒(bps)，信道容量与数据传输速率的区别是：前者表示信道的最大数据传输速率，是信道传输数据能力的极限；而后者是实际的数据传输速率。

2) 离散的信道容量

奈奎斯特(Nyquist)无噪声下的码元速率极限值 B 与信道带宽 H 的关系：

$$B = 2H \tag{5}$$

奈奎斯特公式——无噪信道传输能力公式：

$$C = 2H\log_2 N \tag{6}$$

式中：H 为信道的带宽，即信道传输上下限频率的差值，单位为 Hz；N 为一个码元所取的离散值个数。

3) 连续的信道容量

香农公式——带噪信道容量公式：

$$C = H\log_2\left(1 + \frac{S}{N}\right) \tag{7}$$

式中：S 为信号功率；N 为噪声功率；$\frac{S}{N}$ 为信噪比，通常把信噪比表示成 $10\lg\frac{S}{N}$ 分贝 (dB)。

3. 误码率

误码率可以解释为二进制数据位传输时出错的概率。它是衡量数据通信系统在正常工作情况下的传输可靠性的指标。在计算机网络中，一般要求误码率低于 10^{-6}，若误码率达不到这个指标，可通过差错控制方法检错和纠错。误码率公式：

$$Pe = \frac{Ne}{N} \tag{8}$$

式中：Ne 为其中出错的位数；N 为传输的数据总数。

4. 带宽与数据传输速率的关联

在模拟信道中，使用带宽表示信道传输信息的能力。单位为 Hz、kHz、MHz 或 GHz。例如，电话信道的带宽为 $300\sim3400\mathrm{Hz}$。在数字信道中，用数据传输速率表示信道的传输能力。单位为 bps、Kbps、Mbps 或 Gbps。

A.2　数据编码技术

因为数据有模拟数据和数字数据两种，而信道也有模拟信道和数字信道两种，所以数据在信道传输共有以下 4 种方式。

- 数字数据在模拟信道上传输。
- 数字数据在数字信道上传输。

- 模拟数据在数字信道上传输。
- 模拟数据在模拟信道上传输。

上述方式中除了模拟数据在模拟信道上传输不需要编码外,其余方式均需编码。

A.2.1　数字数据的模拟信号编码

传统的电话通信信道是为了传输语音信号设计的,只适用于传输音频范围在 300～3400Hz 的模拟信号,无法传输计算机的数字信号。为了利用模拟语音通信的电话交换网实现计算机的数字数据信号的传输,必须首先将数字信号转换成模拟信号。将发送端把数字数据信号变换成模拟数据信号的过程称为调制,相应的设备称为调制器。将接收端把模拟数据信号还原成数字数据信号的过程称为解调,相应的设备称为解调器。将同时具备调制与解调功能的设备称为调制解调器(Modem)。所以数字数据的模拟信号编码也称为数字数据的调制编码。

模拟信号发送的基础就是一种称为载波的、连续的、频率恒定的信号。通过调制以下 3 种载波特性之一来对数字数据进行编码,即振幅、频率、相位,或者这些特性的某种组合。

在数字数据模拟信号调制过程中,首先要选择音频范围内的某一角频率 ω 的正弦信号作为载波,该正弦信号可写为

$$u(t) = U_m \sin(\omega t + \phi)$$

在载波 $u(t)$ 中 ,U_m 表示振幅;ω 表示角频率;ϕ 表示相位;t 表示时间。数字数据的模拟信号编码的 3 种基本形式是:幅移键控法(ASK)、频移键控法(FSK)和相移键控法(PSK)。

1. 幅移键控法

幅移键控法(ASK)是通过改变载波信号的振幅来表示数字信号的两个二进制值 1 和 0 的。例如,可以用载波振幅为 U_m 表示数字 1,用载波振幅为 0 表示数字 0。ASK 信号波形如图 A.4(a)所示。

幅移键控法(ASK)信号容易实现,技术简单,但容易受增益变化的影响,抗干扰能力较差。

2. 频移键控法

频移键控法(FSK)是通过改变载波信号的角频率来表示数字信号的两个二进制值 1 和 0 的。例如,可以用角频率 ω' 表示数字 1,用角频率 ω 表示数字 0。FSK 信号的波形如图 A.4(b)所示。

频移键控法(FSK)实现容易,技术简单,抗干扰能力较强,是目前最常用的调制方法之一。

3. 相移键控法

相移键控法(Phase Shift Keying,PSK)是通过载波信号的相位值来表示数字信号的两个二进制值 1 和 0 的。如果用相位的绝对值表示数字信号 1 和 0,称为绝对调相。如果用相位的相对偏移值表示数字信号 1 和 0,则称为相对调相。

1) 绝对调相

在载波信号 $u(t)$ 中,ϕ 为载波的相位。最简单的情况是,用相位的绝对值来表示它所

对应的数字信号。当表示数字 1 时,取 $\phi=0$;当表示数字 0 时,取 $\phi=\pi$。

接收端可以通过检测载波相位的方法来确定它所表示的数字信号值。绝对调相波形如图 A.4(c)所示。

2）相对调相

相对调相用载波在两位数字信号的交接处产生的相位偏移来表示载波所表示的数字信号。最简单的相对调相方法是,两比特信号交接处遇 0,载波信号相位不变;两比特信号交接处遇 1,载波信号相位偏移 π。相对调相波形如图 A.4(d)所示。在实际使用中,相移键控法的抗干扰能力强,但实际技术较为复杂。

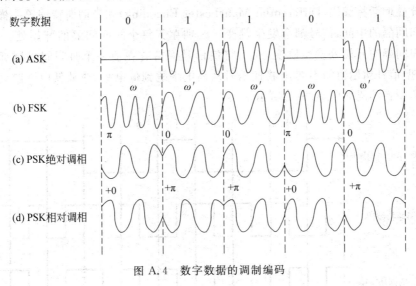

图 A.4 数字数据的调制编码

A.2.2 数字数据的数字信号编码

对于传输数字信号来说,最普遍且最容易的方法是用两个电压电平来表示两个二进制数字 1 和 0。例如,无电压时用来表示 0,而恒定的正电压用来表示 1。常用的数字信号编码方式有以下几种。

1. 双极性不归零编码

双极性不归零编码(BNRZ)是最简单的一种编码方案。它使用负电压表示 0,用正电压表示 1,这样,通过在高低电平之间作相应的变换来传送 0 和 1 的任何序列。BNRZ 指的是在一个比特位的传送时间内,电压是保持不变的(比如说,不回到零点)。双极性不归零编码如图 A.5(a)所示。

双极性不归零编码传输的缺点是难以决定一位的开始与另一位的结束,需要有某种方法来使发送器和接收器进行定时或同步。为保证收发双方的同步,必须在发送 BNRZ 编码的同时,用另一个信道同时传送同步信号。另外,如果信号中 1 与 0 的个数不相等时,则存在直流分量,直流分量可使连接点产生电腐蚀或其他损坏。

2. 曼彻斯特编码

曼彻斯特编码(Manchester Encoding)用信号的变化来保持发送设备和接收设备之

间的同步。也有人称为自同步(Self-Synchronizing Code)。它用电压的变化来分辨 0 和 1。它明确规定,从高电平到低电平的跳变代表 1(0),而从低电平到高电平的跳变代表 0 (1)。曼彻斯特编码如图 A.5(b)所示。

如图 A.5(b)所示,信号的保持不会超过一个比特位的时间间隔。即使是 0 或 1 的序列,信号也将在每个时间间隔的中间发生跳变。这种跳变将允许接收设备的时钟与发送设备的时钟保持一致。曼彻斯特编码的一个缺点是需要双倍的带宽。也就是说,信号跳变的频率是 BNRZ 编码的两倍。

3. 差分曼彻斯特编码

差分曼彻斯特编码(Differential Manchester Encoding)和曼彻斯特编码一样,在每个比特时间间隔的中间,信号都会发生跳变。区别在于每个时间间隔的开始处。0 将使信号在时间间隔的开始处发生跳变,而 1 将使信号保持它在前一个时间间隔尾部的取值。因此,根据信号初始值的不同,0 将使信号从高电平跳到低电平,或从低电平跳到高电平。差分曼彻斯特编码如图 A.5(c)所示。

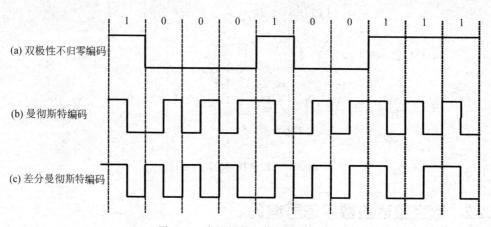

图 A.5　常用的数字信号编码方式

在这里,通过检查每个时间间隔开始处信号有无跳变来区分 0 和 1。检测跳变通常更加可靠,特别是线路上有噪声干扰的时候。如果有人把连接的导线颠倒了,也就是把高低电平颠倒了,这种编码仍然是有效的。采用差分曼彻斯特编码,就不必给导线做记号以标明哪根携带高电平了,这也减少导线的费用。

A.2.3　模拟数据的数字信号编码

利用数字信号对模拟数据进行编码的最常用的方法是脉冲代码调制 PCM(Pulse Code Modulation)。脉冲代码调制是以采样定理为基础的,其操作包括采样、量化与编码 3 部分内容。

1. 采样

采样即按一定的时间间隔采集模拟信号的幅值。根据采样定理,如果在规则的时间间隔内,以高于两倍最高有效信号频率的速率对信号 $f(t)$ 进行采样,那么,这些采样值包含原始信号的全部信息。利用低通滤波器可以从这些采样中重新构造出原始信号

$f(t)$。例如,声音数据限于 $4000\mathrm{Hz}$ 以下的频率,那么每秒钟 8000 次的采样可以满足完整的表示声音信号的特征。

2. 量化

量化是将采样样本幅度按量化等级决定取值的过程。经过量化后的样本幅度为离散的量值,已不是连续值了。量化之前要规定将信号分为 i 个量化级(i 应为 $2n$),例如,可以分为 8 级或 16 级,以及更多的量化级,这要根据精度的要求来决定,同时,要规定好每一级对应的幅度范围,然后,将采样所得样本幅值取整到离它最近的一个等级上。

3. 编码

编码是将量化的采样值用一定位数的二进制数来表示。图 A.6 表示出编码量化的过程。首先给出编码的采样值,如图 A.6(a)所示,按照量化级对采样值进行量化,如图 A.6(b)所示,量化的结果如图 A.6(c)所示,最后得出的二进制编码如图 A.6(d)所示。例如,每个采样值都能用 3 位二进制数来表示与之相对应的编码脉冲。如果使用 7 位二进制表示采样,就允许有 128 个量化级,那么,所恢复的声音信号的质量就与模拟传输所达到的质量接近。这就意味着,仅仅是声音信号就需要有每秒钟 8000 次采样×每个采样 7 位＝56000bps 的数据传输率。

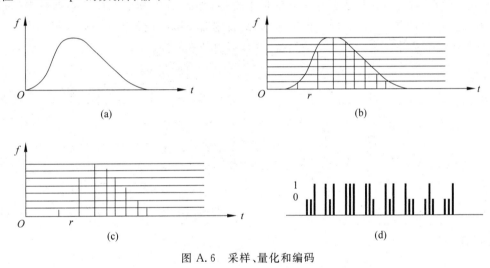

图 A.6　采样、量化和编码

A.3　数据传输技术

A.3.1　数据传输方式

传输方式定义了比特组合从一个设备传到另一个设备的方式。它还定义了比特是可以同时在两个方向上传输,还是设备必须轮流地发送信息和接收信息。

1. 并行传输与串行传输

1) 并行传输

并行传输是指数字信号以成组的方式在多条并行的线路上传输。通常是将构成一个字符代码的几位(如 8 位)在同一时刻和同一时钟频率上发送出去,因此需要更多的传输介质。例如,计算机的并行口常用于连接打印机,每次并行输出 8 位数据,如图 A.7 所示。并行传输主要用于局域网通信等距离较近的情况。

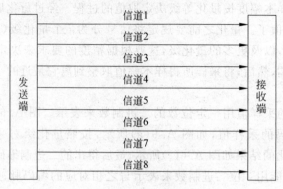

图 A.7 并行传输

2) 串行传输

串行传输就是将比特逐位在一条信道上传输,如图 A.8 所示。由于数据是串行的,必须解决收发双方如何保持字符的同步问题,否则对于接收端无法正确区分每一个字符。串行传输主要适用于远距离通信的情况,这样可以节省线路成本。

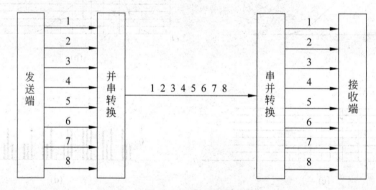

图 A.8 串行传输

2. 数据传输方向

根据信号在信道上的传输方向与时间的关系,通信方式可分为 3 种:即单工通信、半双工通信和全双工通信。

1) 单工通信

单工通信是指在两个通信设备之间,信息只沿着一个方向传递。也就是说,在通信的两个设备之间,一方的作用是发送信息,另一方的作用是接收信息。如有线电视广播系统、寻呼系统和信息采集系统等都属于单工通信的例子。单工通信如图 A.9(a)所示。

2) 半双工通信

半双工通信是指在两个通信设备之间,信息交换是双向传递的,但信息的双向交换不能同时进行。也就是说,在相同时间内仅能有一个设备在一个方向上传递信息给另一个设备。这种通信要求双方的通信设备既有发送信号的功能,同时还应有接收信号的功能。如对讲机系统就是半双工通信的例子。半双工通信如图 A.9(b)所示。

3）全双工通信

全双工通信是指在两个通信设备之间,可同时进行双向传递。通常全双工通信之间的设备连线可以采用二线或是四线电路连接。如打电话就是全双工通信的例子。全双工通信如图 A.9(c)所示。

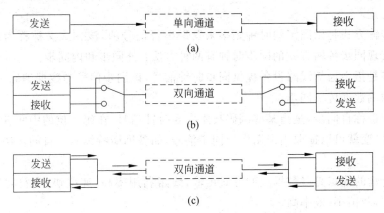

图 A.9 单工通信、半双工通信和全双工通信

3. 基带传输与频带传输

基带传输是将基带信号直接在信道中传输。基带传输是一种简单基本的通信方式。基带传输设备简单,费用便宜,适用于传输距离不长的场合,如用在局域网内部的数据传输。

频带传输又叫宽带传输或载波传输,它是对模拟信号的传输。方法是借助于正弦波,将基带信号的频谱搬移(即调制),然后再传输。适用于传输距离较长的场合,如用在广域网间的数据传输。

A.3.2 同步传输与异步传输

同步技术是数据通信中的重要技术。同步技术主要解决的是如何保证接收的二进制序列与发送的一致,并将其组合成字符,也就是保证收发双方在步调上一致。同步是依靠收发双方的定时机制来实现的,要确定何时收发数据,每个比特的持续时间及间隔等问题。数据传输、差错控制、流量控制与同步机制有着重要关系,同步技术直接影响通信质量,如果控制不好,会导致通信误码率增加,甚至完全不能通信。常用的同步技术有同步传输方式和异步传输方式两种。

1. 同步传输

同步传输方式传输时是将一个大的数据块一起发送的。同步传输时需要在传输的数据块前面加上两个或两个以上的同步信号字符 SYN,在数据块结束处加上后同步信号。数据块和前后的同步信号一起构成了一个数据单位,称为数据帧,或简称为帧。同步传输如图 A.10 所示。

SYN	SYN	1001101101…1001000111	SYN
同步字符	同步字符	数据块	同步字符

图 A.10 同步传输

接收方不必对每个字符进行开始和停止的操作,而是首先寻找同步信号字符 SYN,如果检测出两个或两个以上的同步信号字符 SYN,那么后续的就是传输的字符,直至后同步信号为止。

同步传输方式是以固定的时钟频率来发送串行信号的,该方式又被称为比特同步传输方式。实现同步传输方式的同步时钟有两种方法:外同步和内同步。

外同步是指由通信线路设备提供同步时钟信号,该同步信号与数据编码一同传输,以保证线路两端数据传输同步。

内同步也称自同步,是指某些编码技术内含时钟信号,在每一位的中间有一个电平跳变,这一个跳变就可以提取出来用作位同步信号,如曼彻斯特编码。自同步法通常用于远距离的传输。

同步传输的优点是以数据块的方式传输,线路利用率高,速率快;字符间不需要开始位和停止位,开销小、效率高。

同步传输的缺点是控制比较复杂,需要精度较高的时钟装置;如果传输中出现错误需要重新传送整个数据段。

同步传输适合于大数据块高速传输的网络。并行通信一般都是同步传输,如计算机和打印机之间通过并口的通信。

2. 异步传输

异步传输又称为起止式同步传输。这是最早使用和最简单的一种同步方式。这种方式是以字符为单位进行同步的。在通信过程中,发送端会给一个字符加上开始和结尾信息,即在字符前设置一个起始位(逻辑 0),在结尾处设置一个或两个停止位(逻辑 1)。异步传输如图 A.11 所示。

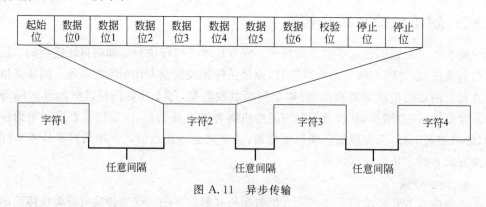

图 A.11 异步传输

因为每一个字符本身就包括字符的同步信息,所以发送方可以在任何时刻(以任意间隔)发送字符。一个常见的例子是使用终端与一台计算机进行通信。按下一个字母键就发送一个 8 比特位的 ASCII 代码(ASCII 码是一种 7 比特位的代码。但它常使用 8 个比特位,以进行奇偶检验。因为大多数存储器都是以 8 比特的字节为单位的,所以用这种形式来存储 7 位代码比较简单)。终端可以在任何时刻发送代码,这取决于用户的输入速度。内部的硬件必须能够在任何时刻接收一个输入的字符。

异步传输存在一个潜在的问题就是接收方并不知道数据会在什么时候到达。在它检测到数据并做出响应之前,第一个比特已经过去了。因此,每次异步传输都以一个开始位开头。它通知接收方数据已经到达了。这就给了接收方响应、接收和缓存数据比特的时间。在传输结束时,一个停止位表示一次传输的终止。当没有传送数据时,传输线一直处于高电平状态(逻辑 1),开始位使信号变成 0。一旦接收端检测到传输线有 1~0 的跳变,意味着发送端已开始发送数据,此时启动定时机构按发送的速率顺序接收数据。一个字符发送结束,停止位使信号重新变回 1,该信号一直保持到下一个开始位到达。

异步传输方式的优点是技术容易、费用低、控制简单,如果传输有错误只需重新发送一个字符。异步传输的缺点是每发一个字符就要添加起止位,造成了附加数据开销,而且速率较低。异步传输适合于低速通信,比如,键盘和计算机的通信等。异步传输方式广泛应用于串行通信。

A.3.3 多路复用

多路复用技术就是把许多单个信号在一个信道上同时传输的技术。多路复用的原理如图 A.12 所示。在发送端多路复用器(Multiplexer)根据某种约定的规则把多个低带宽信号复合成一个高带宽信号,在接收端,多路分配器(Demultiplexer)根据同一规则把高带宽信号分解成多个低带宽信号。多路复用器和多路分配器统称为多路器,简写为MUX,如图 A.12 所示。

图 A.12 多路复用

在一条传输线路上多路传输多条信号有以下优点。

(1)仅需要一条传输线路。所需的传输介质较少,传输介质的容量可以得到充分利用。

(2)降低了设备费用,因省去许多不必要的传输线路而减少了实际通信系统的费用。

(3)多路复用技术对用户是透明的,提高了工作效率。

多路复用技术一般可分为以下 3 种形式。

- 频分多路复用。
- 时分多路复用。
- 波分多路复用。

1. 频分多路复用

频分多路复用(Frequency-Division Multiplexing,FDM)是指在一条传输介质上使用多个频率不同的模拟载波信号进行多路传输。频分多路复用技术早已用在无线电广播系统中,在有线电视系统中也使用频分多路复用技术。例如,每一路电话需要 300~3000Hz 的带宽,仅占用一根铜线的可用总带宽的很小一部分。双绞线电缆的可用带宽是 100000Hz,即 100kHz,因此,在同一根双绞线电缆上可采用频分多路复用技术传输多达 24 路电话。频分多路复用如图 A.13 所示。

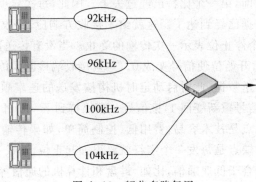

图 A.13　频分多路复用

频分多路复用的基本原理是:每路信号以不同的载波频率进行调制,而且各个载波频率是完全独立的,即各个信道所占用的频带不相互重叠。相邻信道之间用"警戒频带"隔离,防止相互串扰,那么每个信道就能独立地传输一路信号。

频分多路复用的主要特点是:信号被划分成若干通道(频道、波段),每个通道互不重叠,独立进行数据传递。频分多路复用在无线电广播和电视领域中应用较多。

2. 时分多路复用

时分多路复用(Time-Division Multiplexing,TDM)把许多输入信号结合起来,并一起传送出去。TDM 技术用于数字信号,因此和 FDM 把信号结合成一个单一的复杂信号的做法不同,TDM 保持了信号物理上的独立性,而逻辑上把它们结合在一起。

时分多路复用的基本原理是:将传输线路用于传输的时间划分为若干个时间间隔(又称为时隙),其信号分割的参量是每路信号所占用的时间,每一个时隙由复用的一个信号占用,在其占用的时隙内,信号使用信道的全部带宽,如图 A.14 所示。

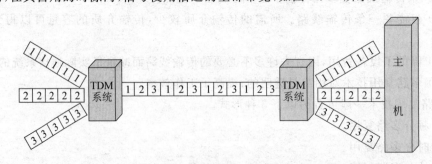

图 A.14　时分多路复用

时分多路复用又可分为同步时分多路复用(Synchronous Time Division Multiplexing,STDM)与异步(统计)时分多路复用(Asynchronous Time Division Multiplexing,ATDM)。

在同步时分制下,整个传输时间划分为固定大小的时期,每个周期内,各个通道都在固定位置上占有一个时隙。在接收端可以按约定的时间关系恢复各子通道的信息流。当某个子通道的时隙到来时如果没有信息要传输,这一部分带宽就浪费了。统计时分制是对同步时分制的改进,它只把时隙分配给发送的输入端,而不分配给空闲的输入端,这样,就能节省传输线的时间和空间,从而提高数据的传输效率。

3. 波分多路复用

波分多路复用(Wavelenght-Division Multiplexing,WDM)就是在同一根光纤内传输多路不同波长的光信号,以提高单根光纤的传输能力。

波分多路复用的基本原理是:在发送端,通过光栅将两束光波合并成一条共享的光纤波谱传输出去。在接收端,同样通过光栅将其还原成两束光束。在传输过程中,只要每个信道有各自的频率范围并且不互相重叠,它们就能够以多路复用的方式通过共享光纤进行远距离传输。与频分多路复用不同之处在于,波分多路复用是在光学系统中利用衍射光栅来实现多路不同频率光波信号的合成与还原。

波分多路复用的主要特点是:利用光学系统中的衍射光栅来实现的。如图 A.15 所示,光纤 1 进入的光波 X1 与光纤 2 进入的光波 X2,只要它们各自的波长不相同,被连接到组合器后,形成一条共享光纤的波谱被传输到远距离的地点。在接收端同样利用光学系统中的衍射光栅来实现光波的分离,由于各光波的波长不同,因此,被分离后的光波也具有不同的方向,光纤 1 中的波谱被分离后传送到光纤 3,光纤 2 中的波谱被分离后传送到光纤 1。

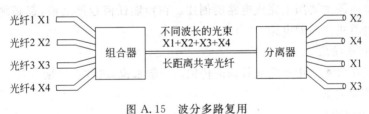

图 A.15 波分多路复用

A.4 数据交换技术

信源和信宿之间传输数据时一般不是点到点直接连接,而是要经过多个中间节点。在数据通信中,将数据在通信子网的节点间数据传输的过程称为数据交换,相应的技术称为数据交换技术。常用的数据交换技术有电路交换、报文交换和分组交换。

A.4.1 电路交换

1. 电路交换的含义

电路交换又称线路交换,是通过网络中的节点在通信两个站点(计算机)之间建立一条专用的通信线路。该通信线路是一个实际的物理通路,在整个数据传输期间,该通路一直为通信双方独占,直到通信结束才释放线路。电路交换方式与电话交换方式的工作过程很像。电路交换方式的通信过程分为以下 3 个阶段,如图 A.16 所示。

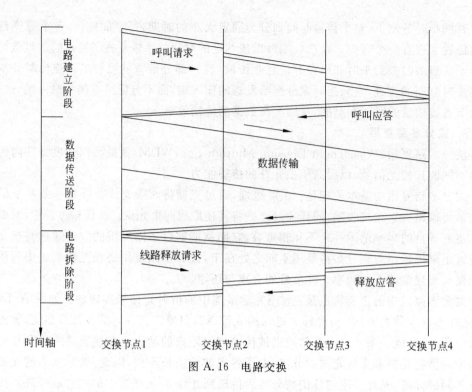

图 A.16　电路交换

1）电路建立阶段

电路建立阶段主要用来完成电路的创建。在传输任何数据之前，都必须建立端到端即计算机到计算机之间的电路。

2）数据传送阶段

数据传送阶段主要用来完成数据的传输。一般来说，这种连接是全双工通信的，可以在两个方向传输数据。

3）电路拆除阶段

电路拆除阶段主要用来完成电路的拆除。在数据传送完成后，就要进入电路拆除阶段，依次将建立的连接释放，结束此次通信。

2. 电路交换的特点

电路交换的优点是：数据传输速率快，延迟小，数据以固定速率传输，且能保证顺序性（数据的接收顺序与发送顺序一致）；通信实时性强，适用于交互式会话类通信。

电路交换的缺点是：线路利用率比较低，通道容量在连接期间是专用的，即使没有数据传送，别人也不能用。对于声音连接，利用率可能高些，但仍然不能达到100%，对于计算机到计算机的连接，在连接的大部分时间内，通道容量可能空闲（属于突发性通信），而且电路建立时间相对于数据传输时间来说明显过长；系统不具有存储数据的能力，不能平滑交通量；系统不具备差错控制能力，无法发现与纠正传输过程中发生的数据差错。

综上所述，电路交换不适合计算机网络通信。在进行电路交换方式研究的基础上，提出了存储-转发交换方式。存储-转发是指网络中的节点具有数据存储能力，在数据传输过程中，网络节点首先将经过的数据信息接收并存储起来，然后选择一条适当的链路，在信道空闲时将数据转发出去。根据转发数据单元的不同,存储—转发交换方式可以分为报文交换和分组交换。

A.4.2 报文交换

1. 报文交换的含义

报文交换(Message Switching)技术,不需要在两个站点之间建立一条专用的通信线路。相反,如果一个站点想要发送一个报文(信息的一个逻辑单位),它把一个目的地址附加在报文上,然后,把报文从节点到节点地通过网络。在每个节点,接收整个报文,暂存这个报文,待信道空闲时再转发到下一个节点,一级一级中转,直到目的地。报文交换如图 A.17 所示。

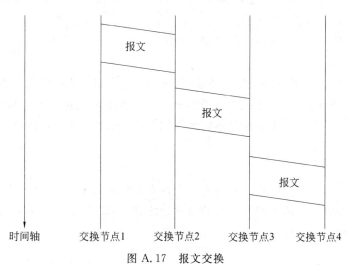

图 A.17 报文交换

2. 报文交换的方式

采用存储—转发交换方式,整个报文作为一个整体一起发送,所以该系统通常也称为存储—转发报文系统。

3. 报文交换的特点

报文交换的优点如下。

(1) 信道的利用率高。

(2) 可以对数据单元进行差错检查和纠正,可靠性高。

(3) 每个节点可以动态选择路径,不存在呼叫失败。

(4) 可以平衡网络的流量分布,提高网络的整体性能。

(5) 没有呼叫请求的等待时间,对于数据量小和突发性数据的传输有比较高的效率。

(6) 可以将一个报文发送到多个目的地。

(7) 每个节点有一定的处理和存储能力。

报文交换的缺点如下。

(1) 报文大小不一,造成缓冲区管理复杂。

(2) 由于采用存储-转发交换方式工作,传送延迟长,大报文更是如此。

（3）出错后整个报文全部重发。

（4）不适宜在实时性要求高、信息量大的场合使用。

A.4.3 分组交换

1. 分组交换的含义

分组交换也称包交换。分组交换的工作方式与报文交换大致相同，都采用存储-转发交换方式，区别在于报文交换是以整个报文（数据块）为信息交换单位，而分组交换则是把大的数据块分割成若干小段（限制所传输数据的最大长度，典型的最大长度是 1000 或几千比特），为每个小段加上有关地址数据以及段的分割信息，组成一个数据包，也叫分组。发送站将一个长报文分成多个报文分组，接收站将多个报文分组按顺序重新组织成一个长报文。

2. 分组交换的方式

分组交换可以向用户提供以下两类业务方式。

1）数据报方式

在数据报方式中，与电路交换方式相比，分组传送之间不需要预先在源主机与目的主机之间建立"电路连接"。源主机所发送的每一个分组都可以独立地选择一条传输路径。每个分组在通信子网中可能是通过不同的传输路径，从源主机到达目的主机。数据报方式如图 A.18(a)所示。

2）虚电路方式

虚电路方式试图将数据报方式与电路交换方式结合起来，发挥两种方法的优点，达到最佳的数据交换效果。虚电路方式在分组发送之前，需要在发送方和接收方建立一条逻辑连接的虚电路。虚电路方式如图 A.18(b)所示。

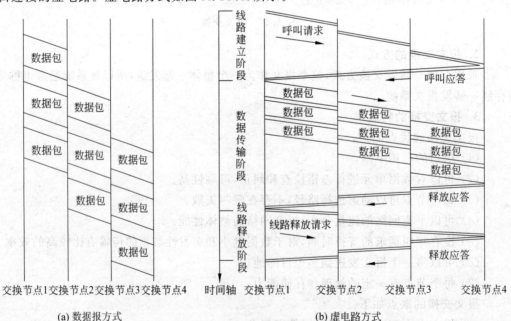

(a) 数据报方式　　　　　　　　　　　　　　　(b) 虚电路方式

图 A.18　分组交换的两种方式

（1）在每次报文分组发送之前，必须在发送方与接收方之间建立一条逻辑连接。

（2）一次通信的所有报文分组都通过这条虚电路顺序传送，因此报文分组不必带目的地址、源地址等辅助信息。报文分组到达目的节点时不会出现丢失、重复与乱序的现象。

（3）报文分组通过虚电路上的每个节点时，节点只需做差错检测，而不需要做路径选择。

（4）通信子网中每个节点可以和任何节点建立多条虚电路连接。

3. 分组交换的特点

分组交换的优点：由于分组长度较短，在传输出错时，检错容易并且重发花费的时间较少，这就有利于提高存储-转发节点的存储空间利用率与传输效率。此外，交换节点可以进行差错控制，提高传输可靠性；减少时延；各信道的流量趋于平衡，信道带宽按需分配，有利于提高通信线路利用率。因此，成为当今公用数据交换网中主要的交换技术。

分组交换的缺点：每个分组在每个中间节点都要独立选择路径，增加了传输延迟，而且同一报文的不同分组到达目的节点时可能出现乱序、重复与丢失现象；每个分组在传输过程中都必须带有目的地址与源地址，增加了额外信息。分组交换方式传输延迟较大，适用于突发性通信，不适用于长报文、会话式通信。

A.5　差错控制技术

A.5.1　差错的产生

当数据从信源发出经过信道时，由于信道总存在着一定的噪声，数据到达信宿后，接收到的信号实际上是数据信号和噪声信号的叠加。如果噪声对信号的影响非常大，就会造成数据传输错误。数据传输中所产生的差错主要是由热噪声（随机噪声）引起的。产生热噪声的因素主要包括以下方面。

（1）在数据通信中，在物理信道上线路本身的电气特性随机引起信号幅度、频率、相位的畸形的衰减。

（2）电气信号在线路上产生反射噪声的回波效应。

（3）相邻线路之间的串线干扰。

（4）外界的电磁干扰及电源的波动等外界因素。

A.5.2　差错控制

差错控制是指在通信过程中发现、检测差错，对差错进行纠正，并把差错限制在数据传输所允许的尽可能小的范围内的技术和方法。具体方法是在数据链路层采用差错控制编码进行查错或纠错。

1. 差错控制编码

差错控制编码是用以实现差错控制的编码，它通过冗余码的校验技术实现一组二进制比特串在传输过程的差错控制。差错控制编码分为检错码和纠错码两种。检错码能够发现错误;纠错码既能发现错误又能自动纠正错误。常用的检错码有奇偶校验码和循环冗余码 CRC;常用的纠错码有海明码。

2. 差错控制方式

(1) 自动请求重发 ARQ。

采用检错方法实现,当接收端检测出差错后,通知发送端重新发送数据,直到无差错为止。

(2) 前向纠错 FEC。

采用纠错方法实现,当接收端检测出差错后,自动纠正差错。

(3) 混合纠错。

混合纠错是前两种方式的混合。接收端对少量的差错使用前向纠错,而对超出纠正能力的差错使用自动请求重发的方式。

A.5.3 奇偶校验码

奇偶校验码是一种通过增加冗余位使得码字中"1"的个数为奇数或偶数的编码方法,"1"的个数为奇数时称为奇校验码,"1"的个数为偶数时称为偶校验码。奇偶校验码在一维空间上有水平奇偶校验、垂直奇偶校验;在二维空间上有水平垂直奇偶校验。

1. 水平奇偶校验

在每个字节的尾部加上一个校验位,使码组中"1"的个数为偶数个(偶校验)或奇数个(奇校验)。

2. 垂直奇偶校验

在整个数据段所有字节的某一位上进行奇偶校验。

3. 水平垂直奇偶校验

水平垂直奇偶校验既对每个字节进行校验,又在垂直方向对所有字节的某一位进行校验,是对水平奇偶校验和垂直奇偶校验的综合。图 A.19 所示为水平垂直奇偶校验。

								校验位
字符1	1	0	1	0	0	1	0	0
字符2	1	0	0	0	0	0	1	1
字符3	1	0	0	1	1	0	0	0
字符4	1	0	1	0	0	0	0	1
字符5	1	0	0	1	0	0	0	1
字符6	1	0	0	0	0	1	0	
校验位	1	1	1	1	0	1	0	1

图 A.19　水平垂直奇偶校验

奇偶校验码只能发现单个和奇数个错误,而不能检测出偶数个错误,因此它的检错能力不高。但由于其容易实现,所以当信道干扰不太严重及信息位不是很长时经常使用这种检错码。

A.5.4　循环冗余码

循环冗余码(Cyclic Redundancy Check, CRC)校验是目前在计算机网络通信及存储器中应用最广泛的一种校验编码方法,它所约定的校验规则是:让校验码能为某一约定代码所除尽;如果除得尽,表明代码正确;如果除不尽,余数将指明出错位所在位置。CRC 是一种线性分组码,具有较强的纠错能力并有许多特殊的代数性质,前 k 位为信息码元,后 $r(r=k-1)$ 位为校验码元,它除了具有线性分组码的封闭性之外,还具有循环性。

Cisco交换机的基本命令

1. 配置设备特权模式口令

```
telnet   *.*.*.*
Switch >                              //进入用户模式
Switch >enable                        //从用户模式进入特权模式
Switch #config terminal               //从特权模式进入全局配置模式
Switch #exit                          //退出所有配置模式
Switch #end                           //退出配置模式
Switch #wr                            //保存配置
Switch(config)#enable secret cisco123      //设置特权模式加密口令(机房使用方法)
Switch(config)#enable password cisco123        //设置特权模式不加密口令
Switch(config)#service password-encryption     //将所有口令进行加密
```

2. 配置虚拟终端线路 VTY(Virtual Type Terminal)

```
Switch(config)#line vty 0 4
Switch(config-line)#login                 //让设备回显一个要求输入口令的提示
Switch(config-line)#password cisco        //Telnet 统一密码
Switch(config-line)#exec-timeout 10 0     //设备超时时间为 10min0s
Switch(config)#line vty 0 4
Switch#(config-line)#login local          //设置本地认证模式
Switch(config)#username zhangxy password ******
Switch(config)#no username zhangxy
```

3. 定义、删除(恢复初始)设备名称

```
Switch(config)#hostname test-2950
test-2950(config)#no hostname
```

4. 配置 snmp 网管串口

```
Switch(config)#snmp-server community xxxxxx ro   //只读
Switch(config)#snmp-server community xxxxxx rw   //读写
```

5. 新建、修改、删除某个 VLAN，以及对 VLAN 命名

```
Switch#vlan database
Switch(vlan)#vlan 100
Switch(vlan)#vlan 100 name XX              //名字一般定义为客户名称或者共享网段标识
Switch(vlan)#no vlan 100
```

或者使用下面的命令：

```
Switch#conf t
Switch(config)#vlan 100
Switch(config-vlan)#name XX                //名字一般定义为客户名称或者共享网段标识
Switch(config)#no vlan 100
```

6. 将某个端口或者一组端口，划分到 VLAN

```
Switch(config)#interface F0/13           //进入单个端口配置模式
Switch(config)#interface range F0/1-5    //进入一组端口配置模式
Switch(config)#interface range F0/1-5, F0/8-10     //进入一组端口配置模式
Switch(config-if)#                       //端口描述
Description 客户名称拼音的全拼(首字母大写)ip=地址 带宽 操作日期
Switch(config-if)#switchport mode access
Switch(config-if)#switchport access vlan 100
Switch(config-if)#no shutdown
Switch(config-if)#no switchport          //删除端口相关配置
```

7. 配置端口工作模式

```
Switch(config-if)#duplex full/auto/half [全双工|自动协商|半双工]
```

8. 配置端口速率

```
Switch(config-if)#speed 10/100/ auto
```

9. 配置一个或多个 VLAN 网关

```
Switch(config)#int vlan 100
Switch(config-subif)#Description 客户名称 ip=地址 带宽 操作日期 (描述)
Switch(config-subif)#ip address 192.168.2.130 255.255.255.0
Switch(config-subif)#ip address 192.168.3.130 255.255.255.0 secondary
Switch(config-subif)#no shutdown
```

10. 配置交换机设备的管理地址

配置二层交换机设备的管理地址：

```
Switch(config)#int vlan 1       //交换机 VLAN 1 的网关地址就是设备的管理地址
Switch(config-subif)#ip address 192.168.2.130 255.255.255.0
Switch(config-subif)#no shutdown
```

配置三层交换机设备的管理地址：

```
Switch(config)#int loopback0        //loopback 接口是一种逻辑接口,可以创建无数个
Switch(config-if)#ip address 192.168.2.130 255.255.255.0
```

```
Switch(config)#no int loopback 0
```

11. 为某个端口配置一个或多个地址

```
Switch(config)#interface F0/13
Switch(config-if)#ip address 192.168.1.130 255.255.255.0
Switch(config-if)#ip address 192.168.1.130 255.255.255.0 secondary
```

12. 将设备互联的端口设置为 trunk，让其通过 VLAN 信息

```
Switch(config)#int range f0/40,F0/48    (range 的作用是同时对多个端口进行配置)
Switch(config-if)#switchport trunk encapsulation dot1q
Switch(config-if)#switchport trunk allowed vlan 1-10,12-4094
//没有这句配置,则说明所有 VLAN 均能通过 trunk
Switch(config-if)#switchport mode trunk
//如果要增加 VLAN 100 划分到 truck 时,必须把原有的 VLAN 都写上
Switch(config-if)#switchport trunk allowed vlan 1-10,100,12-4094
```

13. 新建 port-channel，并将多个端口划分到该 port-channel

```
Switch(config)#interface port-channel 1
Switch(config)#interface F0/1
Switch(config-if)#channel-group 1 mode on
Switch(config)#interface F0/2
Switch(config-if)#channel-group 1 mode on
```

14. 删除 port-channel，并将该 port-channel 下的端口删除

```
Switch(config)#interface F0/1
Switch(config-if)#no channel-group 1
Switch(config)#no interface port-channel 1
```

15. 在三层交换机上配置静态路由

```
Switch(config)#ip route 172.16.1.0 255.255.255.0 10.1.1.1
                              //ip route 目标地址段 下一跳地址
```

16. 将源端口的流入或流出流量镜像到目的端口

将源端口的流入或流出流量镜像到目的端口以便于在目的端口接上笔记本电脑,利用 anylazer 软件抓包,并分析数据包是否正常。假设 6509 G4/1 作为目的端口,将 G4/2 作为源端口。实际应用中一般来说,源端口和目的端口速率应该一致。

```
IDC-BJ02-6509-1(config)#monitor session 2 source interface g4/1 both
IDC-BJ02-6509-1(config)#monitor session 2 destination interface g4/2
```

17. SHOW 命令的使用

```
#show version      //显示系统硬件配置、软件版本信息及最近一次启动以来连续运行的时间等
#show running-configuration          //显示设备运行配置信息
#show running-config int F0/13       //显示某个端口的配置信息
#show vlan                           //显示所有 VLAN 信息
#show interface F0/13                //显示设备所有或指定接口的状态信息
```

```
#show int description              //显示所有端口的描述信息
#show int status                   //显示所有端口的状态信息
#show ip int brief                 //显示所有端口 IP 摘要
#show arp                          //显示所有地址解析协议信息
#show mac-address-table            //显示 MAC 地址表内容
#show ip                           //显示设备上配置的 IP 地址、子网掩码、网关地址
                                     参数,管理 VLAN 号、域名解析服务器、HTTP 信息
                                     及路由协议设定等 (该命令不被路由器支持,只被
                                     交换机支持)
#show ip router                    //显示某个或所有的路由信息
#show spanning-tree                //显示 STP 信息
#show logging                      //查看系统当前日志设置和缓冲区里的日志信息
#show history                      //查看命令缓冲区内容
#show proc cpu | exc 0.00          //显示 CPU 占用的情况 (EXC 表示除值为 0 以外的
                                     进程)
#show platform cpu packet stat
#show monitor session1             //显示镜像端口的流量情况
```

18. 限流方法

Cisco 设备制定限流策略以及应用:

```
Switch#conf t
Switch(config)#access-list 1 permit any
Switch(config)#class-map match-all c9M
Switch(config-cmap)#match access-group 1
Switch(config-cmap)#exit
Switch(config)#policy-map p9M
Switch(config-pmap)#class c9M
Switch(config-pmap-c)#police 9000000 4096 exceed-action drop
Switch(config-pmap-c)#exit
Switch#conf t
Switch(config)#interface F0/13
Switch(config-if)#service-policy input p9M
Switch(config-if)#exit
Switch(config)#interface F0/14
Switch(config-if)#service-policy input p9M
Switch(config-if)#exit
Switch#wr
```

19. ACL 使用方法

```
Switch(config)#access-list access-list-number {permit|deny}{protocol}
{source source-wildcard|any}{destination destination-wildcard|any}
```

例 B.1 允许北京电信 IDC 内部的 IP 地址 Telnet 到各个网络设备:

```
Switch(config)#access-list 101 permit tcp 218.30.26.0 0.0.0.63 any eq telnet
Switch(config)#access-list 101 permit tcp 218.30.27.0 0.0.0.127 any eq telnet
Switch(config)#access-list 101 permit tcp 218.30.25.0 0.0.0.255 any eq telnet
```

例 B.2 ACL 限制对客户的 192.168.1.119 的访问:

```
Switch(config)#access-list 130 deny ip host 192.168.1.119 any
Switch(config)#access-list 130 permit ip any any
Switch(config)#interface F0/22
Switch(config-if)#ip access-group 130 in
```

例 B.3 172.21.0.0(VLAN 31)、172.22.0.0(VLAN 32)、172.23.0.0(VLAN 33)
3 个网段之间不能互相访问,其他网段均能访问,配置方法如下。

```
SS6509-1#conf t
SS6509-1(config)#access-list 101 deny ip any 172.22.0.0 0.0.255.255
SS6509-1(config)#access-list 101 deny ip any 172.23.0.0 0.0.255.255
SS6509-1(config)#access-list 101 permit ip any any
SS6509-1(config)#access-list 102 deny ip any 172.21.0.0 0.0.255.255
SS6509-1(config)#access-list 102 deny ip any 172.23.0.0 0.0.255.255
SS6509-1(config)#access-list 102 permit ip any any
SS6509-1(config)#access-list 103 deny ip any 172.21.0.0 0.0.255.255
SS6509-1(config)#access-list 103 deny ip any 172.22.0.0 0.0.255.255
SS6509-1(config)#access-list 103 permit ip any any
SS6509-1(config)#int vlan 31
SS6509-1(config-if)#ip access-group 101 in
SS6509-1(config)#int vlan 32
SS6509-1(config-if)#ip access-group 102 in
SS6509-1(config)#int vlan 33
SS6509-1(config-if)#ip access-group 103 in
```

20. 在两台 6509 上配置 HSRP

将需要部署 HSRP 的三层端口分别在两台主备 6509 上进行如下配置:

```
SS6509-1#vlan database
SS6509-1(vlan)#vlan 31 name ****
SS6509-1(vlan)#exit
SS6509-1#conf t
SS6509-1(config)#int vlan 31
SS6509-1(config-if)#description ****  ****
SS6509-1(config-if)#ip address 172.21.11.252 255.255.0.0
SS6509-1(config-if)#standby 100 ip 172.21.11.254   //定义 standby 组号及虚 IP 地址
SS6509-1(config-if)#standby 100 priority 120
//定义该设备本 standby 组的优先级,优先级的值越大优先级越高
SS6509-2#vlan database
SS6509-2(vlan)#vlan 31 name ****
SS6509-2(vlan)#exit
SS6509-2#conf t
SS6509-2(config)#int vlan 31
SS6509-2(config-if)#description ****  ****
SS6509-2(config-if)#ip address 172.21.11.253 255.255.0.0
SS6509-2(config-if)#standby 100 ip 172.21.11.254   //定义 standby 组号及虚 IP 地址
SS6509-2(config-if)#standby 100 priority 100        //定义该设备本 standby 组的优先级
```

21. 配置端口 MAC 绑定

```
Switch(config)#mac access-list extended F02
Switch((config-ext-macl)#permit host 0016.d325.F96a any
Switch(config)#interface F0/2
Switch(config-if)#mac access-group F02 in
```

附录 ◆C◆ ———————————————————— **Appendix C**

Cisco路由器命令

1. 用户模式

```
router>
```

2. 进入特权模式（enable）

```
router >enable
router #
```

3. 进入全局配置模式（configure terminal）

```
router >enable
router #configure terminal
router(conf)#
```

4. 交换机命名（hostname routerA，以 routerA 为例）

```
router >enable
router #configure terminal
router(conf)#hostname routerA
routera(conf)#
```

5. 配置使能口令（enable password cisco，以 Cisco 为例）

```
router >enable
router #configure terminal
router(conf)#hostname routerA
routerA(conf)#enable password cisco
```

6. 配置使能密码

```
enable secret ciscolab                   //以 ciscolab 为例
router >enable
router # configure terminal
router(conf)#hostname routerA
routerA(conf)#enable secret ciscolab
```

7. 进入路由器的某一端口

```
interface F0/17                          //以 17 端口为例
router >enable
router #configure terminal
router(conf)#hostname routerA
routerA(conf)#interface F0/17
routerA(conf-if)#
```

8. 进入路由器的某一子端口

```
interface F0/17.1                        //以 17 端口的 1 子端口为例
router >enable
router #configure terminal
router(conf)#hostname routerA
routerA(conf)#interface F0/17.1
```

9. 设置端口 IP 地址信息

```
router >enable
router #configure terminal
router(conf)#hostname routerA
routerA(conf)#interface F0/17            //以 17 端口为例
routerA(conf-if)#ip address 192.168.1.1 255.255.255.0
                                         //配置交换机端口 IP 和子网掩码
routerA(conf-if)#no shut                 //使配置处于运行中
routerA(conf-if)#exit
```

10. 查看命令（show）

```
router >enable
router #show version                     //查看系统中的所有版本信息
show interface vlan 1                    //查看交换机有关 IP 的配置信息
show running-configure                   //查看交换机当前起作用的配置信息
show interface F0/1                      //查看交换机 1 接口具体配置和统计信息
show mac-address-table                   //查看 MAC 地址表
show mac-address-table aging-time        //查看 MAC 地址表自动老化时间
show controllers serial+编号             //查看串口类型
show ip router                           //查看路由器的路由表
```

11. cdp 相关命令

```
router >enable
router #show cdp                         //查看设备的 cdp 全局配置信息
show cdp interface F0/17                  //查看 17 端口的 cdp 配置信息
show cdp traffic                         //查看有关 cdp 包的统计信息
show cdp nerghbors                       //列出与设备相连的 Cisco 设备
```

12. Cisco2600 的密码恢复

（1）重新启动路由器，在启动过程中按 Win＋Break 组合键，使路由器进入 ROM Monitor，在提示符下输入命令修改配置寄存器的值，然后重新启动路由器。

```
remmon1>confreg 0x2142
remmon2>reset
```

（2）重新启动路由器后进入 Setup 模式，选择 No，退回到 EXEC 模式，此时路由器原有的配置仍然保存在 startup-config 中，为使路由器恢复密码后配置不变，把 startup-config 中配置保存到 running-config 中，然后重新设置 enable 密码，并把配置寄存器改回 0x2102。

```
router>enable
router#copy startup-config running-config
router#c onfigure terminal
router(conf)#enable password cisco
router(conf)#c onfig-register 0x2102
```

（3）保存当前配置到 startup-config，重新启动路由器。

```
router #copy running-config startup-config
router #reload
```

13. 路由器 Telnet 远程登录设置

```
router>en
router #configure terminal
router(conf)#hostname routerA
routerA(conf)#enable password cisco     //以 Cisco 为特权模式密码
routerA(conf)#interface F0/1            //以 17 端口为 Telnet 远程登录端口
routerA(conf-if)#ip address 192.168.1.1 255.255.255.0
routerA(conf-if)#no shut
routerA(conf-if)#exit
routerA(conf)line vty 0 4              //设置 0~4 个用户可以 Telnet 远程登录
routerA(conf-line)#login
routerA(conf-line)#password edge        //以 edge 为远程登录的用户密码
```

主机设置：

```
ip         192.168.1.2      //主机的 IP 必须和交换机端口的地址在同一网络段
netmask    255.255.255.0
gate-way   192.168.1.1      //网关地址是交换机端口地址
```

运行：

```
telnet 192.168.1.1
```

进入 Telnet 远程登录界面：

```
password : edge
routera>en
password: cisco
routera#
```

14. 其他命令

Access-enable 允许路由器在动态访问控制列表中创建临时访问列表入口

Access-group　把访问控制列表(ACL)应用到接口上

Access-list　定义一个标准的 IP ACL

Access-template　在连接的路由器上手动替换临时访问控制列表入口

Appn　向 APPN 子系统发送命令

Atmsig　执行 ATM 信令命令

B　手动引导操作系统

Bandwidth　设置接口的带宽

Banner motd　指定日期信息标语

Bfe　设置突发事件手册模式

Boot system　指定路由器启动时加载的系统映像

Calendar　设置硬件日历

Cd　更改路径

Cdp enable　允许接口运行 CDP

Clear　复位功能

Clear counters　清除接口计数器

Clear interface　重新启动接口上的硬件逻辑

Clockrate　设置串口硬件连接的时钟速率,如网络接口模块和接口处理器能接受的速率

Cmt　开启/关闭 FDDI 连接管理功能

Config-register　修改配置寄存器设置

Configure　允许进入存在的配置模式,在中心站点上维护并保存配置信息

Configure memory　从 NVRAM 加载配置信息

Configure terminal　从终端进行手动配置

Connect　打开一个终端连接

Copy　复制配置或映像数据

Copy flash tftp　备份系统映像文件到 TFTP 服务器

Copy running-config startup-config　将 RAM 中的当前配置存储到 NVRAM

Copy running-config tftp　将 RAM 中的当前配置存储到网络 TFTP 服务器上

Copy tftp flash　从 TFTP 服务器上下载新映像到 Flash

Copy tftp running-config　从 TFTP 服务器上下载配置文件

Debug　使用调试功能

Debug dialer　显示接口在拨什么号及诸如此类的信息

Debug ip rip　显示 RIP 路由选择更新数据

Debug ipx routing activity　显示关于路由选择协议(RIP)更新数据包的信息

Debug ipx sap　显示关于 SAP(业务通告协议)更新数据包信息

Debug isdn q921　显示在路由器 D 通道 ISDN 接口上发生的数据链路层(第2层)的访问过程

Debug PPP　显示在实施 PPP 中发生的业务和交换信息

Delete　删除文件

Deny　为一个已命名的 IP ACL 设置条件

Dialer idle-timeout　规定线路断开前的空闲时间的长度

Dialer map　设置一个串行接口来呼叫一个或多个地点

Dialer wait-for-carrier-time　规定花多长时间等待一个载体

Dialer-group　通过对属于一个特定拨号组的接口进行配置来访问控制

Dialer-list protocol　定义一个数字数据接收器(DDR)拨号表以通过协议或 ACL 与协议的组合来控制拨号

Dir　显示给定设备上的文件

Disable　关闭特许模式

Disconnect　断开已建立的连接

Enable　打开特许模式

Enable password　配置明文密码

Enable secret　为 Enable password 命令定义额外一层安全性(强制安全,密码非明文显示)

Encapsulation frame-relay　启动帧中继封装

Encapsulation novell-ether　规定在网络段上使用的 Novell 独一无二的格式

Encapsulation PPP　把 PPP 设置为由串口或 ISDN 接口使用的封装方法

Encapsulation sap　规定在网络段上使用的以太网 802.2 格式 Cisco 的密码是 sap

End　退出配置模式

Erase　删除闪存或配置缓存

Erase startup-config　删除 NVRAM 中的内容

Exec-timeout　配置 EXEC 命令解释器在检测到用户输入前所等待的时间

Exit　退出所有配置模式或者关闭一个激活的终端会话和终止一个 EXEC

Exit　终止任何配置模式或关闭一个活动的对话和结束 EXEC

Format　格式化设备

Frame-relay local-dlci　为使用帧中继封装的串行线路启动本地管理接口(LMI)

Help　获得交互式帮助系统

History　查看历史记录

Hostname　使用一个主机名来配置路由器,该主机名以提示符或者默认文件名的方式使用

Interface　设置接口类型并且输入接口配置模式

Interface serial　选择接口并且输入接口配置模式

Ip access-group　控制对一个接口的访问

Ip address　设置一个接口地址和子网掩码并开始 IP 处理

Ip default-network　建立一条默认路由

Ip domain-lookup　允许路由器默认使用 DNS

Ip host　定义静态主机名到 IP 地址映射

Ip name-server 指定至多 6 个进行名字-地址解析的服务器地址

Ip route 建立一条静态路由

Ip unnumbered 在为给一个接口分配一个明确的 IP 地址情况下，在串口上启动互联网协议(IP)的处理过程

Ipx delay 设置点计数

Ipx ipxwan 在串口上启动 IPXWAN

Ipx maximum-paths 当转发数据包时设置 Cisco IOS 软件使用的等价路径数量

Ipx network 在一个特定接口上启动互联网数据包交换(IPX)的路由选择并且选择封装的类型(用帧封装)

Ipx router 规定使用的路由选择协议

Ipx routing 启动 IPX 路由选择

Ipx sap-interval 在较慢的链路上设置较不频繁的 SAP(业务广告协议)更新

Ipx type-20-input-checks 限制对 IPX20 类数据包广播的传播的接收

Isdn spid1 在路由器上规定已经由 ISDN 业务供应商为 B1 信道分配的业务简介号(SPID)

Isdn spid2 在路由器上规定已经由 ISDN 业务供应商为 B2 信道分配的业务简介号(SPID)

Isdntch-type 规定了在 ISDN 接口上的中央办公区的交换机的类型

Keeplive 为使用帧中继封装的串行线路 LMI(本地管理接口)机制

Lat 打开 LAT 连接

Line 确定一个特定的线路和开始线路配置

Line concole 设置控制台端口线路

Line vty 为远程控制台访问规定了一个虚拟终端

Lock 锁住终端控制台

Login 在终端会话登录过程中启动密码检查

Logout 退出 EXEC 模式

Mbranch 向下跟踪组播地址路由至终端

Media-type 定义介质类型

Metric holddown 把新的 IGRP 路由选择信息与正在使用的 IGRP 路由选择信息隔离一段时间

Mrbranch 向上解析组播地址路由至枝端

Mrinfo 从组播路由器上获取邻居和版本信息

Mstat 对组播地址多次路由跟踪后显示统计数字

Mtrace 由源向目标跟踪解析组播地址路径

Name-connection 命名已存在的网络连接

Ncia 开启/关闭 NCIA 服务器

Network 指定一个和路由器直接相连的网络地址段

Network-number 对一个直接连接的网络进行规定

No shutdown　打开一个关闭的接口

Pad　开启一个 X. 29 PAD 连接

Permit　为一个已命名的 IP ACL 设置条件

Ping　把 ICMP 响应请求的数据包发送网络上的另一个节点检查主机的可达性和网络的连通性对网络的基本连通性进行诊断

Ppp　开始 IETF 点到点协议

Ppp authentication　启动 Challenge 握手鉴权协议(CHAP)或者密码验证协议(PAP)或者将两者都启动,并且对在接口上选择的 CHAP 和 PAP 验证的顺序进行规定

Ppp chap hostname　当用 CHAP 进行身份验证时,创建一批好像是同一台主机的拨号路由器

Ppp chap password　设置特定于接口的 CHAP 密码

Ppp pap sent-username　对一个接口启动远程 PAP 支持,并且在 PAP 对同等层请求数据包验证过程中使用 sent-username 和 password

Protocol　对一个 IP 路由选择协议进行定义,该协议可以是 RIP,内部网关路由选择协议(IGRP),开放最短路径优先(OSPF),还可以是加强的 IGRP

Pwd　显示当前设备名

Reload　关闭并执行冷启动;重启操作系统

Rlogin　打开一个活动的网络连接

Router　由第一项定义的 IP 路由协议作为路由进程,例如 router rip 选择 RIP 作为路由协议

Router igrp　启动一个 IGRP 的路由选择过程

Router rip　选择 RIP 作为路由选择协议

Rsh　执行一个远程命令

Sdlc　发送 SDLC 测试帧

Send　在 tty 线路上发送消息

Service password-encryption　对口令进行加密

Setup　运行 Setup 命令

Show　显示运行系统信息

Show access-lists　显示当前所有 ACL 的内容

Show buffers　显示缓存器统计信息

Show cdp entry　显示 CDP 表中所列相邻设备的信息

Show cdp interface　显示打开的 CDP 接口信息

Show cdp neighbors　显示 CDP 查找进程的结果

Show dialer　显示为 DDR(数字数据接收器)设置的串行接口的一般诊断信息

Show flash　显示闪存的布局和内容信息

Show frame-relay lmi　显示关于本地管理接口(LMI)的统计信息

Show frame-relay map　显示关于连接的当前映射入口和信息

Show frame-relay pvc　显示关于帧中继接口的永久虚电路(pvc)的统计信息

Show hosts　显示主机名和地址的缓存列表

Show interfaces　显示设置在路由器和访问服务器上所有接口的统计信息

Show interfaces serial　显示关于一个串口的信息

Show ip interface　列出接口的状态和全局参数

Show ip protocols　显示活动路由协议进程的参数和当前状态

Show ip router　显示 IP 路由表信息

Show ipx interface　显示 Cisco IOS 软件设置的 IPX 接口的状态以及每个接口中的参数

Show ipx router　显示 IPX 路由选择表的内容

Show ipx servers　显示 IPX 服务器列表

Show ipx traffic　显示数据包的数量和类型

Show isdn active　显示当前呼叫的信息,包括被叫号码、建立连接前所花费的时间、在呼叫期间使用的自动化操作控制(AOC)收费单元以及是否在呼叫期间和呼叫结束时提供 AOC 信息

Show isdn ststus　显示所有 ISDN 接口的状态,或者一个特定的数字信号链路(DSL)的状态或者一个特定 ISDN 接口的状态

Show memory　显示路由器内存的大小,包括空闲内存的大小

Show processes　显示路由器的进程

Show protocols　显示配置的协议,这条命令显示任何配置的第 3 层协议的状态

Show running-config　显示 RAM 中的当前配置信息

Show spantree　显示关于虚拟局域网(VLAN)的生成树信息

Show stacks　监控和中断程序对堆栈的使用,并显示系统上一次重启的原因

Show startup-config　显示 NVRAM 中的启动配置文件

Show ststus　显示 ISDN 线路和两个 B 信道的当前状态

Show version　显示系统硬件的配置,软件的版本,配置文件的名称和来源及引导映像

Shutdown　关闭一个接口

Telnet　开启一个 Telnet 连接

Term ip　指定当前会话的网络掩码的格式

Term ip netmask-format　规定了在 show 命令输出中网络掩码显示的格式

Timers basic　控制着 IGRP 以多少时间间隔发送更新信息

Trace　跟踪 IP 路由

Username password　规定了在 CHAP 和 PAP 呼叫者身份验证过程中使用的密码

Verify　检验 Flash 文件

Where　显示活动连接

Which-route OSI　路由表查找和显示结果

Write　运行的配置信息写入内存、网络或终端

Write erase　现在由 copy startup-config 命令替换

X3　在 PAD 上设置 X.3 参数

Xremote　进入 XRemote 模式

参 考 文 献

[1] 徐敬东,张建忠.计算机网络[M].3 版.北京:清华大学出版社,2013

[2] 谢希仁.计算机网络[M].7 版.北京:电子工业出版社,2017

[3] 谢希仁.计算机网络释疑与习题解答[M].北京:电子工业出版社,2017

[4] 闫薇,杨晨.计算机网络教学做一体化教程[M].北京:清华大学出版社,2013

[5] 全国计算机专业技术资格考试真题研究组.全国计算机技术与软件专业技术资格考试历年真题必练——网络工程师[M].2 版.北京:北京邮电大学出版社有限公司,2015

[6] 尚晓航.计算机网络技术基础[M].北京:高等教育出版社,2000

[7] 法罗赞恩,费根.TCP/IP 协议族[M].谢希仁,译.2 版.北京:清华大学出版社,2003

[8] 吴国新.计算机网络[M].北京:高等教育出版社,2003

[9] 陈鸣,等.计算机网络实验教程(从原理到实践)[M].北京:机械工业出版社,2007

[10] 叶树华.网络编程实用教程[M].北京:人民邮电出版社,2006

[11] 杨靖,刘亮.实用网络技术配置指南初级篇[M].北京:北京希望电子出版社,2006

[12] 电子学名词审定委员会.电子学名词[M].北京:科学出版社,1994